这样做，
可以塑造期望的自我

魏 新 ◎ 编著

北京工业大学出版社

图书在版编目（CIP）数据

这样做，可以塑造期望的自我 / 魏新编著 . —北京：北京工业大学出版社，2012.3

ISBN 978-7-5639-2998-6

Ⅰ . ①这… Ⅱ . ①魏… Ⅲ . ①个人—修养—通俗读物 Ⅳ . ① B825-49

中国版本图书馆 CIP 数据核字（2012）第 017788 号

这样做，可以塑造期望的自我

编　　著：魏　新
责任编辑：刘学宽
封面设计：汝俊杰
出版发行：北京工业大学出版社
　　　　　（北京市朝阳区平乐园 100 号　100124）
　　　　　010-67391722（传真）bgdcbs@sina.com
出 版 人：郝　勇
经销单位：全国各地新华书店
承印单位：三河市元兴印务有限公司
开　　本：787mm×1092mm　1/16
印　　张：18
字　　数：245 千字
版　　次：2012 年 3 月第 1 版
印　　次：2021 年 1 月第 2 次印刷
标准书号：ISBN 978-7-5639-2998-6
定　　价：32.00 元

版权所有　翻印必究
（如发现印装质量问题，请寄本社发行部调换 010-67391106）

前 言

现代社会竞争之激烈,压力之巨大,文化之多元,对个人的发展而言既是机遇更是挑战。冲破固有的局限,把握自己的机会,把对自己属性的塑造权牢牢握在自己手里,这是任何想有所作为的人必须具备的基础,是通过自我塑造、走向辉煌的必由之路。为此,《这样做,可以塑造期望的自我》一书将引导读者一步步发现自己创造的真实而简单的世界。

《这样做,可以塑造期望的自我》所涉及的范围,包括给自己准确定位、完善个人形象、挫折的应对、情绪的调节、人际关系的协调、优良性格的塑造等,阐述了如何在自我塑造过程中培养和提高个人综合素质,强调了以"心力"应对人生抉择的原则、方法和技巧。

这是一本激荡人心、富有启示的书。在本书的帮助和指导下,你可以学会如何利用自己的心灵、身体、精神和情感等特性,让自己的生命中充满动力和激情,使自己有信心、会学习、耐挫折、乐观开朗、善于交际、意志坚强……从而,你可以成为自己期望的人。

目　　录

第一章　自我定位：做自己的人生优化大师 …………… 1

自我定位决定人生的高度 ………………………………… 1
自我定位要考虑社会需要 ………………………………… 3
怎样才能科学地认识自己 ………………………………… 6
正视弱点有利于自我定位 ………………………………… 9
搞清楚自己适合做什么 …………………………………… 12
确定可以实现的理想目标 ………………………………… 15
有所选择也要有所放弃 …………………………………… 19
打破自我设限的藩篱 ……………………………………… 22
有一个值得期待的希望 …………………………………… 24
避开自我定位的误区 ……………………………………… 26

第二章　完善形象：打造文化的纯美与高雅 …………… 30

在气质上树立成功者形象 ………………………………… 30
让服装的功能帮你建立自信 ……………………………… 32
注重细节，给人留下好印象 ……………………………… 34
说话时不要触犯交流禁忌 ………………………………… 39
性别之美打造魅力达人 …………………………………… 46
掌控自己的身体语言 ……………………………………… 51
眼神能激发人际协作精神 ………………………………… 56
微笑是社交的万能钥匙 …………………………………… 60

第三章　培养性格：优良性格收获美好未来 …………… 63

善良性格比什么都重要 ………………………………… 63
美好人生从培养自信开始 ……………………………… 67
激发热忱这一精神特质 ………………………………… 70
让乐观性格伴随你一生 ………………………………… 73
坚毅性格助你成就人生 ………………………………… 79
给自己一座独立精神的靠山 …………………………… 82
诚实性格让你一生坦然 ………………………………… 84
培养和发挥你的乐群性格 ……………………………… 89
养成良好习惯你会受益一生 …………………………… 93

第四章　提升品质：练好内功，铸就人格魅力 ………… 98

自制力是一切品质的基石 ……………………………… 98
如何培养意志品质 ……………………………………… 102
德商靠自我激励来提升 ………………………………… 106
宽容精神让你更有魅力 ………………………………… 110
获得信任铸就信誉 ……………………………………… 112
不要丢掉自己的同情心 ………………………………… 114
学会感恩与爱同行 ……………………………………… 116
肩负起你应有的责任 …………………………………… 117
提升你的意志力 ………………………………………… 121
崇尚淡泊宁静的人生 …………………………………… 125
信念是希望成功之本 …………………………………… 127

第五章　掌控情绪：学会操纵情绪的转换器 …………… 129

掌控情绪的一般原则和技巧 …………………………… 129

掌控情绪先从改变想法开始 ········· 135
掌控和运用你的情商正能量 ········· 137
如何有效制止发怒情绪 ············· 141
彻底摆脱自卑情绪的困扰 ··········· 148
弥补性格偏激的缺陷 ··············· 152
战胜怯懦才能勇敢面对一切 ········· 155
不要让喜怒形于色 ················· 159
走出患得患失的阴影 ··············· 161
不要让猜疑的阴霾笼罩心灵 ········· 164
如何消除焦虑的不良情绪 ··········· 166
谨防在不幸面前变成懊丧的人 ······· 169
情绪紧张时你该怎么办 ············· 172
创造快乐有赖于心理力量 ··········· 175

第六章　完美表达：三寸不烂舌，可抵百万师 ······ 182

语言表达反映综合能力 ············· 182
受人欢迎的说话态度 ··············· 184
说话必须要有尺度 ················· 186
只有说真话，才有感染力 ··········· 190
学会聆听，才能有效交流 ··········· 195
说话要抓住他人兴趣 ··············· 198
善于运用谈话资料 ················· 201
培养言谈的幽默感 ················· 204
如何提高口才能力 ················· 206

第七章　构建人脉：画好人际关系的网络图 ······ 212

尊重别人就是尊重自己 ············· 212

低调的人总是讨人喜欢	216
朋友有难时应该拉一把	220
微笑是人际交往的高招	224
找到共同点才好拉近距离	229
别让坏情绪影响人际关系	233
领导喜欢被尊重的感觉	236
气度最能让下属折服	240
与客户进行交流的技巧	243
多给家人一些关怀和爱	247
邻居也是重要的人脉资源	251
寻找人际关系中的机遇和贵人	255

第八章 注重合作：打造立足社会的实力派 …… 258

在合作中把蛋糕做大	258
巧用劣势的强者之道	260
要有强大的实力和勇气	262
放低自己，才能容纳未来	264
沉得住气方可成大器	267
耐得住寂寞，受得了孤独	269
主观能动地克服自私心理	271
摒弃狭隘和封闭的心理	272
如何克服自负的负面影响	274
创业要量力而行，不能盲从	277
懒惰是世界上最大的奢侈	278

第一章 自我定位：做自己的人生优化大师

定位，通俗地讲就是寻找一个适合的位置。一个人要想不活得稀里糊涂、浑浑噩噩，就要学会先给自己定好位——能做什么、想做什么、怎样去做以及成为一个什么样的人。本章内容全面、系统、科学地回答了这些问题。

自我定位决定人生的高度

一个人怎样给自己定位？志在顶峰的人不会落在平地，甘心做奴隶的人永远也不会主宰自己的命运。

在生活的海洋中，要想做一个成功的舵手，首先必须确立明确的人生目标。目标引领人生！没有目标的人生是可悲的，无所事事，自暴自弃的生活只会让时光白白流逝，最终一无所成。只有确立起正确的人生目标，并全力为之奋斗，你离成功才不会太遥远。但是，确立目标首先要给自己准确定位。你可以长时间卖力工作，创意十足，聪明睿智，才华横溢，屡有洞见，甚至好运连连，但不可否认的是，如果你无法在创造过程中给自己正确定位，不知道自己的方向是什么，一切都会徒劳无功。所以说定位能改变人生。

一个乞丐站在路旁卖橘子，一名商人路过，向乞丐面前的纸盒里投入几枚硬币后，就匆匆忙忙地赶路了。过了一会儿，商人回来取橘子，说："对不起，我忘了拿橘子，因为你我毕竟都是商人。"

几年后，这位商人参加一次高级酒会，遇见了一位衣冠楚楚的

这样做，可以塑造期望的自我

先生向他敬酒致谢，并告知说：他就是当初卖橘子的乞丐。而他生活的改变，完全得益于商人的那句话：你我都是商人。

这个故事告诉人们：当你定位于乞丐，你就是乞丐；当你定位于商人，你就是商人。

在现实中，总有这样一些人：他们或因受宿命论的影响，凡事听天由命；或因性格懦弱，习惯依赖他人；或因责任心太差，不敢承担责任；或因惰性太强，好逸恶劳；或因缺乏理想，混日为生……总之，他们给自己定位低，遇事逃避，不敢为人之先，不敢转变思路，而被一种消极心态所支配，甚至走向极端。

也许，成功的含义对每个人都有所不同，但无论你怎样看待成功，你必须有自己的定位。

三个工人在砌一堵墙。有人过来问："你们在干什么？"第一个人没好气地说："没看见吗？砌墙。"

第二个人抬头笑了笑，说："我们在盖一幢高楼。"

第三个人边干边哼着歌，他的笑容很灿烂，说："我们正在建设一座城市。"

10年后，第一个人在另一个工地上砌墙；第二个人坐在办公室里画图纸，他成了工程师；第三个人呢，是前两个人的老板。

三个同样起点的人对相同问题的不同回答，显示了他们不同的人生定位。10年后还在砌墙的那位胸无大志，当上工程师的那位理想比较现实，成为老板的那位却志存高远。最终，他们的人生定位决定了他们的命运：想得最远的走得也最远，没有想法的只能在原地踏步。

条条大路通罗马，但你只能选择一条。人生亦如此，成功的路有很多条，但你需要做的是选择最适合自己的那一条路，然后坚定不移地走下去。

有人说，自己将来长大要做一个伟大的人物，这个目标太不具体了。目标必须具体，比如你想把英文学好，那么你就订一个目标，每天一定要背10个单词、一篇文章，要求自己在一年之内能看懂英文书报，由于你订的目标很具体，并能按部就班去做，目标就容易达到。在日常生活、工作中，每个人都会有自己的目标，达到目标的关键在于把目标细化、具体化。

一幢建筑是由一砖一瓦砌成的，每块砖每块瓦本身显得并不重要。同样的道理，成功者的一生是由无数个看上去微不足道的小方面构成的。时刻牢记这样一个问题："这有助于我实现自己的目标吗？"用它去评价你做的每一件事，如果回答是"不"，立即回头；反之，则要继续向前。

获取任何成功，都不是一蹴而就的事，都需要采取循序渐进的方法。许多人做事之所以会半途而废，并不是因为困难大，而是与成大事者距离较远，正是这种心理上的因素导致了失败。把长距离分解成若干个距离段，逐一跨越它，就会轻松许多，而目标具体化可以让你清楚当前该做什么，怎样能做得更好。

自我定位要考虑社会需要

每个人要在社会上立足，就必须对社会有所作为。这就像市场交换一样，用你对社会的贡献来换取社会对你的价值的认可。因此，我们在进行自我定位时，要充分地认识到社会发展的趋势，了解社会对人的价值的需求。将社会的需要与自己的志向结合起来，这样才可能取得成功。

常言说"物竞天择，适者生存"，一个人不能改变社会，那么就必须适应社会，否则你就会碰得头破血流。就像违背自然规律做事一样，规律是不可改变的，是不以人们的意志为转移的，如果你强行改变，就必然要付出血的代价。

这样做，可以塑造期望的自我

有这样一位机关干部，很有才，对人生、社会都能夸夸其谈，政治经济无所不通，无所不晓，自谓才高八斗，怀才不遇。后来在机关机构改革时，没有一个处室愿意要他，最后被精减下来了。为什么呢？就是因为他和社会格格不入，不能够正确地认识社会，也不能够正确地认识自己，所以他适应不了社会的需要，总是看到社会的阴暗面而看不到社会积极的一面，总是看到自己的长处而看不到自己的缺点，最后必然被社会所淘汰。

张爱玲说："当我走在羊肠小路上，觉得自己很大。走在街上时，觉得自己很小。仰起头来望天空，又觉得自己像一粒尘埃，微不足道。人最难能可贵的是：无论身处何时何地，都对自己、对周围的人有一个起码的客观的认识与评价。平常的人怀着一颗平常的心，便能听到、看到、感觉到隐匿在平常生活中的幸福与美好。平常的人怀着不平常的心，也许真的不平常了，却带了苦恼做影子，马不停蹄地继续奔跑，一旦不得不停下来，便做了苦恼的朋友了。"

这就是说，人处在不同的条件和不同的环境下，要对自己有不同的估价，要摆正自己的位置，既不能好高骛远，也不能自暴自弃。无论身处何时何地，都对自己、对周围的人有一个起码的客观的认识与评价，这样才能更好地适应社会，做对社会有用的人才。例如有的工作岗位很好，你也认为很理想，可是有名牌大学的学生在那等着呢，你就去不了怎么办？不再找工作了吗？所以说，要估价好自己的身价去适应社会的需要。

第一，要充分地认识社会

要认识和了解社会需要一个漫长的过程。有的人看到一点社会的阴暗面就觉得什么都知道了，其实了解社会绝不是仅看到一点阴暗面就够的，阴暗面往往是大家茶余饭后谈论的热点话题，但它代表不了整个社会。

近些年，我国经济发展之快是世界所瞩目的，正面的、积极的因素是不可否定的，你对政治环境、经济环境、社会环境、人文环境、处理方方面面关系的游戏规则、行业管理特色等都必须有个大概的了解。这样，你才能真正地根据自己的条件去适应社会，可谓"知己知彼才能百战不殆"，也才能正确地处理好各种问题。

第二，要正确地认识自己

每个人都是一座宝藏，里边有取之不尽用之不竭的潜能。那么你的潜能在哪里，你是否对自己有个正确的认识，你将来想如何去发挥你的潜能。这都直接涉及你给自己的定位问题。一定要做你自己喜欢做的事，否则很难有大的成就。

每个人在自我定位时可能都要走些弯路，作家柳青说过这样一句话："人生的道路虽然漫长，但紧要处常常只有几步，特别是当人年轻的时候。没有一个人的生活道路是笔直的，没有岔道口，譬如政治上的岔道口、事业上的岔道口、个人生活上的岔道口，你走错一步，可以影响人生的一个时期，也可以影响一生。"所以，人生不可能都是一帆风顺的，这一点你必须有思想准备，关键是看你如何去面对。

亚洲最顶尖的演说家之一陈安之说："遇到困难时，重要的不是发生了什么事，而是你即将用什么态度来面对，做些什么事来改善它。要让事情改变，先改变我自己，要让事情变得更好，先让自己变得更好。"所以，你客观地、正确地定位后，要坚定信心，坚持不懈地走下去，不要气馁，跌倒了爬起来，迂回再进。成功者决不会放弃，放弃者决不会成功。

第三，要具有真正的能力

人的综合能力包括分析问题和解决问题的能力、管理能力、专业知识能力、协调能力、人格魅力等。一个综合能力强的人，无论让他做什么，他都能很快地拿起来，因为所运用的知识都是触类旁通的，即使是搞专业的，也需要有综合的能力，否则你也很难做好事情。

这样做，可以塑造期望的自我

一些单位在招聘人才的过程中，都遇到过这样的事：在招聘财务人员时，进来了七八个人，有的说是会计师，有的还说是注册会计师，可当面试官问他们什么是财务？财务的职能是什么？他们竟没有一个人回答上来。可见有的人对有些专业的、也是最起码的，最基本的东西还不了解，只会空谈理论。就协调能力来说，这是无论从事哪项工作都要涉及的问题，所以在工作中是非常重要的。

很多人认为自己协调能力很强，但运用到实际工作之中却很差，为什么呢？因为他平时接触的面很窄。但在实践过程中要接触方方面面的人，所以，一个好的人才必须要有广博的知识面，无论接触哪方面的人员，政界的也好、商界的也好、文化界的也好、文艺体育界的也好，都能寻求到共同语言。只有通过语言交流，才能和对方拉近关系，否则你连话都插不上！

当然，敏捷的思维，伶俐的口齿，语言的艺术，分析对方的心理等也都很重要。但关键的还是知识积累，所以知识面宽的人，综合能力自然强。

怎样才能科学地认识自己

人无论是高尚的、猥琐的、优秀的、卑劣的、聪慧的或愚钝的，在匆匆的人流中，往往会迷失自我。在无暇自我反省的状态下，往往会处于自我感觉良好的状态。殊不知，当你感到天空蒙尘的时候，最重要的是擦一擦你那不太清亮的双眸。

善于自我认识的人比比皆是。伟大的鲁迅先生一向以"横眉冷对千夫指，俯首甘为孺子牛"自律。他热爱青年，支持青年，甚至还闹出过为青年人补靴子的笑话。然而，当他发现"青年人中也有虫豸（蠹）"的时候，他并未因要保存面子而一意孤行，而是适时地反省自己，解剖自我，因而更为后人所推崇。当代的大作家史铁生，在与顽症的搏斗中，正确地认识了自我的缺陷和价值,而能以一种平和的心态来对待生活中的坎坷和磨难。他写道:"我常以为是丑女造就了美人,我常以为是懦夫衬托了英雄,我常以为是愚氓举出了智者,我常以为是众生度化了佛祖。"

自我认识在个体发展中有十分重要的作用。首先,自我认识是认识外界客观事物的条件。一个人如果还不知道自己,也无法把自己与周围相区别时,他就不可能认识外界客观事物。其次,自我认识是人的自觉性、自控力的前提,对自我教育有推动作用。人只有意识到自己是谁,应该做什么的时候,才会自觉自律地去行动。一个人意识到自己的长处和不足,就有助于他发扬优点,克服缺点,取得自我教育的积极效果。再次,自我认识是改造主观世界的途径,它使人能不断地自我监督、自我修养、自我完善。可见,自我认识不仅影响着人的道德判断和个性的形成,尤其对于塑造期望的自我具有极为重要的意义。

自我分析,实际上就是"知己"和自我认识的过程,它是准确自我定位的第一步,也是职业生涯规划的基础。只有对自己有了充分的认识和了解,规划中的"定向"、"定位"、"定点"才能比较准确。自我认识,对于个人合理地确定自己的人生目标、规划自己的生活、实现自己的抱负有着很重要的作用。显而易见,认识自己对于你塑造期望的自我是至关重要的。

科学地认识自我,就是对自己的各个方面有一个准确地把握。包括对生理自我、心理自我、理性自我、社会自我几个部分的认识。比如,你知道自己是一个沉默的人,那么你可以选择协作来表达自己的看法而不是和旁人去争论;如果你认为自己是一个活跃的人,那你可以要求自己多参加集体活动,可以通过很多外在的方式展示自己。当然,自我认识也会产生偏差,不能很好地认识自己的特点。不过,只要经过及时的自我重新认识,就可以让你回到正常的轨道。许多体育运动员,都是在改变了自己曾经练习过的项目后才取得辉煌的成绩的。

第一，对生理自我的认识

对生理自我的认识，主要指对自己的相貌、身体、服饰打扮等方面的认识。如：我是一个高个子，我是一个漂亮的女人，我是一个有着发达肌肉的男生，等等。

第二，对心理自我的认识

对心理自我的认识主要指对自我的性格、兴趣、气质、意志、能力等方面的优缺点的评估与判断。

一个人心理健康的发展是与他的心理自我发展的是否完善密切相关的。心理自我发展完善的个体能够以客观的社会标准来认识社会和评价事物，树立正确的伦理道德观念，形成对待现实的正确态度、理想与信念等。

第三，对理性自我的认识

对理性自我的认识，主要指对自我的思维方式和方法、道德水平、情商等因素的评价。

"人贵有自知之明"，全面而正确地自我认知是培养健全的自我认识的基础。自我认知是从多方位建立的，既有自己的认识与评价，也有他人的评价。你不妨自己认真仔细地想一想，用尽量多的形容词描述自己，要忠实于自己的内心。在此基础上，进行第二步，描述别人眼中的自己，也就是他观自我的描述，再寻找这些描述中共同的品质，将其归类。你描述的维度越多，你越会找到比较正确的自我。

第四，对社会自我的认识

对社会自我的认识，主要指对自己在社会上所扮演的角色，在社会中的责任、权利、义务、名誉，他人对自己的态度以及自己对他人的态度等方面的评价。

社会的多样性、差异性、丰富多彩性和与时俱进性，要求你必须以发展的眼光客观、全面、科学地认识社会。在获得了对社会较为全面准确的认识后，就要进一步理解和确立融入社会的意义和方法。接纳人，与人为善，以邻为友；更加注重理解人，谅解人，尊重人；更加注重关心人，支持人，帮助人。营造正确和良好的人际关系，拥有广泛而强大的人际资源，既改善了自我发展的环境，也拓展了自我实现的空间。

认识自我、了解自我不是一件容易的事情。这里为你提供一个叫做"自我测试法"的途径，可以帮助你比较准确地进行自我认识。

自我测试是通过自己回答有关问题来认识自己、了解自己的一种方法，比较简单方便。但需要注意的是，测试题目必须是心理学家经过精心研究设定的，而且个人在回答时一定要反映自己真实的想法，否则将会误导自己的人生，影响自己事业的发展和前程。

自我测试的内容包括：性格测试、气质测试、记忆力测试、创造力测试、智慧测试、分析能力测试、人际关系测试、管理能力测试、职业兴趣测试、智力测试、情商测试等。测试可以采用问卷测试和电脑测试的方式。现在这方面的书籍和网站很多，具体可以参阅，但在选择时要注意考察其科学性和实效性。

总之，人的一生是一个不可逆的过程，要提高人的社会价值，使人生更有意义，就必须善于认识自己、设计自己、安排自己、控制自己，使个人的发展与社会的进步相协调、相和谐，尽可能去发展每个人的自我监控能力。这样，不仅有利于每一个人，而且有利于整个社会、整个人类。

正视弱点有利于自我定位

不能正视自己的缺点，就等于给准确的自我定位制造了障碍，并形成更

深层的隐患，从而使今后的人生道路失去重心，导致更大的失败。因此，在对自己进行自我定位，迈开人生前进第一步的时候，抛却自卑等消极心理，做好准确的自我定位，是保证自己持续发展的重要心理素质。

民间有句老话叫"金无足赤，人无完人"，意思是说对人对事都不能太苛求。但是国人向来有"说一套、做一套"的传统，一直以来，人们对他人和自己的要求其实都蛮苛刻的。尤其是在面对自己的缺点时，很少有人能够坦然。更多的时候，更多的人会想尽一切办法去掩盖自己的弱点，让自己看起来更完美一些。

然而，每一个人都在尝试伪装，戴上各种不同的面具，这就是真实的社会。这个世界上掩耳盗铃、自欺欺人到最后弄巧成拙的人和事不在少数！那么，为什么大多数人不愿意正视自己的弱点呢？原因就在于他们不自信。为了自己可怜的自尊，他们往往对自己的优点了如指掌并大肆宣扬，而对自身的弱点却不敢承认和面对，害怕弱点被别人看透，受到他人的嘲笑和蔑视。如此一来，这些弱点便不断地发挥破坏作用，对个人的发展造成极坏的负面影响。

与此相对，那些在职业生涯中有所收获的人，都是能够清醒认识自己的人。他们在知识与能力上或许并不一定胜人一筹，但是他们非常清楚自己的弱点和不足，从而能够及早规避相关危害，扬长避短，用优点去克服或弱化自身的弱点。而且，即使是暴露自己的弱点，有时候也并不一定都是坏事。对于相互合作者来说，这一点尤其重要。因为唯有如此，才能换来别人的信任和帮助，提高合作的成效。

从事生涯咨询的顾问，在协助毕业生找工作时，有一个极经典的应征答询，当面谈主考官问应征者：请问你在性格上有什么弱点？应征者的标准答案是：我的弱点是太完美主义，以致在做事时，难免思虑再三、犹豫不决，有时甚至于会因为务求完美，太坚持细节，而令别人觉得我吹毛求疵！生涯咨询顾问甚至会要求应征者在回答问题前，还要故作搜尽枯肠、仔细思索状，表示自己是很认真地思考自己的缺点，再行回答，才会取信于主考官。

这是一个典型的案例，不论在工作上，还是生活上，每一个人都会隐藏自己的缺点，希望弱点不为人知，以获得别人的认同，而得到较佳的机会。

绝大多数人真正了解、认知，并诚实地面对自己的弱点吗？不是的！社会上有很多小气的人，但有人认为自己小气吗？现实中有很多思想偏激的人，但有人认为自己偏激吗？生活中有很多自私自利的人，但大多数人会把自私自利合理化，甚至认为自己绝不自私自利。

显然大多数人无法真实面对自己，或者从未仔细盘点过自己的缺点、弱点，更可悲的是就算听到别人的劝诫、提醒，还要极力为自己反驳，说那不是真的，是别人误解了自己，自己不是那样的人，自己没有那些缺点！

新年伊始，上海市一家外资企业登出招工启事，准备面向社会招聘一位经理助理。在招聘条件一栏中，有一项是必须具备两年以上的工作经验。当天上午，先后有6位求职者前来应聘。前面5个应聘者都称自己有类似的工作经验，但面对招聘经理的考问，他们很快显示出了对这一行业的无知。

第六位求职者是一位学生模样的年轻人，他坦率地对招聘经理说，自己并不具备这方面的工作经验，但是他对这份工作很感兴趣，并且拥有十足的信心，相信经过短暂的实践后，能够胜任工作。"没有工作经验你为什么还来应聘？你没看到我们的招聘条件吗？不过我很欣赏你的诚实，说说你为什么能够实言相告呢？"一位外籍招聘经理用生硬的汉语问他。

"是这样的，先生。"青年人回答，"小的时候，有一次我偷了家里的鸡蛋拿出去卖钱花，结果被奶奶知道了。奶奶问我时我撒了谎，奶奶在我的屁股上重重地打了一巴掌，然后告诫我：'穷不可怕，只要你诚实，你就有救。'我永远记住了这句话。"

毫无疑问，这位应聘者被破格录取了。几年后，他成为这家公司的财务总监。

"穷不可怕，只要你诚实，你就有救。"同样的道理，有弱点并不可怕，而且非常正常，只要你能够正视自己的弱点，并努力弥补，你就能逐渐得到提升，趋于完美。其实隐藏自己的缺点，并无可厚非，前提是你要真正认知、理解、面对自己的弱点，这样伪装才有可能促使你改变，让你自己的缺点不至于造成伤害，趋吉避凶，让缺点不再是缺点！

毛泽东说过，"知错能改，就是好同志"，更何况你有弱点并不是错误。任何弱点都可以通过努力去纠正。所以，每个人都应该正视并感激自己的弱点。因为一个人只有认识到自己的弱点，才会给自己新的学习机会，从而增长智慧，愈加成熟。这样的人，不仅更容易接近成功，而且能够得到大多数人的认可。那些不肯或者不敢甚至不能正视自己的人，非但很难取得成就，同时也很难在社会上立足。

正视自己的缺点不是谦虚，而是为了做出更为可观、准确的自我定位，只有这样，你才有可能针对存在的问题努力解决，才有可能塑造你所期待的自我。

搞清楚自己适合做什么

为什么要搞清楚自己适合做什么，而不是能够做什么？富兰克林曾经说过："宝物放错了地方便是废物。"在人生的坐标上，如果你选错了位置，不仅不会成功，甚至会变成一场悲剧。

这个社会上的职业我们能做的很多，但并不是什么都适合你做，只有做适合自己的，你才能燃烧你所有的热情，也才能做得得心应手。盲目地选择能做的职业，只会让你在接连不断的失败中渐渐意志消沉，低迷地生活下去。

马克·吐温50岁的时候，名气更大了，他所写的书有不少都成了畅销书。出版商看准这一行情，争相出版他的作品，因此而发财的大有人在。看着自己作品的出版收入大部分落入出版商的腰包，而自己只能拿到其中的十分之一，马克·吐温颇有感触。他决心当个出版商，自己出版自己的作品。可是，马克·吐温没有任何建立和管理一家出版公司的经验，就连起码的财会知识都不懂。他只好请来30岁的外甥韦伯斯特当公司的经理。

马克·吐温自己出版的第一本书是他的小说《哈克贝利·费恩历险记》。这本书深刻的思想和新颖的文笔，受到广大读者的欢迎。它一出版，就销路很好。马克·吐温出版的第二本书是他的《格兰特将军回忆录》，该书的主人公格兰特是美国南北战争中的北方总司令，曾继林肯之后连任两届美国总统，是美国人心目中的伟人。由于美国人对这位前总统的命运十分关心，所以这本书成了畅销书，获利64万美元。马克·吐温把这笔收入中的42万美元赠给这位前总统的遗孀，18万美元分给出版公司，自己留4万美元。

马克·吐温被这两次胜利搞得昏昏然，他继续扩大出版业务。但他万万没有料到，韦伯斯特却在此时卷起铺盖一走了之。出版公司勉强维持了10年，最后在1894年的经济危机中彻底坍塌。马克·吐温为此背上9.4万美元的债务，他的债权人竟有96个之多。马克·吐温最终在经商活动中彻底失败。

马克·吐温非常擅长写作，也很适合写作，他的书几乎都是畅销书。所以写作为他带来成就感，也带来很不错的经济收益。但是，做出版商就未必适合他。虽然别人利用他的作品赚了大钱，但那也是别人拥有很好的经商头脑，换句话来说，这钱就应该是别人去赚。马克·吐温还是安稳地做一个作家最好。所以说，每个人都是不一样的，有的人适合科学研究，有的人适合人际交往，有的人更适合

第一章　自我定位：做自己的人生优化大师

这样做，可以塑造期望的自我

创意思考。

人是社会性的动物，要受他人的影响和评价，当然也是人的本性使然。马斯洛曾说："音乐家必须演奏音乐，画家必须绘画，诗人必须写诗，这样才会使他们感到最大的满足。是什么样的角色就应该干什么样的事情，我们把这种需要叫自我实现。"人有自我实现的需要这是人所共知的，在实现了一个理想之后再去追求另一个理想的实现也是无可厚非的。而且也只能是在实现了一个理想之后，才可能、才有勇气去追求另一个或许是更高的理想。

记得有记者采访赵本山，问他："你感到自我膨胀吗？"他答道："膨胀，怎么不膨胀，你干我这些事你也膨胀！"这话说得很实在。但他没有忘记自己"能干什么，不能干什么"。拍电视，办学校，但他没忘了每年给全国人民献上精彩的小品。他没忘了自己首先是一个小品演员，而后才是一个教育家，电视电影演员，人大代表……人在成功之后膨胀之时，不要只是自信自己的能力，还要考虑规则的制约。在这个问题上，赵本山是个榜样。

世界第一的潜能开发专家安东尼·罗宾就说："每个人身上都蕴藏着一份特殊的才能。那份才能犹如一位成熟的巨人，等待我们去唤醒他……当我们将他唤醒的时候，我们就可以借这个能力去改变自己的命运，实现自己的梦想。"想知道自己适合做什么，首先要问自己5个问题：我要去哪里？我在哪里？我有什么？我的差距在哪里？我要怎么做？

以上看似简单的5个问题，实际上涵盖了目标、定位、条件、距离、计划等诸多方面，只要在以上几个关键点上加以细化和精心设计，把自身因素和社会条件做到最大限度地契合，对实施过程加以控制，并能够在现实生活中趋利避害，才能使职业生涯规划更具有实际意义。

如果说上述内容过于抽象的话，那么，具体的方法在哪里呢，我们怎么知道自己适合做什么工作呢？答案是：既需要了解你自己又需要了解社会范围内的职业。了解自己的目的是保证自己能够持续地发展，避免过高或者过低估价自己。你必须先对自己有全面的认识，一定得知道自己能做哪方面的工作，不适合做哪方面的工作。

要想了解自己,请你先检视一下个人特质:一是欲望。在当下的人生阶段,你究竟想要什么?二是能力。你擅长什么?一般而言指你拥有什么样的技能。三是性格特质。你是什么类型的人?在何种情况下会有最佳表现?四是资产。资产包括有形资产、无形资产。与别人相比,你有什么占优势的地方?如果你能通过自我探索回答出来这4个问题,那么你就算是初步了解自己了。如果你自己回答不上来,建议你请职业顾问帮助分析评价,或者是借助心理测验充分地了解自己。

了解社会范围内的职业。因为你可能会有多个职业目标,你需要知道哪一个职业目标和你的特性契合度更高,所以你需要了解这些职业目标相关的工作内容、知识要求、技能要求、经验要求、性格要求、工作环境、工作角色等。具体可以通过询问亲戚朋友、业内的专家或业内成功人士,甚至利用网络资源,请他们给你提供具有指导意义的信息。最后结合你自己的特点来权衡选择不同目标的利弊得失。

确定可以实现的理想目标

什么是理想呢?理想是对未来有可能实现的奋斗目标的向往和追求。它是以一定信念为基础的,是信念对象的未来形象和具体内容。根据理想的内容,可把理想分为职业理想、政治理想和道德理想。理想给了你动力,在实现理想的过程中,你会不断地自觉培养自己的良好性格,塑造完美的自我。

理想是个性倾向性的重要形式之一,它是在人的社会生活中通过人的活动而形成的。不同的历史时代、不同的社会、不同的阶级、不同世界观的人,具有不同的理想。理想在人的生活中的作用也是巨大的。理想可以鼓舞一个人为崇高的目标而奋进,也可以抑制自身行为的冲动,加强自我修养,培养良好个性。也就是说,你的脑海中必须先有一个理想自我的形象。你要先问问自己,我现在是什么样子的?我想要成为一个什么样的人?现在的我和理

想的我差距是什么？这些是一定要弄明白的。

也许你是一个性格内向、容易害羞的人，而你却很希望自己能够更加活泼开朗、善于交际。这样，你就有了目标，在你平常生活的大事小事中，你始终要朝着这个方向去走，意识中始终要带着这个理想形象，在头脑里反复想象这个形象，并不断加以完善。有这么一句话：你想要成为什么样的人，你几乎已经是什么样的人了。虽然夸张了些，但是有一定道理，有一种自我暗示的强大力量，当你对自己说"我很勇敢"的时候，我相信你就已经拥有了不同寻常的勇气，当你坚信自己很快乐的时候，你就真的快乐起来了。

难道性格塑造会是这么简单的事情吗？只要闭上眼睛想一想就万事大吉了吗？当然不，这只是第一步，只是一个开端。下面的步骤同样重要，这就是考虑该怎样做才能够达到你的理想性格。因为你所想象到的性格特征很可能是比较抽象的，还要把它们具体化。用一些细致的描述使它们更生动、更容易把握一些。比如说，你想让自己更外向一些，就可以把这个特征作进一步的细化，如多交一些朋友，多微笑，在家中多和父母交流，等等。然后，就要为自己的性格塑造制订一个规划。你要把为了达到某种性格所需要做的事尽量想得周全些，把它们列成清单，反复地看几遍，记在心中。

要有总的目标和总的计划。每一个时间段也都应该有各自的小目标和小计划，如果你真的把这件事当做很重要的事情的话，每月、每周、每天都应该有比较详细的计划，并根据执行的情况随时调整。这样，只要你坚持，就会看到自己一点点地接近目标，接近理想的你。

行动是把理想变成现实的伟大桥梁。说它伟大一点都不为过，因为有了理想和计划，如果没有行动，前面的一切就像是空中楼阁，永远成不了现实。按计划积极地行动，也许一开始你会觉得不自然，觉得自己所做的好像不是自己似的。这很正常，毕竟你要采取的是一种新的行为方式，这与过去的你肯定是不同的。但关键是，你一定要坚持下去，渐渐地，你会习惯这种新的方式，会体会到它给你带来的好处，也会忘掉当初的尴尬和不自然了。

就像是一场神奇的冒险，这次创造你的不是上帝或父母，而是你自己。在一次次身体力行的过程中，你会体会到自己的变化，令人欣喜地发现自己性格的优化。

所谓目标，就是我们所期望的成果。很多人终其一生都在埋头苦干，但成功与否并不在于你有多么宏伟的蓝图，而在于你是否选择了正确的目标。目标错了，你的人生无异于南辕北辙，你的青春和汗水只能被浪费。这样的人，自然少不了懊恼和抱怨。

那么，什么样的目标才是正确的目标呢？简单来说就是适合自己的目标。

有一个美国小女孩，从3岁时便开始接受音乐教育，4岁时她已掌握了一些简单的钢琴曲。16岁那年，她考入了丹佛大学音乐学院，梦想成为一名职业钢琴家。然而就在当年夏天，她却放弃了这一梦想。因为在著名的阿斯本音乐节上，她遇到了有生以来最残酷的竞争。一些刚刚11岁的孩子，只看一眼就能演奏她要练上一年才能弹好的曲子。一向颇为自负的她感觉到了自己的巨大差距，于是她鼓起勇气向父母解释说："对不起，我改变主意了。我不再想成为一个钢琴家。"

父母表示接受女儿的决定，而她自己的心中却像堵了一块巨石。好在不久，她就发现了新的目标——"国际政治概况"课程，她的导师也认为她是这一领域难得的千里马，因此倾其所能地指导她，将她引向了国际关系和苏联政治学领域。19岁时，她便获得了政治学学士学位。26岁时，她获得博士学位，由于精通四门语言，她很快成为了斯坦福大学的助教，专攻苏联军事事务。33岁时，她已经成为一名杰出的教授。

这样做，可以塑造期望的自我

1987年，在一次晚宴上，她简短而有特色的致辞引起了时任国家安全事务助理的布伦特·斯考克罗夫特的注意。从此她在政界青云直上，直至成为美国历史上第一位黑人女国务卿。

她，就是创造了黑人女性历史的康多莉扎·赖斯。

获得成功的道路有很多条，我们不能在死胡同里浪费时间和精力。赖斯，就是最好的例子。从一个备受歧视的黑人孩子成长为叱咤风云的政坛明星，这中间赖斯的努力大家有目共睹，但是她善于自省、勇于放弃，并重新选择的能力，无疑更值得我们深思：倘若当年她不能放弃自己的愿望，那么她今天至多也就是一个普通的钢琴家！所以，人生路上选择正确的目标才是首要关键。

著名经济学家张五常也有过类似的经历。张五常小时候非常喜欢打乒乓球，自以为有这方面的天分。有一次，他碰到了一个小孩子，对方虽是初学，而且个子矮得只能踮着脚尖拍球，但是拍得啪啪直响。张五常便走上前去，教他打乒乓球。谁知这个小孩一教就会，不教的也会，不到两个月，张五常就发现自己已经不是他的对手，而且往往输得莫名其妙。由此，他意识到自己在打乒乓球方面并没有什么天分，转而投身其他领域，最终在经济研究方面取得了令人瞩目的成就。而那个小孩子，就是后来的世界冠军容国团。

后来，张五常离开香港去北美发展，临行前容国团教了他几手发球的绝活。第二年，他就在加拿大拿了个单打冠军。后来，他在美国加州大学与一位教授打赌：谁在乒乓球桌上赢了对方，谁的经济学水平也就更高一筹。结果，那位颇有把握的教授一连输了10局！他吃惊地说："你怎么不去打乒乓球呢？你可以去争取世界冠军的。"

张五常笑着说:"你真是笨死了,我怎么打得过容国团呢?"

张五常为什么不去当乒乓球运动员?很显然,这不是他去不去的问题,而是球队收不收他的问题。同样的道理,虽然很多目标看上去很令人激动,但是并不一定适合你。

生活中,很多人都知道天道酬勤、勤能补拙的道理,这话不假,但是我们不禁要问:与其用勤补拙,那么为什么不把精力用在你原本就很优秀的方面呢?更何况,有些"拙"并不是一味地下苦功就能补上的,有些事并不是只有勇气和魄力就能决定的。然而,世界上好高骛远、不切实际的人却不少,有些人的目标甚至大得令人瞠目结舌。

所以,你在设定理想目标时,要结合自身条件、外部环境等主客观因素,切实考虑目标的可操作性。谁不想"乘长风破万里浪"?可是如果你没有丝毫的航海知识的话,你那远大的目标往往会让你葬身海底。

有所选择也要有所放弃

人生,就是一个不断选择、不断放弃的过程。你有所选择,就必须有所放弃。"鱼与熊掌不可兼得",说的就是这个意思。放弃,并不意味着失去,因为只有放弃才会有另一种获得,才会懂得手中拥有的东西来之不易。漫漫人生路,只有学会放弃,才能轻装前进,才能不断有所收获。纵观历史上一些有志于创造未来的人,都不会计较一时的得失。他们都知道放弃,如何放弃,放弃些什么。不懂得放弃的人,往往会捡了芝麻丢了西瓜,为了一棵树而丢掉整片森林。学会放弃,是一种智慧。放弃不是舍弃,不是退避,而是一种等待、一种储蓄,等待更好的时机,储蓄更大的勇气。所以,你也要向他们学习,做一个懂得选择、懂得放弃的人。

从深刻的意义上说,学会选择可以发展健全的人格,这是最终目的。但是,事实上,在生活中无奈的事情比成功的事情更多。因此,学会选择也要学会放弃,这是健全人格发展的必需。那么,如何做好正确选择呢?

第一,正确理解有所为有所不为

有所选择也要有所放弃,强调的是自我定位时的科学性和合理性,是一种正确的选择,是自我定位的重要内涵。所谓正确的选择就是要决定"为"或"不为"。哪些该为,哪些不该为。"为"的是对自己,对他人,对集体,对社会有利的;"不为"的却正好相反。

曾经有一位哲学家讲过:"人生专攻一点在某一方面做出成绩,就算是成功。"这话十分富有哲理。大千世界,事事可做,人生苦短,总不能样样皆精。故此,老子也讲:有所为,有所不为。其意思更明白不过,要做好一件事情,首先是要有所不为,集中精力专攻其一,才能够做到有所作为。这些就是生活给人们的哲学提示。

当你进行选择时,必须是对自己真正有利,对他人、对集体、对社会都有利的,反之,则应该放弃。所以,生活中的正确选择就是坚持正义,倡导真、善、美,遵守公民道德。凡是非正义的,假、丑、恶的,有损文明形象的做法就应该坚决放弃。

第二,理智地放弃也是一种正确的选择

有这样一句谚语:"只要向着阳光,阴影就在你的背后。"它讲的就是选择积极的、向上的、健康的事情而作为,理智地放弃消极的,不利于进步的,不健康的做法,你就会觉得生活更有意义。试想一想,生活中有许许多多的烦恼,让自己处于坏心情的状态,只是一味地抱怨,甚至迁怒于人,引起更多的烦恼,最后,受伤害最深的还是你自己。何不主动地选择放弃,以达到

让自己和他人都生活得和睦快乐呢?

理智地放弃,实际上是一种正确的选择。我们要对自己的价值取向有一个正确的认识,客观地看待问题,实事求是地反省自己的思想行为。因为一个人的行为受思想道德观念的支配,而他的行为又将对周围的人产生影响,周围的人也将从他的表现给予他人格的评价。因此,权衡利弊应该权衡自己的行为是否美,为人是否真诚、是否善待他人,自己的作为是否受大家欢迎。如果否,就应该调整自己的心态,作出放弃的选择。当选择放弃时,已经正确地认识了自己,或者说纠正了自己思想上的偏差,这不正好说明,理智地选择放弃在人格的发展上是一大进步吗?这不就是对自我的超越,使思想更加成熟了吗?所以,常言道"退一步海阔天空","有时候退就是进"。

理智地放弃,体现的是人格的魅力。一个社会、一个集体的组成就像一首乐曲,有高低婉转,起伏抑扬才能悠扬动听,才有美感和存在的价值。因此,生活在集体中,要与人方便,才能自己方便,要多为别人着想,让集体充满爱,才能让自己真正生活得幸福、快乐。你的朋友才更多,你生活的集体才更和睦温馨,利于健康成长。这就常常要你理智地选择放弃。理智地选择了放弃,赢来的是矛盾的淡化,得到的是别人的理解,获得的是更多的朋友和友谊。这实际上就是大家对你人格的肯定,大家从心里对你人品的认同,这不就是你人格魅力的体现吗?从另一个角度说,你输了今天,却赢了明天。

理智地放弃,就是选择了进步。假如你生活和工作中出现了失误,那么你认识并改正了自己的错误,这就是选择了进步。选择了放弃得到了进步,人格自然健全了。所以,理智地放弃也是一种正确的选择。

第三,学会选择和放弃需要智慧

每一次选择都有可能会改变自己对社会问题,对人际交往的认识和态度,使自己的思想更加趋于成熟,使自己的道德观更加定性。只有正确的选择,才能形成正确的认识,才会有正确的态度,才会有健康向上的道德观。

这样做，可以塑造期望的自我

学会选择除了选择拼搏、争取，也应该包括学会放弃。之所以叫"学会"放弃，目的就是不要盲目地放弃。在决定放弃前，应该用正确的人生观，正确的道德观理智地衡量，或者亲身体验一下，这就是我们说的：要知道梨子的滋味，就要亲口尝一尝。如果不好吃，吃了不舒服，你肯定不会选择吃完它，一定会放弃。面对生活中的道德价值取向，选择也是一样，时刻都在取舍中选择。试一试，体验一下，有了感觉，感觉好，继续下去，这就是"争取"。感觉不好，或者感觉有违自己的真心、善意、不美，甚至丑恶，就不要把自己推向那阳光的背面——选择放弃或是暂时放弃。有了比较、鉴别，正确地反省了自己而及时调整做法，这就是学会放弃。

要谈"放弃"那是十分痛苦的，因为放弃就意味着"失去"。是呀，谁又愿意失去呢？但是，都要得到，没有人失去，怎么可能？学会放弃能够跳出庐山外，更全面、更客观地看待问题。就能够正视自己，就能够使自己健康成长。

因此，学会选择的同时，也要学会理智地放弃。在这里，平常心具有特殊意义：具有了平常人的心态，才会正视自己；具有了平常人的心态，就能随时准备着迎接失败；具有了平常人的心态，才能作出正确的选择，才会真正权衡利弊，不盲目自信，不盲目乐观；不有悖正确的道德观，才能找准自己的位置，寻求更有利于自己的发展。总之，具有平常人的心态才可能理智地选择放弃。

打破自我设限的藩篱

有位心理学家做了一个有趣的实验，把跳蚤放在桌上，一拍桌子，跳蚤迅即跳起，跳起高度均在其身高的100倍以上，从比例上看，跳蚤堪称世界上跳得最高的动物！然后在跳蚤上方罩一个玻璃罩，再让它跳，这一次跳蚤碰到了玻璃罩。连续多次后，跳蚤改变了起跳高度以适应环境，每次跳跃总保持在罩顶以下高度。接下来逐渐降低玻璃罩的高度，跳蚤都在碰壁后被动改变自己的高度。最后，当玻璃罩接近桌面时，跳蚤已无法再跳了。科学家于是把玻璃罩打开，再拍桌子，跳蚤仍然不会跳，变成了"爬蚤"。

其实在这个实验中跳蚤退化成"爬蚤"，并非它已丧失了跳跃的能力，而是由于一次次受挫学乖了，习惯了。最可悲的是，当玻璃罩已经不存在时，它却连"再试一次"的勇气都没有。玻璃罩已经罩在了潜意识里，罩在了心灵上。行动的欲望和潜能被自己扼杀！心理专家把这种现象叫做"自我设限"。而生活中，自幼时这个"不准"，那个"不行"，到成人后"棱角"磨圆，"锋芒"碰平，于是丧失了求知的兴趣，扼杀了探索的勇气，冷却了创新的热情，导致随波逐流，终究一生碌碌无为。

其实，人追求成功的需求与生俱来，所有人类的突破，都是信念的改变，因为你的看法左右你的结果，最重要的就是自己对自己的看法，换一个说法，就是自我定位。因此，你要撕掉你身上的标签，重新定位自己。

去掉标签，不仅仅是要去掉"我不行"的标签，同时也要去掉"我就是"的标签，物极必反，对自己盲目高估，于是站得越高，掉下来摔得越重，自我膨胀，盲目自大，随时把自己当领导人，而忽略了直销是自由职业到自由企业，谁也无法领导谁，所以谁也不会服谁，因此，别让浮躁的心态毁了对定位的把握。

人有些时候也是这样。很多人不敢去追求成功，不是追求不到成功，而是因为他们的心里面默认了一个"高度"，这个高度常常暗示自己的潜意识：成功是不可能的，这个是没有办法做到的。

"心理高度"是人无法取得伟大成就的根本原因之一。要不要跳？能不能跳过这个高度？我能不能成功？能有多大的成功？这一切问题的答案，并不需要等到事实结果的出现，而只要看看一开始每个人对这些问题是如何思考的，就已经知道答案了。

定位仅仅是自我塑造的起点，在已有了正确定位以后，还要按照定位所

第一章 自我定位：做自己的人生优化大师

这样做，可以塑造期望的自我

既定的道路走下去。对于没有行动力、不能约束自己的人来说，多么正确的定位都于事无补。

哀莫大于心死，如果认为不可能做到，那就真的不可能做到，其实世界上没有一件事情是可能的，也没有一件事情是不可能的，千万不要自我设限，否则你只有死路一条。不妨每天都大声地告诉自己：我是最棒的，我一定会成功！

有一个值得期待的希望

希望是催促人们前进的动力，也是生命存在的最主要的激发因素：只要活着，就有希望；只要抱有希望，生命便不会枯竭。

希望，不一定是多么伟大的目标，它可以小到是平淡生活中的一些小期待、小盼望、小快乐、小满足。譬如，明天会看到太阳，明天要去听一场音乐会；下星期约了老朋友喝茶，下个月即将有一小笔奖金；阳台上即将盛开的盆花，明天将穿一件新衣，购买一件想要的物品，完成一个崭新的计划……希望就是这样平平常常的满足，从从容容的期盼。

虽然在别人眼里，这些尽是些微不足道的细碎小事，但是，对个人而言，却能带来一些乐趣，也都值得期待，这些就都是喜悦的希望。

一位留学生刚到澳大利亚的时候，为了寻找一份能够糊口的工作，他骑着一辆旧自行车沿着环澳公路骑了数日，替人放羊、割草、收庄稼、洗碗，只要给一口饭吃，他就会停下疲惫的脚步。

一天，在一家餐馆打工的他，看见报纸上刊出了澳洲电讯公司的招聘启事。留学生担心自己英语不地道，专业不对口，他就选择了线路监控员的职位去应聘。过五关斩六将，眼看他就要得到那年薪 3.5 万的职位了，不想招聘主管却出人意料地问他："你有车吗？你会开车吗？我们这份工作要时常外出，没有车寸步难行。"

澳大利亚公民普遍拥有私家车，无车者寥若晨星，可这位留学生初来乍到还属无车族。为了争取这个极具诱惑力的工作，他不假思索地回答："有！会！"

"4 天后，开着你的车来上班。"主管说。

4 天之内要买车、学车谈何容易，但为了生存，留学生豁出去了。他在朋友那里借了 500 澳元，从旧车市场买了一辆外表丑陋的"甲壳虫"。第一天他跟朋友学简单的驾驶技术；第二天在朋友屋后的那块大草坪上摸索练习；第三天歪歪斜斜地开着车上了公路；第四天他居然驾车去公司报了到。

时至今日，他已是"澳洲电讯"的业务主管了。

这位留学生的专业水平如何人们无从知道，但他的胆识确实让人佩服。即使不完美，也给自己留一份希望去努力。

如果他当初畏首畏尾地不敢向自己挑战，不给自己以希望，绝不会有今天的辉煌。正是面临这种后无退路的境地，人才会集中精力奋勇向前，从生活中争得属于自己的位置。

面对生活，不论希望大小，只要值得你去期待、去完成、去实现，都是美好的。而当你在进行的过程中，必然会体会到其中的快乐，生命便也因此更丰盈，更有意义。能够给自己一个希望，你就有勇气和力量面对生活中的不幸。

有位医生素以医术高明享誉医学界，但不幸的是，就在他事业蒸蒸日上之时，突然被诊断患有癌症。这对他不啻当头一棒。他一

第一章 自我定位：做自己的人生优化大师

这样做，可以塑造期望的自我

度情绪低落，但最终接受了这个事实，而且心态也为之一变，变得更宽容、更谦和、更懂得珍惜所拥有的一切。

在勤奋工作之余，他从没有放弃与病魔搏斗。就这样，他已平安度过了好几个年头。有人惊讶于他的事迹，就问他是什么神奇的力量在支撑着他。这位医生笑盈盈地答道：是希望。几乎每天早晨，我都给自己一个希望，希望我能多救治一个病人，希望我的笑容能温暖每个人。这位医生不但医术高明，做人的境界也很高。

在这个世界上，有许多事情是你难以预料的。你不能控制机遇，却可以掌握自己；你无法预知未来，却可以把握现在；你不知道自己的生命到底有多长，却可以安排当下的生活；你左右不了变化无常的天气，却可以调整自己的心情。

只要活着，就有希望，只要每天给自己一个希望，你的人生就一定不会失色。每天给自己一个希望，就是给自己一个目标，给自己一点信心。

希望是什么？希望是引爆生命潜能的导火索，是激发生命激情的催化剂。每天给自己一个希望，你将活得生机勃勃、激昂澎湃，哪里还有时间去叹息、去悲哀，将生命浪费在一些无聊的小事上。

生命是有限的，但希望是无限的，在你塑造自我的过程中，只要你不忘给自己一个希望，就一定能够拥有一个丰富多彩的人生。

避开自我定位的误区

时下有一句流行语，叫作"有什么样的定位，就有什么样的人生"。大意是说想成为成功人士，首先需要为自己选择一个明确、具体的目标。比如你想拥有多少金钱，拥有什么样的社会地位，取得什么样的成就等。毫无疑问，一个有了自己的人生定位并能为之付出不懈努力的人，相对来说肯定比那些飘忽不定、内心迷惘的人更容易接近成功。可是反过来说，就算你自己定位了，如果自我定位不切实际，或者你缺乏健康良好的心态，同样也不会取得成功。

众所周知，现在普遍存在着大学生就业难的问题。在全球金融危机日益严重的今天，在每年新增数百万大学毕业生的今天，就业危机是不可回避的现实，而且在一定时间内不可能得到100%的解决。但是另一方面，"天之骄子"们在抱怨压力大、竞争激烈的同时，是否曾经考虑过自己的自我定位存在误区呢？或者说，你是不是一个眼高手低的人？

> 小王是某省师范大学的毕业生，在校期间各门功课成绩都很优异，毕业后却被分配到了一个小县城当老师。一直想留在省城发展的他一下子进入了平庸、烦琐的现实，仿佛从天堂掉进了地狱。为了改变自己的命运，他把全部希望都寄托在了研究生考试上，并将这看成了他唯一的出路。但是由于诸多方面的原因，他的努力并没有换来期待中的成绩。为了自己的前途，他再次鼓起勇气，凭借着强大的意志再次捧起书本，然而第二次考研仍然没有成功。第三次失败之后，他放弃了努力，每日以酒为伴，几近崩溃。要命的是，由于他一心考研，极大地影响了正常的授课，经过研究，校方果断地将他开除了。这一次，他彻底崩溃了。在一个沉醉不醒的深夜，他用一瓶安眠药结束了自己的生命。

我们不难看出，小王的种种遭遇乃至最后铸成悲剧，皆因自我定位过高，不肯面对现实而起。

生活中，也经常可以听见人们把"知足常乐"、"只摘够得着的苹果"、"比上不足比下有余就行了"等挂在嘴边，然而这些话说起来简单，做起来却很

这样做，可以塑造期望的自我

不简单！人类从来就不缺理想，或者说叫贪欲，也可以说是上进心。

定位自我的含义有两层，一是确定自己是什么样的人，自己适合做什么样的工作；二是告诉别人你是谁，你擅长做什么工作。但很多人恰恰没能理解这些，以至于在自我定位时陷入误区。

有的人认为，定位会使自己变得僵化。其实定位不是静态的，而是动态的事情，当自我发生重大变化，当外部环境发生重大变化的时候，都需要重新定位。

有的人认为，定位会使很多想要的会得不到，担心定位会让自己受到限制。其实定位并不是确定一个固定的位置，而是确定和目标的距离。你可以确定多种目标，只是你要知道自己距离各种目标的远近程度，要知道达到目标需要怎样的努力。

有的人认为，定位会让自己失去机会。这个误区尤其体现在毕业生身上，如学生经常到处投放简历，甚至发给谁了都不知道，学生会取得很多的证书，认为这样得到的机会更多；其实，这样的漫天撒网更可能耗费你的时间和精力，而没有获得实质性的机会。

有的人认为，定位应该让旁观者来做，自己定位不准确。其实，真正知道自己想要什么、喜欢什么、习惯做什么的是自己，领导、同事、朋友、家长都只能提供参考意见，并不能真实地了解你的"心"，所以在定位这个问题上，首先要自己了解自己，可以借助别人的帮助。

要想避免陷入定位误区，这里有几点意见供参考：

一是积极肯定自我价值，乐观面对压力和挑战，制订出清晰的目标，并及时细化、优化、纠正，甚至放弃目标；

二是正确看待自己的优势和弱点，理性看待自己的缺点，做到有则改之，无则加勉；

三是遭遇挫折和失败时，要不断总结经验，及时调整自己的心态，脚踏实地、一步一个脚印地做好每一件事情；

四是杜绝好高骛远，严禁朝三暮四，更不要试图走好两根钢丝；

五是善待周围的每一个人，处理好人际关系，不断培养自己的人脉。总之一句话，没有明确的自我定位不行，自我定位不切实际也不行。唯有找到适合自己的人生目标，并激励自己付出不懈的努力，梦想才有实现的可能！如果拿不准，请记住，保守一点总好过狂妄自大。

最后，送给大家两句话共勉：纵使你是匹"千里马"，也得需要寻找机会表现自己，这才有机会获得"伯乐"的赏识；纵使你是个"英雄"，也得需要找到个"用武之地"，才有可能发挥你的特长，展示你的才华。

第二章 完善形象：打造文化的纯美与高雅

不管是在公众场合，还是在私人聚会，只要你与人进行交往，你的着装打扮、言谈举止等形象就会出现在他人眼里，并留下深刻印象。本章"完善形象"的目的，就是为了打造纯美、高雅的外部形象，给人创造良好的第一印象，帮助你做一个成功的"社交家"。

在气质上树立成功者形象

罗曼·罗兰说："气质之美与其说是来自内心的修养，不如说它是来自一种对美好事物的欣赏能力。这份欣赏力就使一个人的言谈举止不同流俗。"即使你现在表现不出是个成功者，你还有一个办法可以为自己的形象加分，就是表现自己是个很有可能的"未来"的成功者。

对自己的前途有充分信心，这是许多成功人士的特点。在生活中，即使你将来未必成为那些伟人一样的人物，你如果表现得好像你要成为个人物，也时常能"唬"住一些人，让人觉得你将来是有前途、有出息的，像个"绩优股"，也就是有增值潜力、有发展潜力的人。

有的人就是这样，总是显得胸怀大志和要干大事业之态，这样的人很容易让周围的人觉得他不是个一般人物，将来说不定真的能做成什么事。因为人总是容易根据直觉来判断别人，尤其在交往不深的时候，谈吐、气质、魅力，这些东西会对公众的心理有很大影响。超群的工作能力固然很重要，但是如果你只靠实力被人发现，成功的速度恐怕要更慢一些。因此，装出成功者的样子，就能更快把成功吸引到你身边来。

有一句美国谚语说："假装你行，直到你真的行。"这正是许多成功者设计自己最佳形象的秘密武器。成功者的形象会吸引更多的人和他们交往合作。为了给人留下良好的第一印象，应该着力在气质上打造你的成功者形象。

人们常常会说一个人的气质如何如何，日常生活中有的人看来装扮和别人没什么不同，但却在人群中显得很出众，容易引起别人的兴趣，其实这就是他注意塑造自身形象的结果。那么你应该怎样正确地塑造自身形象，提高自身的形象气质呢？

气质是指人相对稳定的个性特征、风格以及气度。性格开朗、潇洒大方的人，往往表现出一种聪慧的气质；性格开朗、温文尔雅，多显露出高洁的气质；性格爽直、风格豪放的人，气质多表现为粗犷；性格温和、风度秀丽端庄，气质则表现为恬静……无论聪慧、高洁，还是粗犷、恬静，都能产生一定的美感。相反，刁钻奸猾、孤傲冷僻，或卑劣委靡的气质，除了使人厌恶以外，绝无美感可言。

在现实生活中，有相当数量的人只注意穿着打扮，并不怎么注意自己的气质是否给人以美感。诚然，美丽的容貌，时髦的服饰，精心的打扮，都能给人以美感。但是这种外表的美总是肤浅而短暂的，如同天上的流云，转瞬即逝。如果你是有心人，则会发现，气质给人的美感是不受年纪、服饰和打扮局限的。

一个人的真正魅力主要在于特有的气质，这种气质对同性和异性都有吸引力。这是一种内在的人格魅力。

气质美首先表现在丰富的内心世界。理想则是内心丰富的一个重要方面，因为理想是人生的动力和目标，没有理想的追求，内心空虚贫乏，是谈不上气质美的。品德是气质美的另一重要方面。为人诚恳，心地善良是不可缺少的。文化水平也在一定的程度上影响着人的气质。此外，还要胸襟开阔，内心安然。

气质美看似无形，实为有形。它是通过一个人对待生活的态度、个性特

第二章 完善形象：打造文化的纯美与高雅

征、言行举止等表现出来的。气质表现在一个人的举手投足之间。走路的步态，待人接物的风度，皆属气质。朋友初交，互相打量，立即产生好的印象。这种好感除了来自言谈之外，就是来自作风举止了。热情而不轻浮，大方而不傲慢，就表露出一种高雅的气质。狂热浮躁或自命不凡，就是气质低劣的表现。

气质美还表现在性格上。这就涉及平素的修养。要忌怒忌狂，能忍辱谦让；关怀体贴别人。忍让并非沉默，更不是逆来顺受，毫无主见。相反，开朗的性格往往透露出大气凛然的风度，更易表现出内心的情感。而富有感情的人，在气质上当然更添风采。

高雅的兴趣是气质美的又一种表现。例如，爱好文学并有一定的表达能力，欣赏音乐且有较好的乐感，喜欢美术而有基本的色调感，等等。

许多人并不是靓女俊男，但在他们的身上却洋溢着夺人的气质美：认真，执著，聪慧，敏锐。这是真正的气质美，是和谐统一的内在美。

追求美而不误解美、亵渎美，这就要求每一个热爱美、追求美的人都要从生活中领悟美的真谛，把美的外貌和美的气质、美的德行与美的语言结合起来，展现出人格、气质、外表的一个完整的美好形象来。

让服装的功能帮你建立自信

在人类文明史上，服装的发展一直带有它的社会功能。它是一个表现工具。精心设计的服装，不但可以掩盖某些不足，还可以衬托形体的优势，并在心理上消除由于对外表不满带来的焦虑。而那些对自我成就不满而缺乏自信者，优质的服装可以积极地调整穿衣者的态度，增加穿衣者的社会成就感。它有强烈的暗示作用，在心理上提示自己，表现得要如同自己的服装一样出色。

服装的最大功能是能帮助人们建立自信，帮助穿衣者沉着自如、优雅得体地表现，保持在各种场合下镇定自若的心态。据社会心理学家估计，第一印象的93%是由服装、外表修饰和非语言的信息组成。服饰是社会人用来传送语言无法传递的信息的一个有力工具，是文明社会人们交流沟通的重要手段。优秀的服装能够增加着装人的成就感，它让你表现得自豪、沉着、优雅、出众。

虽然大部分人都认为人们不应该根据外表来评判一个人，但是心理学家发现，一个人外表有无魅力，不但决定了别人对他的态度，也影响这个人对自己的态度。如果你穿着那种粗制滥造和裁剪不得体的服装，它们会无时无刻不在提醒你："我就如同我所穿的，我缺乏自信和才能，我一无所有。"所以，有的人把第一个月收入的全部用于对自己外表的改造上，在这部分人的衣柜里，不再存在劣质、廉价服装。

自信是取得成功的首要因素，而成功的人都能够向社会和群体展示这种自信，这也是他们能够成功的公开的秘密。正因为大部分人缺乏自信，才使得社会上的成功者占极小的比例。自信的秘密并不鲜为人知，依然徘徊在失败者人群中的人，他们渴望成功，但又不能展示出自信，他们读尽了"成功励志"的书，却没有找到一条最简捷的现实的方法。因此，不妨把服装用作辅助你成功的手段之一。

要想让服装发挥出最大的功能，可以参照下面美国形象大师罗伯特·庞德罗关于穿衣的若干条禁忌，帮助你作出正确的选择，有效地建立自信：

买廉价衣服；

穿破旧、过时的衣服；

看起来就是失败者；

穿非自然材料、寒酸的衣服；

看起来就很懒散、不修边幅；

服饰减弱了你身体的优势；

穿廉价的鞋，戴廉价的首饰；

陪同你的人穿着随便、不当；

这样做，可以塑造期望的自我

穿着无品位，过于乏味平淡，不让人感到振奋；

当你需要穿着雅致、精细时，却穿着随便、休闲；

展示一维空间形象——敏锐、"酷"或者粗犷的乡下人；

穿着太伶俐，如同可爱的孩子，用过多的小玩意儿装饰；

服饰加强了你身体的缺陷，如太胖、太瘦、太高、太矮；

允许服装店的人向你推荐，卖给你服装，而不是为你服务；

穿着与年龄不符，成熟者穿着像个少年，年轻者却穿得过于老成；

做时尚的奴隶，毫无思想地服从时尚。其中很多服饰并不适合你；

衣饰的搭配不合适，不适宜的装饰物，过分地耀眼而显得俗气；

把昂贵和廉价的服饰搭配起来，整体看起来劣质、廉价，因为廉价劣质服饰总是突出醒目；

刻意让自己穿着随便，以为如此会让自己与大众融为一体，显得民主，但事与愿违，你在降低自己，也不尊重他人。

注重细节，给人留下好印象

英国形象大师玛丽·斯皮莱恩说："如果你不在早上花点时间注意细节，更重要的是其他人会为你遗憾一天。"这句话阐明的是对细节的疏忽会为你带来不可弥补的、不可言传的尊严的损害。你精心装饰自己，保持干净、整齐，不但是对自己的尊重，也是对别人的尊重。还有人认为个人卫生与一个人的精神及其道德修养程度有一定的关系。不论哪一个是前因，哪一个是后果，不讲究卫生细节的人像是在间接地宣告："我不懂得人生的要义，我还没有进入人类的现代文明。"

你不一定要穿着最昂贵的西服，但是，请花一点时间整理这些不可言传的卫生小节吧！这也是对自己形象应该承担的基本责任，是至关重要的。那亚热带丛林般的黑色鼻毛不可阻挡地从鼻孔中伸出，会在心理上折磨别人的神经；那让人作呕的头皮屑，会时刻扰乱别人平和的心绪！

在某金融机构做办公室主任级经理的刘强，就是由于不能够忍受别人的鼻毛的折磨，在面试一个杰出的、具有丰富的金融界经验的高级分析员时，寻找了一个"合理"的理由没有雇用一位英国博士。刘强对这位博士说："自从你7年前我在伦敦留学时你告诉我这些小节，它们已经成为我雇用人的一个标准。但是我遗憾地发现，不注重卫生小节的习惯在很多人身上存在着！为什么很多人没有这种注重个人卫生的习惯？为什么他们像留胡子一样留着鼻毛？我对于这种不良的习性形成了非常强烈的个人看法。但是，我却不能够告诉他们，这是我不能够雇用他们的理由。"刘强还"憎恨"另一种与鼻毛"同罪"的不愉快的现象，一位面试者一开口，就露出不清洁的牙齿，他也寻找了"合理"的理由而没有雇用这位牙齿不清洁的外国同行。

在英国某银行做经理的皮特也是这样寻找了一个"合理"的借口，在大裁员中，让一位来自沙漠地带国家的助理员离开了自己领导的部门。因为皮特不能够忍受"他在一星期的4天内都穿着一件衬衣，以至于到了夏天，他所发出的气味使得别人都无法走近他！"皮特还认为，这样的职员一定在某种程度上患有精神忧郁症，否则，一个健全的人，是不会这样懒惰和糟蹋自己的。

在一个春季联谊舞会上，当各国留学生们欢聚一堂时，总会出现有些男士请女士跳舞屡遭拒绝的场面。不难听到女士们抱怨那些不讲究最基本卫生的男士们。一位女士说："我与一位中国学者跳了一段舞，那是我有生以来感到最漫长的舞曲，他口中散发的味道几乎让我窒息，我不得不把头偏向一边，以避开他的呼吸，他是没刷牙，

第二章 完善形象：打造文化的纯美与高雅

还是没去看牙医?"

还有一位说:"望着邀请我的人的白衬衣和那上面泛出的污迹,闻着衬衣上散发的不可言喻的古怪味道,我真想告诉他,这里的水电这么便宜,为什么不勤换衬衣、多洗澡?"

有时,有一两位西装革履、梳洗干净、气味清新的男士出现,他们总是女士们翘首盼望的"舞会王子",是舞会上最繁忙的男人。

要在细节上做到仪容干净整洁,重要的是需要长年累月坚持不懈,不厌其烦地进行以下仪容细节的修饰工作。

第一,勤洗澡

洗澡可以除去身上的尘土、油垢和汗味,并且使人精神焕发。有可能的话要常洗澡,在参加重大礼仪活动之前还要加洗一次。头发是人体的制高点,因为人们的发型多有不同,故此它颇受他人的关注。

第二,勤洗头、洗脸

只有经常坚持洗头,方可确保头发不粘连,不板结,无发屑,无汗馊气味。经常梳理头发:一是出门上班前,二是换装上岗前,三是摘下帽子时,四是下班回家时,五是其他必要时。

在梳理自己的头发时,还有三点应予注意:一是梳理头发不宜当众进行。作为私人事务,梳理头发时当然应当避开外人。二是梳理头发不宜直接下手,最好随身携带一把发梳,以便必要时梳理头发之用。不到万不得已,千万不要以手指去代替发梳。三是断发头屑不宜随手乱扔。

第三,定时剃须

除了具有宗教信仰与风俗习惯者之外,男性礼仪人员不宜蓄留胡须,因为在交际场合"美髯公"并不美,它显得不清洁,还对交往对象不尊重,因此男性最好每天坚持剃一次胡须。

第四,保持手部卫生

在每个人的身上,手是与外界进行直接接触最多的一个部位,它最容易沾染脏东西,所以必须首先勤洗手。还要常剪手指甲。

第五,注意口腔卫生

坚持每天刷牙,消除口腔异味,维护口腔卫生,是非常必要的。有可能的话,在吃完每顿饭以后都要刷一次牙,平日不吃生蒜、生葱和韭菜一类带刺激性气味的食物,吃了的话可以吃口香糖补救。

第六,化妆适度

在职业活动中,适当化妆,不仅是职业工作的需要,同时也是对他人尊重的一种表现。做任何事情都贵在适度,化妆也不例外,过分醉心于美容,化妆得过于浓艳,不仅有损于皮肤的健康,而且还有损于别人的观瞻,因此,化妆适度是仪容美的基本要求。

第七,遵循美容化妆的三原则

一是美化原则。要使化妆达到美的效果,首先必须了解自己的脸的各部位特点,孰优孰劣要心中有数;还要清楚怎样化妆和矫正才能扬长避短,变拙陋为俏丽,使容貌更迷人。这些,要在把握脸部个性特征和正确的审美观的指导下进行。

二是自然原则。自然是化妆的生命,它能使化妆后的脸看起来真实而生动,不是一张呆板生硬的面具。

三是协调原则。协调原则包括妆面协调,全身协调,身份协调和场合协调。

妆面协调指化妆部位色彩搭配、浓淡协调，所化的妆针对脸部个性特点，整体设计协调。

全身协调指脸部化妆还必须注意与发型、服装、饰物协调，如穿大红色的衣服或配了大红色的饰物时，口红可以采用大红色的。它力求取得完美的整体效果。

身份协调指礼仪人员化妆时要考虑到自己的职业特点和身份，采用不同的化妆手段和化妆品。作为职业人士，应注意化妆后体现端庄稳重的气质；作为专门从事各种关系建立和协调的从业人员出头露面的机会多，与有身份、有地位、有权力的人打交道频繁，要表现出一定的人际吸引魅力，化妆就不能太艳俗或太单调，而应浓淡相宜，青春妩媚，适合人们共同的爱美之心。

场合协调是指化妆要与所去的场合气氛要求一致。日常办公，妆可以化淡一些；出入宴会、舞会场合，妆可以化浓一些，尤其是舞会，妆可以亮丽一些；参加追悼会，素衣淡妆，忌使用鲜艳的红色化妆。不同的场合不同的化妆，相得益彰，不仅会使化妆者内心保持平衡，也会使周围的人心理融洽。

第八，注意发式与发质、服装的关系

在现代美容中，一个人的发式与服装有着十分密切的关系。什么样的服装应当有什么样的发式相配，这样才显得谐调大方。假如一个高贵典雅的发髻配上一套牛仔服系列就显得不伦不类，因此，只有和谐统一才体现美。

一般来说，直而硬的头发容易修剪得整齐，故设计发型时应尽量避免花样复杂，应以修剪技巧为主，做成简单而又高雅大方的发型。比如梳理成披肩长发，会给人一种飘逸秀美的悬垂美感；用大号发卷梳理成略带波浪的发型或梳成发髻等，会给人一种雍容、典雅的高贵气质。细而柔软的头发，比较服帖、容易整理成型，可塑性强，适合做小卷曲的波浪式发型，显得蓬松自然；也可以梳成俏丽的短发，能充分体现你的个性美。

说话时不要触犯交流禁忌

美国人约翰·布鲁斯克在《格调》一书中精辟地总结了人的言谈在揭露我们的成长秘密："一个人的言谈永远是他的家庭背景和社会地位的告示牌。"哲学家葛拉西安在他的《智慧书》中危言警告："没有一种人类活动像说话一样需要如此谨慎小心，因为没有一种活动比说话更频繁、更普通，甚至我们的成败输赢都取决于此。"中国的先人也含蓄地告诉人们："听其言，知其人。"

通常人们能从交谈中了解你的思想脉络和个人修养，不论你有多大的成就，你的财富有多少，你受的教育有多高，你的言谈有声有色地描述着你的故事，一笔一笔地勾画着你的形象。

交谈是判断一个陌生人的社会地位、生活、成长背景和可信度的最有效的工具。谈话的内容和技巧也是一把衡量人的真实品格的精密尺子。你所涉及的谈话内容，你所选用的语法、词汇、语音、口音等，都像画笔似的在一笔一笔绘出你的形象，在人们的意识中构造你的背景。只有那些雅俗共赏的、不带有个人攻击性的、不存在个人偏见的、不带有强烈的政治和宗教观点的、不具有性别歧视的、不带有淫秽色彩、不给人们的灿烂情绪上播撒忧郁的内容的谈话，才不会抹杀你优雅的形象。

交谈是任何人都避免不了的沟通交流活动，是加深人际关系、促进了解、增进友谊和感情的必不可少的手段。但是，交谈并不是没话找话说，不负责任的闲话，不经过大脑就跑到舌头上的语言，会让人付出巨大的代价，或者是无意识地伤害了别人的感情，或者是破坏了和谐的人际关系，或者是直接缩短了事业的寿命。沟通专家认为，交谈的目的为的是找到双方更多的相似之处，缩短在正式而呆板的商业活动中保持的距离。

虽然你以为自己并没有坐在会议室内和办公桌前，因而放松了思维的警惕，口无遮拦地、肆无忌惮地让词汇喷涌而出。请永远记住人们的一再忠告，

这样做，可以塑造期望的自我

在任何有人参与的活动中，即使是非正式的闲谈，你的一言一语无时无刻不在告诉人们你是谁。你就像电影屏幕上活生生的演员，你的台词已经把自己列入了特定的角色，或者喜欢你，或者排斥你，只是很少有人会直率地告诉你他们的真正看法。

那些处处受到人们欢迎的"社交家"，往往一张口就能够调动起别人的愉悦情绪，还有的被人们称为"社交润滑剂"。这样的人并不是口若悬河、无的放矢的滑稽大王，他们都有自己的一套"润滑原则"，即在谈话中努力寻找对方感兴趣的话题。

任何一个场所，同事、朋友之间闲谈的每一个话题都可能是有目的的，话题应该起着缩短谈话人的距离、消除隔阂的作用。一个人选择的闲谈话题，显示出他的个人修养、知识水平和社交技能。一个聪明、有趣的话题，会衬托你的形象；一个引起争端或者低级趣味的话题，会毁坏你的形象。

什么是闲谈之忌呢？什么样的话题能够抹黑你的形象呢？对于成功人士而言，你的话题应该与你的地位和你渴望的地位相符合。像社交家们学习"社交润滑"的能力，就要先避免那些招惹是非的话题：

不在任何场所，讲任何人的坏话；

不传播任何坏消息，即使是纽约世贸大厦被飞机撞毁的消息，也由新闻记者去传播吧，只谈那些能带给人们欢乐和他们感兴趣的话题；

记住，永远不要把别人和你自己的私生活当成海鲜大餐一样与人共同品尝；

永远不要用消极的口吻议论任何人；

永远不要把"黑色的悲伤"消息传递给任何人；

做个敏感的人，不要触及别人不愿意谈论的话题；

不要专揭别人的痛处；

不要乐不可支地传播黄色笑话，即使是朋友，也不要以为就可以敞开胸怀、无所不谈；

不要把别人当成不付费的心理医生。

交流沟通专家认为，有很多话题是社交谈话之忌，这样的话题会非常严重地损坏你的形象，其长远后果是不堪设想的。以下就是社交谈话之忌。

第一，忌喋喋不休

爱喋喋不休地抱怨的人给人的第一印象是：像沿街乞讨的乞丐。他们与人见面，张口就说"我的命运太差"，闭口就说"我的工作让我很烦"，将他们日常生活中的无数小事与无尽烦恼向别人倾诉、哀叹不已。其实每个人的生活都有烦恼，而别人有什么义务浪费时间听你那容易破坏心情的过分唠叨与抱怨呢？所以喋喋不休地抱怨只能引起别人的厌烦而不是同情。

第二，忌枯燥无味

有一类人说话别人不爱听，并不是因为说话太多、喋喋不休，而是因为说的话太枯燥乏味，没有一点儿波澜和惊奇。他常常是夫子自道、观念单调、言语乏味。这类人不开口则已，一开口便使人感到厌倦了。这些没有重点、没有观点、平淡无奇、像白开水似的话，很快就会让聆听者失去耐心。

第三，忌插嘴插舌

插嘴插舌者总是在别人说到高兴处，冷不防半腰杀进来，让你猝不及防，不得不中途偃旗息鼓。他不会预先告诉你他要插话了。插嘴插舌者有时会插到别的话题上，有时是把你的结论代为说出，以此得意扬扬地炫耀自己的能耐。无论是哪种情况，都会让原来说话的人顿生厌恶之感，因为插嘴插舌者不懂得尊重别人。

也许，对付插嘴插舌者最好的办法，就是让他与喋喋不休的抱怨者同处一室，那样场面一定精彩，他们双方也会得到最大的满足，只是他们会更无聊。

第二章 完善形象：打造文化的纯美与高雅

第四，忌心不在焉

心不在焉的人平时似乎特别容易开小差，心神经常浮游不定。如果你告诉他一件很重要或很有趣的事情，他却把注意力分散到别的地方，像灵魂飞到别处去了一样，眼睛看着前方，或若有所思，或突然问："噢，你说到哪儿啦？""你刚才说什么来着？"这时你一定觉得说话的兴致全无。

当然，也许有人说是说话人的过错，也许说话人讲的事情使他很难感兴趣。可是，即使如此，他也不可原谅，因为心不在焉是一种很没礼貌、很伤人感情的行为。

第五，忌武断暴躁

武断暴躁的人是一种特别没耐心且相当自负的人。他总觉得自己是对的，问题出在别人身上。如果你要追问为什么或找个解释，他会很暴躁地用最短的一句话让你血脉鼓胀而闭嘴。他们常说的话是："不要烦我。""事情本来就是这样的，没什么好说的。"

第六，忌空泛说教

人们往往因为自己地位比别人高、年龄比别人大，潜意识里就有一种优越感，觉得自己比别人有经验、比别人懂得多，因此在谈话时容易带有说教的腔调。

当然，不能完全把说教一棒子打死，有时说教中也有正确的忠告，但这些忠告也经常因带有说教腔引起谈话对象的逆反情绪而不被接受。既然是要说服教育别人，那么就该注意如何使别人接受你的意见，所以要力避高高在上、目空一切，而是要拿出鲜明、生动、形象的事例让别人心悦诚服地接受。

人们见到的说教者常常如此说："你知道我并不是在干涉你的作为。""现在我不喜欢讲这一类事情。""我觉得有许多话不得不同你讲。"或者"我也许不应讲这些话，可是我想你会明白这些话的好处的。"

其实，说教者说的这些话，应该是在别人接受观点时自然而然地从心里产生的想法。而由说教者嘴里说出，说得再多也只是空洞的说教而已，收不到任何效果，反倒惹人生出抵触情绪。

第七，忌自我吹嘘

大言不惭的人也许会引起人们一时的兴趣，他所讲的那些背离事实的故事，人在疲倦的时候听听倒也无妨。而他讲的往往还有声有色，故事完整，波澜起伏。只是他讲的主题只有一个，即他自己。如果你留意一下，几乎每句话都会出现一个同样的字"我"，这个无限重复的"我"很容易让人失去耐心。

大言不惭、吹嘘自我的人到头来反而给人留下浅薄和无知的印象。同时，过分关注自我、忽视旁人的"自我中心"者，最终会沦为"自我孤立"者。

第八，忌说长道短

笑话、幽默、奇人逸事不失为良好的交际润滑剂，一旦过头了，沉浸于那些不堪入耳的黄色玩笑中，或出言粗俗，常被人认为是缺少思维能力和知识浅薄，从而失掉自己人格的尊严。

由于缺少健康、高尚的情操引导，低级趣味的人往往爱关注无聊的琐事、爱探听别人的秘密逸闻，有时是为了增加他闲谈的资料，有时是为满足他的好奇心。这类人还会把这些秘事逸闻添油加醋，然后传扬出去，并以此为乐、以此为荣。

对于这类爱说长道短的人，当他向你发问时，你最好不要直接答复他，只需转弯抹角地让他自己发觉他的问题只是废话就可以了。

第九，忌小题大做

爱小题大做的人，常将很多的时间与精力，放在一件很渺小且不合乎时

宜的事物上。若要他讲述一段遭遇，他一定会不厌其烦地用5倍以至10倍的时间来讲述他的故事。你听他讲了好久，被他众多的不必要的散漫的细节弄得晕头转向时，还可能听不到他讲述的故事的要点。如果在他讲述的过程中，你想抓住故事梗概，问他一句："喂，你所讲的那位穿灰色风衣的女人究竟如何呢？"他仍会轻描淡写地回答你："不用急，我就要讲到她了，你先听我把这个说完。"接着，他又啰里啰唆地说上很多无关紧要的话。

假如这位小题大做者，能看出听他故事的人如此耐烦完全是因为礼貌，那么他必定会把要说的话整理完后才讲。若能看出对方对故事并不感兴趣，他也会采用种种努力使故事讲述得更紧凑一些。遗憾的是，他们始终觉察不出听众的反应。

第十，忌自说自话

交谈是两个人的事，应该形成一种交流，可是自说自话者常常只说自己那方面的事。他不管别人接受不接受，或对别人的话置若罔闻，只管自己说自己的。自说自话的人，脾气一般倒很好，只是他们认为自己所感兴趣的，一定也是他人感兴趣的。

如果你遇到这样一位自说自话者，该怎样应付呢？最好是尽力使话头转向别的方面去，不给他机会自说自话。同时，你自己把该说的话说完后，就礼貌地告辞。

第十一，忌执迷不悟

执迷不悟的人是一群非常固执的人，你简直不知道该怎么做才能使他转变或使他承认自己的错误。他自己认为是对的意见，无论别人怎么说、怎么做，总不能使他动摇。这种人，往往喜欢争辩，倒不是他为争辩真理而争论，他只是希望巩固他那独特的意见罢了。即使他明白无误地失败了，他还是不肯承认，还要固执己见。

跟执迷不悟的人谈话，很难有随便与轻松的氛围，他谈过了一个特别的话题，于是转向另一个话题。可是，当他忽然间想到了要说的话，他又打断了你的话头，再回到先前讲的题目上去。他所想要说的话，并不是一个新的观念或意见，只是对先前所讲的那特别的话题还嫌不充分、还嫌不突出，所以他还要再讲一遍。

执迷不悟者和自说自话者是不同的，自说自话者可能有好脾气好学问，说话时顾到前因后果。执迷不悟者只是一味固执而已，他常常是自私的，甚至比大言不惭者更自私。对付这种人并制止他说话的最好方法便是和他赌东西。

第十二，忌自作聪明

有的人总觉得自己比别人聪明，摆出一副什么事都知道的架势，因此在言语行为上，总认为别人说得不好、考虑得不周，其实自己的意见也高明不到哪儿去，或者根本驴唇不对马嘴，让人既好笑又好气。

自作聪明的人往往还特别爱说话，总认为自己的意见比谁的意见都好，爱大嗓门到处嚷嚷，炫耀自己万事通的本领。对付这样的人最好的办法便是给他一个不言不语。当时不要说一个字，也不要露出任何表情，只当这个人不在场似的，这样做了几次之后，自作聪明者便会真正聪明一回，感到自己没有被理睬而闭口。

第十三，忌言而不实

言而不实的人说话很少有个准数，要么与事实本身不符，要么说一套、做一套。长此以往，极易失去别人的信任。

有些时候，言而不实的人说的也不完全是假话，更多的时候是确有其事，只不过话从他嘴里出来就走了样了，或有夸大，或有虚构。因此，对于言而不实的人，你最好只是姑且听听，有必要时再自己调查核实一下，获取真实、

准确的信息。

第十四，忌语言刻薄

有些人似乎特别伶牙俐齿，说话咄咄逼人，攻击性特别强，而且往往伴有冷嘲热讽，给人不留情面，实际上他只是言语刻薄。这类人常被形象地称为"刀子嘴"。

言语刻薄的人往往因为一句话就会失去别人的友谊和信任。人与人最好能平等互爱，为什么要用刀子似的刻薄言语去伤人的心呢？不过言语刻薄的人似乎很难改掉这一说话方式，这跟他的性格、修养有关。这种人往往冷漠、自私而寡情。

第十五，忌辩论成狂

有的人说话好像就是为了与他人辩论似的，不是那种为了真理而辩论，而只是为了辩论而辩论。无论别人说什么、怎么说，他总要拿出不同的或相反的观点与别人对垒，似乎这样很有趣。这种人被称为辩论狂。

辩论狂的天性在于使每一次谈话都转成辩论，而在辩论中，从不控制他好斗的天性。"你这儿错了。""啊！那是你造成错误的所在。"全是辩论狂爱说的话语。在他看来,任何人都喜欢参加辩论。辩论成狂将会吓跑他周围的朋友。

性别之美打造魅力达人

在字典里，"达人"是指经过长年的锻炼，积累了丰富的经验，而得到某个领域真谛的人。你不能改变容貌，却可以重塑形象；你不能天生美丽，却可以修炼魅力。在这方面，一个人的气质起着决定性的作用,它可以从形象、心态、修养、品位、礼仪、交际、精神等方面让一个人真正成为魅力达人。

气质这个概念已经越来越多地应用于现代生活中，成为衡量一个人社交能力的尺度之一。而人的气质不只固定在一种类型上，也不是一成不变的。要把握好自我气质，也要在社交活动中不断地有意识地培养自己的优良气质。

所谓气质，是指一个人的内在涵养或修养的外在体现。一个人的气质是内在的不自觉的外露，而不仅仅是表面功夫。如果胸无点墨，那任凭用再华丽的衣服装饰，也是毫无气质可言的，反而给别人肤浅的感觉。所以，如果想要提升自己的气质，除了穿着得体、说话有分寸之外，还要不断提高自己的知识、品德修养，不断丰富自己。

对男士来讲，切忌流露出狭隘和嫉妒的心理，不要斤斤计较，更不要睚眦必报。男人的性别美，是一种粗犷的美，内涵的美，真正的男子汉应该有性格，有棱角，有力度，有一种阳刚之气，而那些扭扭捏捏的奶油小生则让大多数人难以接受。

应该如何培养绅士风度呢？有这样几点是需要注意的。

一是要注意仪态。中国人讲究"站如松，坐如钟，卧如弓，行如风"，想必大家都知道是什么意思了。但有些男士就是不注意自己的仪态，仪态不佳，就算长得再帅，给人家的印象也会大打折扣。

要培养绅士风度，仪态至关重要。那么，如何做一个仪态好的绅士呢？首先，请随时保持挺胸收腹。不管是站、坐、走，挺胸收腹都会让你平添一份优雅和自信。

其次，是要站直，挺起腰板，挺胸，收腹，下巴微向内收，双眼自然平视前方。

再次，坐的时候尽量不要靠椅背，不管有没有跷二郎腿，都不要晃腿，因为这是很失礼的行为。

还有就是在走路时脚步尽量轻盈，每一步都要脚跟先落地，不要在地上拖着走，那样会显得人很懒散，没有自信。

二是要注意在办公室里的礼仪。不要随便嘲笑女同事的衣着打扮和化妆，那样会显得你很没格调。打电话时不要坐在办公桌上，更不要像女人一样玩

这样做，可以塑造期望的自我

弄电话线，那样看起来很娘娘腔。休息时不要趴在办公桌上睡觉，被领导看到尤其不好。不要把腿搁在办公桌上或椅子上，这也是讨人嫌的行为之一。

最要紧的一条是，不要随便翻动同事办公桌上的物品，否则以后人家都会防贼似的防着你。

三是要讲究着装礼仪。你所在的单位或许对着装要求不是那么严格，但不管是在单位还是外出见客户，着装切记的原则就是"干净整洁，大方得体"。

商务活动中的最佳衣着是黑色西装，白色或浅蓝色衬衫，黑色袜子和黑色系带皮鞋。领带以细斜纹图案为好，领带的打法是严谨的"温莎结"，又名商务结。如果穿的西装是两扣式，只扣上面一粒，如果是三扣式，只扣上面两粒或中间一粒。

四是要讲究用餐礼仪。在这种场合，最忌讳大声喧哗。说话要轻声，服务生为你拉椅子和上菜时要欠身表示谢意；如果有女士同行，要主动为女士拉椅子。如果你有抽烟的习惯，请向服务生打听餐厅（咖啡厅）的吸烟区在哪里，和女士同桌时，最好要先问对方你是否可以抽烟。

在和别人进餐过程中，不要手拿着刀叉或筷子指指点点，此时要把刀叉放在盘中，摆成八字形，刀刃朝自己；咳嗽打喷嚏时要把脸转到一边，还要用餐巾纸挡住嘴；剔牙时要用另一只手挡住嘴，不要边剔牙边和别人交谈。

五是要注意日常生活习惯。尽量早睡早起，这样才能保证身体健康。要定期锻炼身体，毕竟，做运动时的男人是很有魅力的。要保持清洁，勤洗头勤洗澡勤换内衣，不要当"臭男人"——干净的男人永远比满身臭汗的男人受欢迎。

男士可以适当用一点香水，但切记一定要味道清淡。

六是应"君子德为先"。男人不能小气自私，那样只会让人看不起。一个真正的好男人，必定心地善良，正直坚强，待人接物彬彬有礼，宽宏大度而又坚持原则。好男人以助人为快乐之本，处处对老弱妇孺关心照顾，远比那些空长一张帅气脸蛋却满嘴污言秽语，只会以欺负弱小显示自己"男子汉魅力"的家伙可爱得多。

对女士而言，把自己定位为有气质的淑女永远比美女更受人欢迎。女性美普遍被人认可的形象一直是娴静的、温柔的、甜美的。女性容貌清秀，线条柔和，言谈举止中所散发出来的脉脉温情强烈动人。交际时，女性如能巧妙地利用自己的性别特点，表现得谦恭仁爱，热情温柔，一般总能激起男性的爱怜感和保护欲。女性自然的柔和所产生的社交力量，有时较刚强的力量要大得多。

美不美说的是天生的长相，而拥有淑女气质则是一个人教养的表现。气质美的女孩，即使丑点，人们也根本不会说她丑。而无知的美在外表，其实很难在男士们的心底烙上美印。前者看着高雅，后者显得俗气。

用培养气质来使自己变美的女子，比用服装和打扮来美化自己的女子要具备更高一层的精神境界。前者使人活得充实，后者把人变得空虚，而最完美的恰恰是两者的结合。气质美，至少蕴藏着真诚和善良。一个虚伪和恶狠的女人，很难想象她会有什么温婉与美好。

聪明的女性总是自觉地突出自己的性别形象。如英国前首相撒切尔夫人有铁娘子之称，政坛作为不让须眉，但在家中仍是个好主妇，为家人做早餐，为女儿粉刷墙壁，对丈夫温存体贴，其温柔美得到了人们的交口称赞。

几乎所有的女性都渴望自己在性格和外表方面对别人具有更大的吸引力。那么，怎样才能修炼出良好的气质呢？懂得如何去发挥自己的优点及克服自己的缺点，便可使你魅力大增。

一是要接受自己的外貌。每一个人在性格或外表方面，都有其独特的气质和优点。懂得如何加以发挥，便可增加吸引力。

二是要对别人信任和关心。热诚与关怀，是最具吸引力的气质之一。对别人关心体谅，将会获得相同的回报，别人也将会为此种气质而折服。

三是要仪态端庄，充满自信。一个步姿洒脱、意气风发、充满自信的女性，最能吸引别人。

第二章 完善形象：打造文化的纯美与高雅

四是要保持幽默感。一个懂得在适当的场合和适当的时间展露笑容或开怀大笑的人，定能受到别人的欢迎。

五是不要惧怕显露真实情绪。不论什么样的喜怒哀乐、柔情蜜意，都不应加以隐藏。一个经常压抑、掩藏情绪的女子，会被视为冷漠无情，没有人会喜欢和一座冰山交往。

六是有困难时，应该向朋友求助。朋友会因你向他们求助而感到他们的重要性。他们不但不会轻视你，反而会视你为知己，对你更加喜爱。

七是不要斤斤计较。女性在交往中，要心胸开朗，豁然大度，千万别小心眼、小家子气。不要为一点点小事就大动肝火，斤斤计较，甚至在许多场合弄得大家都非常难堪而下不了台，这样会令人反感的。

八是不要自视清高。女性不要自视清高，在社交中，不能因为别人与自己脾气不同，身份有异，就显示出不耐烦或瞧不起别人的样子，当然也不要因自己的职务、地位不如人家，或长相一般，服饰不佳而过分谦卑。无论在何种场合，都要落落大方，不卑不亢。

九是不要卖弄聪明。每个人都有自己的自尊心，都有引为骄傲的地方。卖弄乃缺少教养的表现。当然，女性一般考虑问题都比男性周到而细致，在那种马大哈的男人面前，适当显示你的周到与细致，他是会非常看重你的。千万不要以为这是耍小聪明，这是想得到位的表现，也是女性心思细腻的表现。

十是不要忽视仪表。作为女性，在社交场合，必须注意仪表的端庄整洁。在社交活动时，适当地修饰与打扮是应该的。切忌邋邋遢遢，不修边幅。

做好以上各点之后，女士们的气质会修炼得更好，自然会使气质美日趋成熟。

记住，在社交场合中，温文尔雅的气质，大方得体的举止和言辞，比容貌更有吸引力，更能引起人的注意和好感。用心培养绅士和淑女气质吧，气质的标签在社交场上永远不会过时。

掌控自己的身体语言

近代以来，我们人类几乎将所有的目光都投向了有声语言，因此，几乎所有的人都渴望自己能成为一名健谈的人。然而，尽管我们现在已经意识到了，在任何一次面对面的谈话中，大部分的信息都是通过肢体语言来进行交流的，但是，绝大多数人却经常会忽视肢体语言信号以及它们的作用和影响。

肢体语言是一种体现个人情感的外在表现形式。每一个手势或动作都有可能成为你透视他人情感、情绪的关键线索。例如，一个知道自己长胖了的男人可能会用力地拉扯他下巴处褶皱的皮肤；一个认为自己大腿变粗了的女人则会不断整理下装，尽量使自己的裙子保持一种平滑下垂的状态；一个感到害怕或处于防御状态下的人会双臂环抱，或摆出一个双腿交叉的姿势，又或者会同时做出上述两种动作。当一个男人与一个丰满的女人交谈时，他会刻意地避免直视对方的胸部，而与此同时，他的双手则会下意识地做一些小动作。

身体语言是一个人外部形象传达给人的最直观的信息，要想给人留下一个良好的印象，就必须规范身体语言，掌控身体各个部位的动作。

第一，站姿

站姿要求头正、颈直、双肩齐平放松，略向后张，人体有向上的感觉、躯干挺直，挺胸、收腹、立腰、收臀、双腿挺直。良好的站姿应该有挺、直、高的感觉，真正像松树一样的舒展、挺拔、俊秀。

男性站姿要求站如松，刚毅洒脱。直立时，两手背后相搭，贴在臀部，两腿自然分开比肩略窄。女性站姿要求秀雅优美，亭亭玉立。直立时，右手搭在左手上，自然地贴在腹部，右脚略向前靠在左脚呈丁字步。

第二，坐姿

入座时要轻、稳、缓地从座位的左边入座，右脚稍后撤，使腿肚贴在椅子边，

> 第二章 完善形象：打造文化的纯美与高雅

轻稳地坐下。立腰、挺胸，上身自然挺直。双膝盖自然并拢，双腿正放或侧放，双脚并拢或交叠。男性两膝间可分开一拳左右的距离，双脚可小八或稍分开。

女士坐姿有三种：一是坐正，上身挺直，双腿并拢，两脚交叉，双手掌心向下叠放在左或右的腿上。二是侧正，上身挺直，双腿并拢，两腿同时侧向左或侧向右，双手掌心向下叠放在左或右的腿上。三是搭腿式坐姿（或叫两腿交叠坐姿）是将左腿微向右倾，右大腿放在左大腿上脚尖向着地面（切忌脚尖朝天）。女士如果是穿裙子应将裙摆稍拢一下再缓缓而坐，不要在坐下后才开始拉扯裙子，那样很不优雅。

女士不要把双手放在椅子的扶手上，坐在椅子上只能坐满椅子的三分之二，宽座沙发只能坐二分之一，尽量不要靠椅背。就座时不可歪歪扭扭，两腿过于叉开，不可以高跷二郎腿，坐下后不要随意挪动椅子，更不可以腿脚抖动个不停。如果椅子位置不合适，需要挪动椅子时，应当先将椅子挪好，然后再入座，坐在椅子上挪动位子是有违社交礼仪的。不要将手夹在两腿间或放在臀下，同时也不可以将双臂交叉放胸前或抱在脑后。谈话时应根据交谈者方位，将上身和双膝转向交谈者，上身仍要保持挺直。离座时要自然稳当，不可有拖动椅子的响声。

第三，走姿

走姿要求双目向前平视，面容平和自然。双肩平稳，手臂前后摆直线，关节略曲，小臂不要向上甩，前后摆动的幅度为30至40厘米。上身挺直，头正、挺胸、收腹、立腰、重心稍稍前倾。两脚内侧落地时所踩的是一条直线而不是两条平行线。步伐适当，两脚迈开的距离为一脚长，男性可略大些，女士穿一步裙或旗袍、礼服以及高跟鞋时步幅应小些，穿长裤可大些。走路时不要外八也不要内八；两腿不要撇开着走，一条腿是挨着另一条腿迈出去的，不要弯腰驼背、耸肩晃膀；步子不要太大也不要太碎；不要大甩手，扭腰摆臀、左顾右盼、东张西望；不要双腿过于弯曲，走路不成直线；不要脚蹭地，不要上下颤动，多人一起行走不要排成横队。

手势表现的含义非常丰富，表达的感情也非常微妙复杂。在使用手势礼仪时务必注意以下事项：手势不宜过多，动作不宜过大，切忌"指手画脚"和"手舞足蹈。"注意其力度大小、速度的快慢、时间的长短，不可过度，比如鼓掌。手指的使用，忌用大拇指指自己的鼻尖和用手指指点他人。掌心向上的手势有诚恳、尊重他人的含义。

由于区域和各国习惯的不同，有些手势在使用时应注意。如在美国，标准的问候致意方式是紧紧握手，并伴以目光直接接触。偶尔，在非常亲密的好朋友之间，如果已分别了很长时间，在相遇时，妇女们会相互拥抱，男人会简短地亲吻一位女士的脸颊。然而，男士之间很少相互拥抱。有时，男人在握手时会把左手盖在握着的两只手上，或者轻轻地抓住前臂。这表示了高度的热情和友谊，可以看到政治家在竞选时常用这种方式。在加拿大的情况就不一样了，加拿大标准的问候致意方式是紧紧握手并目光直接接触。如果女士先伸出手来，男人应和她们握手，但是许多妇女会仅仅说"你好"，也许会点一下头，而不握手。

第五，双臂

当双臂交叉在前胸的时候，无论在任何文化中都是一种明显的自我保护暗示，这一姿势提示感到不够确定或者不够安全，他出不来，你也进不去。这样的防御性姿势也会引发听众的戒备心理，这显然不会让你受欢迎。当然双手交叉在背后会显得比较有信心和气势，不过在东方文化中这种领导讲话式的姿势显得有些不够谦虚谨慎。

比较而言，开放性的肢体语言比较放松，容易让人亲近，例如双臂自然下垂或者在适当的时候微屈前臂伸出双手，有谁会拒绝一个接纳的怀抱呢？不过，如果你实在是觉得开放的姿势比较困难，不妨双手交叉在腰以下，不过即使天再冷也不要搓来搓去，否则同样是不自信的表现。

第六，握手

在商务场合，握手在一开始就是彼此位置和权力的最好交代。握手时，如果你的手掌掌心向上，意味着你愿意服从对方，这姿势肯定会讨领导喜欢；而掌心向下的姿势比较适合与下级握手时使用，迅速树立你的威信；平级的同事之间，手掌垂直的握手方式最有亲切平等的感觉。握手的奥秘还在于与对方使用相同的力度，当然对于个别"大力水手"的铁腕则不必如此。同时，手掌的干燥和温暖也很重要。一个小窍门是，开会前想象你的手掌捧着一个暖炉，即可以让你的掌心温度提高三四度。切记，不要为了凸显女性的温柔而伸出绵软无力的纤纤玉手，在职场这可是缺乏信心和能力的信号。

第七，位次

即使在这样放松的场合，依然有一些默认的规矩。最一般的规律是左侧为上座。即便西方人也会认为坐在右边的人用左手袭击他的可能性较低，所以这个座位是留给你最需要保护的上司的。如果可能的话，你可以考虑守住靠门口的座位，当然不要先一屁股坐下，但可以把包或外衣放到椅子上，然后先请大家到里面就座。让同事们背后朝向墙壁不仅会让人更放松，也会让你显得更谦逊和周到，因为这个位置通常还是上菜的通道。

第八，用头致意

头部的微小运动也可以展露我们的内心，在运动空间狭小的餐桌上善用则大有裨益。如果你不希望新同事认为你的眼睛长在额头上，那么请略略收起你的下巴，但也不要埋头在盘子上，否则就是不满或不自信的表现；如果你希望让对方感觉你对他们所说的感兴趣或者让自己显得更亲切，请略略侧着头倾听。在非正式场合这个姿势还可以凸显女性的美丽。在餐桌上，你的新同事们难免会聊一些公司或部门的八卦或掌故，甚至在宽松的气氛中会抱怨或讽刺公司的制度或领导，此时最安全的反应就是轻轻点头。这样的点头不一定意味着赞同。

身体语言还有其他一些动作姿势，如蹲姿，下蹲时左脚前右脚稍后（不重叠），两腿靠紧下蹲；上下楼梯上身要保持挺直，靠右侧行走；等等，同样需要遵循规范，端庄，合众的总体原则。

第九，身体语言切忌使用过度

几乎所有人都希望一出场就赢得大家深刻的印象，但是在职场夸张的肢体语言绝对是禁忌。即便你羡慕金凯利几乎每块儿面部肌肉都经过精细锻炼，但过于丰富的肢体动作等于明白地告诉别人你对自己的语言不够自信，而且有做作或过于夸张的嫌疑。审慎地使用你的身体语言，不仅可以让你迅速在错综复杂的人际关系中找准位置，还会帮助你在新环境中建立良好的职业形象。

人们通常本能地不假思索地解读他人的身体语言。原因是人体姿势和动作是巨大的信息源，人们的眼睛、双手和肩膀等部位动作都会透露出一定的信息，可反映出情绪变化和自信程度。要给人充满自信的感觉，就必须关注身体语言，做好充满自信的身体动作。

一是避免手插口袋。当我们感觉不舒服或不自信的时候，就可能会不知不觉地将手插入口袋。当我们感觉紧张的时候，我们就会本能地藏起双手。只要你将手插进裤子口袋，就会给人留下"自信不足"的感觉。而将双手置于口袋之外则是自信的表现，传递的是"君子坦荡荡，没啥可隐藏"的信息。另外，双手插进口袋还会让人更容易表现懒散，给人留下不好印象。专家建议：将双手置于臀部或大腿外侧，可让自信倍增。

二是不要手足无措。手足无措是神经紧张的最明显标志。如果一个人无法保持安静，则说明其内心非常忧虑和慌张，自然是不自信的表现。双手动作最容易出卖一个人的内心感受。因此，要增强自信就必须管好你的双手，努力保持手势平静。另外，身体坐下之后，应该避免快速抖动双腿的坏习惯。抖腿动作也是神情紧张的一个下意识动作。专家建议，控制好手脚，防止不该发生的小动作。

这样做，可以塑造期望的自我

三是双眼直视前方。在各种身体语言中，双眼视线的处理方式最能体现自信。独自行走的时候，人们往往自然微微低头，双眼关注脚步。然而，在人际交往过程中，"低头看脚"给对方留下的印象却是"我不想参与谈话"或者"我不想与你互动交流"。如果你在这方面注意不够，那么在交际过程中，也许就会习惯性地保持这种姿势。专家建议：平时就应该培养"抬起下巴，双眼前视"的习惯，即使独自一人走在大街上的时候，也应提醒自己注意这一点。

四是挺胸站直身体。站直身体是保持自信最重要的动作之一。如果你在平时生活中始终低头垂肩无精打采，那么挺胸站直肯定具有挑战性，但是必须克服困难。站直身体是在交流过程中展现自信的最重要方式。在走路或站立时，双肩稍稍后拉，胸部微挺，有助于养成保持挺直站姿的习惯。这一小幅度简单动作可以让你的站姿发生巨大的改观。专家建议：试试在镜子前保持挺胸站直动作，你会惊讶地发现，这个动作的确会让你自信倍增。

五是社交时不要交叉双臂。当我们感觉寒冷、紧张或戒备的时候，往往会双臂交叉合抱于胸前。这种防御性动作传递的信息包括：封闭内心、心情不好、不想与人交流，或者是掩饰不满、焦虑等情绪的消极心态。试想，在俱乐部门口齐刷刷站立着一排身材魁梧高大，粗大的双臂交叉于胸前的保镖，他们看上去会是你乐意谈话、开玩笑或共事的理想人选吗？答案可能是否定的。保镖的职业要求他们必须表现出这种具有威慑力的姿态。然而，绝大部分工作都要求人们看上去更可爱、开放和自信。专家建议，社交中应适当放松，不要交叉双臂。

眼神能激发人际协作精神

眼神能够激发人际间的协作精神，这其实是人类本能的心理反应。心理学家发现,婴儿在学会说话之前,便会追随他人的目光,和父母进行眼神交流。当大人将目光投向天花板,婴儿也会跟着看同一个方向。这是因为他们知道,每次追随父母的眼神,自己就会发现一些新奇的东西。可见,人类从婴儿时代起,就懂得眼神交流或许能带来某些好处。

从进化心理学上分析,我们可以用"目光协作假说"来解释这一现象。人类诞生后经历了一段漫长的"无声"时期。在这个阶段,作为新生的人类,最重要的任务就是保证整个种群能生存下去。此时,相互协作自然成了不二的选择。例如,一个人面对凶猛的野兽,正感到有心无力时,看到同伴就在周围。他们虽然没有语言可供交流,却可以用眼神示意同伴如何围攻野兽。久而久之人们发现,如果同伴能够明确自己眼神的方向,将帮助他们判断自己正在看什么或计划什么,这可以让协作更加顺畅,成功的概率也大大增加。正因如此,眼神交流就在人类进化的过程中传承下来了。

英国心理学家研究表明,当表示喜欢对方时,眼睛会熠熠有神,瞳孔也会放大。于是,在人际交流中就出现了"看—喜欢"的原则,即喜欢谁就会对谁多看几眼;同时,这个原则又是双向的,即说者对听者注视时间长,反过来听者也会更多地注视说者,并对其产生好感。有了喜欢做前提,合作起来就不那么难了。

例如在培养营销人员的课程中,培训师都会告诉学员们,一张巧嘴固然能说得人心动,但眼神的交流往往更能在短时间内让对方接受你的游说。根据"看—喜欢"的原则,假定你拜访客户时,用真诚的眼神和他对视,就会让对方感觉你懂得尊重他人、诚实可靠,对你的好感也会随之增加。同时,对方的心理变化也会通过眼神反馈给你,你会因此受到鼓励,更愿意和他进一步沟通。

在日常工作和生活交往中,与人沟通要养成注视对方的习惯,和别人说话时应专心,眼睛要注视着对方,态度要诚恳、语言文雅、声调温和、面带微笑、保持一米左右的适度距离。

这样做，可以塑造期望的自我

眼神主要由注视的时间、视线的位置和瞳孔的变化等三个方面组成。在社交过程中，与朋友会面或被介绍认识时，可凝视对方稍久一些，这既表示自信，也表示对对方的尊重。

双方交谈时，应注视对方的眼鼻之间，表示重视对方及对其发言感兴趣。

当双方缄默不语时，就不要再看着对方，以免加剧因无话题本来就显得冷漠、不安的尴尬局面。

当别人说了错话或显拘谨时，务请马上转移视线，以免对方把自己的眼光误认为是对其的嘲笑和讽刺。如果你希望在争辩中获胜，那就千万不要移开目光，直到对方眼神转移为止。

送客时，要等客人走出一段路，不再回头张望时，才能转移目送客人的视线，以示尊重。

在谈判中也很讲究眼神的运用。一方让眼镜滑落到鼻尖上，眼睛从眼镜上面的缝隙中窥探，就是对对方鄙视和不敬的情感表露。一方在不停地转眼珠，就要提防其在打什么新主意。双目生辉，炯炯有神，是心情愉快、充满信心的反映，在谈判中持这种眼神有助于取得对方的信任和合作。相反，双眉紧锁、目光无神或不敢正视对方，都会被对方认为无能，可能导致对自己的不利结果。

眼神还可传递其他信息，已被人注视而将视线移开的人，大多怀着相形见绌之感，有很强的自卑感。

无法将视线集中在对方身上或很快收回视线的人，多半属于内向型性格。

仰视对方，表示怀有尊敬、信任之意；俯视对方表示有意保持自己的尊严。

频繁而急速的转眼，是一种反常的举动，常被用做掩饰的一种手段，或内疚，或恐惧，或撒谎，需据情况作出判断。

视线活动多且有规则，表明其在用心思考。

听别人讲话，一面点头，一面却不将视线集中在谈话人身上，表明其对此话题不感兴趣。

说话时对方将视线集中在你身上的人，表明他渴望得到你的理解和支持。

游离不定的目光传递出来的信息是心神不宁或心不在焉。

眼神表达出异常丰富的信息，但微妙的眼神有时是只可意会，难以言传，只能靠你在社会实践中用心体察、积累经验、努力把握，方能在社交中灵活运用眼神。

从礼仪上来讲，怎么看跟你交流的对方，要注意以下三个方面。一是部位注视。在洽谈、磋商、谈判、谈生意等场合，注视的位置应该在对方双眼与额头之间的区域。在社交场合，一般是看头发以下，下巴以上的眼鼻三角区。交谈一般两人的距离在一至两米之间。亲人之间、恋人之间、家庭成员之间使用的注视方式，注视的位置在对方双眼到胸之间。二是看人的眼神。要正眼看人，眼神要柔和。三是时间掌握。注视的时间可根据交谈内容和各自交往的亲切程度而定。

眼神的使用要做到以下几点：一是表示理解、认可、重视时一定要看人。二是沟通交流时，应当不断地通过眼神与对方交流。与人交流时眼神应该是友善的、真诚的，随着话题、内容的变化，及时作出会意的反应。如果有比较多的交流者在场，应该用眼睛有意识地环视每一个人，使其他人感到没有被忽略，也一样受尊重。并且可以用眼神及时地了解不同人的反应，以便随时调整话题。三是眼神应该与情感和谐统一。四是了解世界各国人民的风俗，正确地运用眼神。

这里不妨提出一些关于眼神训练的方法和建议：

一是每天早晚练习眼球顺时针旋转 50 次、再按逆时针同样做 50 次。这个是为了练习眼球的灵活性，尤其是戏曲演员，更是要练习这个，才会有一双会说话的眼睛。

二是你对着镜子，尝试用眼睛表达内心的情感，表达忧郁的、快乐的、为爱情喜悦的、性感迷人的……一开始你可能找不准感觉，你就到百度图片上下载一些你喜欢的影星的写真，或者壁纸，看他们在照相机定格的一瞬间，是怎么用眼睛表达内心的情感的，你就照着这个模仿。

第二章 完善形象：打造文化的纯美与高雅

这样做，可以塑造期望的自我

三是借助舞蹈学院训练眼神表演。我国汉族舞蹈十分讲究表情。如对眼神的运用就有着一整套的训练方法，对手和手臂的要求是动则有情、静则有意；对身体的摆动和足部的移动也要求充满执著的情感。所谓"一身之戏在于脸，一脸之戏在于眼"，可以看出舞蹈表演中表情的重要，以后你需要尝试着把思想感情带入到舞蹈的学习中，给身架赋予一个灵魂。

四是你可以在生日的时候去影楼拍几张照片，找影楼的化妆师咨询一下，你的眼睛应该怎么化妆能显得更加深邃和迷人，然后你按照化妆师说的，回家好好练习。

微笑是社交的万能钥匙

著名画家达·芬奇的杰作《蒙娜丽莎》是文艺复兴时期最出色的肖像作品之一。画中女士的微笑给人以美的享受，使人们充满对真善美的渴望，至今让人回味无穷。微笑是世界通用的体态语，它超越了各种民族和文化的差异。微笑是人人都喜爱的体态语，正因为如此，无论是个人和组织，都充分重视微笑及其作用。

在人际交往中，微笑是最富有吸引力的。恰当地运用微笑可以起到传递感情、沟通心灵的积极心理效应。笑容是一种令人感觉愉快的面部表情，它可以缩短人与人之间的心理距离，为深入沟通与交往创造温馨和谐的氛围。因此有人把笑容比作人际交往的润滑剂。在笑容中，微笑最自然大方，最真诚友善。世界各民族普遍认同微笑是基本笑容或常规表情。

微笑，是一种特殊的"情绪语言"。它可以和有声语言及行动相配合，起"互补"作用，沟通人们的心灵，架起友谊的桥梁，给人以美好的享受。工作、生活中离不开微笑，社交中更需要微笑。

第二章 完善形象：打造文化的纯美与高雅

日本保险推销业的"全国之冠"原一平25岁当实习推销员时，身高1.45米，又小又瘦，横看竖看，实在缺乏吸引力，可以说是先天不足。但他苦练笑容，并且获得成功，被日本人誉为"值百万美金的笑"。

原一平为什么练笑呢？因为他通过自己的实践，总结出笑容在推销活动中有九大作用，即：笑容是传达爱意给对方的捷径；笑具有传染性，你的笑容可以引起对方笑并使对方愉快；可以轻易地消除二人之间严重的隔阂，使对方心扉大开；笑容是建立信赖关系的第一步，它会创造出心灵之友；笑容可以激发工作热情，创造工作成绩；笑容可以消除自己的自卑感，弥补自己的不足；如能将各种笑容拥为己有，了如指掌，就能洞察对方的心灵；笑容能增进健康，增强活动能力；婴儿般天真无邪的笑容最具魅力。

原一平花费了很长时间练习笑，直到他在镜中出现与婴儿的笑容相差不多时才罢休。他练习的步骤是：检查自己的笑容有多少种（原一平认为自己有含义不同的39种笑容），列出各种笑容要表达的心情与意义，然后再对着镜子反复练习，直到镜中出现所需要的笑容为止。

在社交中，有三种笑容可以起到促进交往的作用，你必须学会这三种有用的笑容。一种是真诚的微笑。社交中最常见的笑容是微笑。轻轻的一个微笑传递的是友好、礼貌、好感。发自内心的微笑既是一个人自信、真诚、友善、愉快的心态表露，同时又能制造明朗而富有人情味的气氛。发自内心的真诚微笑应该做到笑到、口到、眼到、心到、意到、神到、情到。

标准的微笑应当是嘴角上扬、嘴微微张开露出6颗牙齿、脸蛋处出现两块明显的肌肉，同时微笑时看着对方，和对方进行眼神交流。

另一种是开怀大笑。人听了非常高兴的事情时，常常会跟着开怀大笑，因此在交谈过程中，不时的开怀大笑是非常重要的。但是注意在开怀大笑时不要发出怪声，另外吃东西时也不能开怀大笑，笑到能让对方看见嗓门眼的大笑也是不符合社交礼仪的。

还有一种是斜瞄式的微笑。戴安娜王妃深得万千男士的喜爱，原因之

一是她在镜头前总是一副甜美柔弱的模样。她总是在看别人时露出斜瞄式微笑——微笑时低下头，歪向一侧，并且眼睛向上望。这种笑容带着一些俏皮，又有些腼腆，让别人有一种想呵护她的欲望。如果职场女性掌握了戴安娜的招牌式微笑，相信你的社交也会顺畅许多。

微笑是有规范的，一般要注意四个结合：一是口眼结合。要口到、眼到、神色到，笑眼传神，微笑才能扣人心弦。二是笑与神、情、气质相结合。这里讲的"神"，就是要笑得有情入神，笑出自己的神情、神色、神态，做到情绪饱满，神采奕奕；"情"，就是要笑出感情，笑得亲切、甜美，反映美好的心灵；"气质"就是要笑出谦逊、稳重、大方、得体的良好气质。三是笑与语言相结合。语言和微笑都是传播信息的重要符号，只有注意微笑与美好语言相结合，声情并茂，相得益彰，微笑方能发挥出它应有的特殊功能。四是笑与仪表、举止相结合。以笑助姿、以笑促姿，形成完整、统一、和谐的美。

在人际交往中，保持微笑，至少有以下几个方面的作用：

一是表现心境良好。面露平和欢愉的微笑，说明心情愉快，充实满足，乐观向上，善待人生，这样的人才会产生吸引别人的魅力。

二是表现充满自信。面带微笑，表明对自己的能力有充分的信心，以不卑不亢的态度与人交往，使人产生信任感，容易被别人真正接受。

三是表现真诚友善。微笑反映自己心底坦荡，善良友好，待人真心实意，而非虚情假意，使人在与其交往中自然放松，不知不觉地缩短了心理距离。

四是表现乐业敬业。工作岗位上保持微笑，说明热爱本职工作，乐于恪尽职守。如在服务岗位，微笑更是可以创造一种和谐融洽的气氛，让服务对象倍感愉快和温暖。真正的微笑应发自内心，渗透着自己的情感，表里如一，毫无包装和矫饰的微笑才有感染力，才能被视作"参与社交的通行证"。

第三章 培养性格：优良性格收获美好未来

每个人的性格，都是一个构造独特的世界，蕴藏着巨大的能量，性格既可以将你推入万丈深渊，也可以助你走向成功的彼岸！培养良好的性格，就是要造就积极健康的心态，就是要把握命运的风帆，去收获心中期待的理想未来。

善良性格比什么都重要

几千年前的中国就有关于人性善恶的争论，孟子认为，善是人心中固有的，只要扩充这个善良之心，人就可以成为圣贤。同是儒家学派的荀子却说，人性本恶，要通过后天人为的改造和训练才可人心向善。两人各执一词，又似乎都有些道理。不论你同意他们两个谁的说法，或者你在这个问题上有不同于两位先哲的看法，无可否认，人们总是更喜欢和善良的人相处，和善良的人做朋友，信任善良的人，对善良的人委以重任。和善良的人在一起，不用处处提防，生活才更自然精彩。

也许你会说，现在谁还讲善良啊？很多人就是因为善良才被人欺负，善良有什么好？如果有人打我骂我，我能不回嘴、不还手？"善良"早就过时啦！

其实，善良不是懦弱，不是处处退让，更不是缺心眼，相反，善良是一种博大的包容，是一种站在更高处才能体会的慈悲之心。如果你的生活中没有善良，那真是难以想象，人将不成为人，人类社会也失去了存在的基础。正是人与人之间始终保有那份善意，才带给我们温暖和感动。

这样做，可以塑造期望的自我

在一个暴风雨的早晨，一位老人看到许多小鱼被打到沙滩上。

老人想到，太阳一晒这些鱼就会死，叹了一口气，继续向前走。返回时，却见一个七八岁的男孩把鱼一条一条捡回海里。老人很感动，也弯下腰来帮忙。老人说："你救了它们，谁也不知道，也没有人在乎。"

"小鱼在乎，知道我救了它们的命。"

小孩善良的心给人以美丽的感动。

小鱼不通人性，也不懂回报。但那确是上千条鲜活的生灵，有的人不在乎，而善良的心却一定在乎。

一个农人挑了一担菜进城去卖，在街上，农人拾到一叠钱，他点了一下，共有15张。回家后，农人把15张钱交给他母亲，他母亲说："孩子，人家丢了钱，一定很着急，我们怎么能要人家的钱呢？赶快送还失主，说不定人家正找得着急呢！"这位农人按照母亲的吩咐，赶回拾钱的地方，等待失主来领。

在前面不远处，农人发现有一个人好像低着头在地上寻找什么东西，便连忙上前问他："老弟，你丢了钱吧？这，我拾到了，现在还给你吧。"不等那人回答，农人便将15张钱全都给了那人。这时，有一些人围了上来，见此情景，有人提出，失主应给些赏钱给农人。不料，这个人却十分吝啬地说："我丢失的原本是30张钱，现在才只找回来一半，我怎么能再分一些赏钱给他呢？"

农人觉得那人太不讲理，自己如数将钱归还给他，他不但不谢，反而有诬蔑自己贪了一半的意思。农人实在气愤不过，便跟那人争吵起来，两人互相扭着来到县衙门的堂上，他们各自向县令叙说事情的缘由。

县令听后，心里已有几分底了，他对那领钱人的行为颇为生气。县令派人将农人的母亲叫来，当面对质核实，证明农人说的情况属实。接着，县令让农人和那个领钱人各自写下状子。于是他们分别写道："拾钱人的确是拾到15张钱钞"，"丢钱人确实是丢失了30张钱钞"。县令将两张状纸捏在手上，对失主说："你丢的是30张钱钞，而他拾到的是15张钱钞，可见这钱不是你的钱，而是上天赐给这位贤良母亲的养老钱。假若他拾到的是30张，那就是你的了，你可以到别的地方去找你的钱吧！"

那人知道自己撒谎，自觉理亏，便也不敢再作狡辩，灰溜溜地离开了县衙。于是，县令把15张钱钞交给农人的母亲，说："你是位贤德的母亲，这钱就归你了！"

人们听说了，都拍手叫好。

那位贤良的母亲教儿子将拾来的钱交还失主，反遭讹诈；贤明的县令又机智地将钱判给了那位善良的母亲，而那靠讹诈欺骗的人却不得好下场。所以，为人都应有一颗善良的心才好。

善有善报，恶有恶报并非只出现在故事和寓言里，在生活中更是如此。无论一个人成绩多么出色，如果他缺少一颗善良的心，他将永远是个孤独的人。生命给他的只是一个空虚的外壳，而他所获得的一切也都没有真正的价值和意义。

友善地对待他人，你会发现，善良的人不仅会给予他相处的人带来好处，最大的好处还会回到他自身。看到别人需要帮助，我们只匆匆走过，还唯恐走得不够快，这样的世界真令人绝望。如果需要帮助的人正是你自己呢？人们都希望别人尽可能地善良，自己却什么也不想付出，这似乎有些不合情理。

如果所有的人都这么想，那结果会是怎样的呢？

善良也是会相互影响的，你对别人露出友善的微笑，那你多半也会看到别人脸上灿烂的笑容。把眼光放得长远一点，如果你能够为这个世界多创造一些美好，那为什么不去做呢？

善良多少应该是一种高度。如果某种消极社会现象，你一时无力改变，那么加以公然指出，并表明你的期望，以利于社会的文明，也是一种善良。

培养自己善良的性格，让这个世界多一些温暖，也让自己的心灵得到净化和升华。下面，给大家几条小建议：

第一，乐于助人，不求回报

每个人都会有碰到困难的时候，这时，如果你就在近旁，请你伸出援手。帮助别人，不是为了别人的感激，也不期望一定会得到报偿，体会这种行为本身所带给你的是最纯净的快乐，一种被需要的满足感，这还不够吗？

第二，尊重生命，心存慈悲

要知道，善良不仅仅是对人，对动物、花草也是一样。生命是宝贵的，对所有的生物都是这样。如果你残忍地对待一只鸟，你不仅伤害了它，也伤害了你自己的心灵。

第三，设身处地，宽容待人

在生活中，谁也难免与别人产生一些矛盾和摩擦，这时候最能考验你的涵养。也许你的确觉得自己是对的，别人是错的，但是，你有没有站在别人的角度想一想？他们有怎样的经历？他们有怎样的感受和体会？他们是否会有一些没有讲出来的理由？争得面红耳赤，不如各自保留自己的看法，也允许别人有自己的观点。宽待别人，其实，也就是宽待自己。

美好人生从培养自信开始

自信是人生的脊梁，拥有自信，你将在一切挫折面前永不言败；自信是天使的翅膀，让你去自由地翱翔人生；自信是一种无悔的执著，让你守护自己的使命；自信是一种生存的智慧，让你在成功与失败的夹缝中傲雪凌霜；自信是一种生命哲学，让你透视厄运的本来面目；自信是一种无穷的力量，让你从失败的对面发现成功。要想收获美好的未来，必须培养自信的性格。

梭罗说："一个人对自己的看法，不但指引他未来的方向，甚至可以决定他的命运。"很多时候，你面临的境地并非绝境，却因为你对自己缺乏信任，放弃了希望和努力，而最终得到令人悔恨的结果。

一个人乘船出海，不幸船触礁沉没了。他被抛到大海里，但是他想：哼，太平洋我也能横渡，何况这是在内海。于是他信心百倍地游啊游，终于被一艘途经的船救起。而另一个人，失足掉进大路边的一个水坑里。他害怕极了：天哪，我没救了！我必死无疑了！他胡乱挣扎了一阵之后，淹死了。后来人们发现，如果他站起来，水坑里的水才淹到他的腰。前者由于自信而挽救了自己的生命，而后者因为完全否定自己而被淹死在浅浅的水坑里。

自信的性格是在长期生活中一点点培养和建立起来的，根植于一个人身心品质的深层。如果平时不注意培养自己的自信，真遇到困难和挫折的时候，就会觉得信心不够用了。那么，如何养成自信的品质呢？可以试试下面的方法。

第一，塑造自己富于朝气的仪态

一个人是否自信，通常从他的面貌和体态就能判断出来。自信的人往往抬头挺胸，神情自若，走路的时候步伐稳健轻快，而对自己缺乏信心的人在

外表上也会给人一种倦怠、退缩的感觉。

人们都知道，一个人对自己的态度能够影响他的仪态，而你也许不知道，你的姿态同样会反过来给你的自信程度带来影响。也就是说，要自信，就要做出"自信"的姿态，让自己显得充满活力、富于朝气。也许你刚刚开始这样做的时候会觉得自己好笑，甚至觉得有些"惺惺作态"，但是，你坚持这样做下去，经过一段时间你会发现，一些神奇的事情会发生在你的身上，经过姿态的调整和训练，你真的越来越充满活力和自信了。

第二，果断做事，不要犹豫

自信不是凭空得来的，自信是建立在自我信任和对自己能力的肯定上。如果你什么都不做，你怎么知道自己能不能做好呢？你是不是遇到过这样的情况，自己很想做一件事，但是又左思右想，找出一大堆理由说服自己，觉得自己的能力似乎还达不到，想着想着就放弃了行动。这是很可悲的。

你可以这样想想，如果你觉得自己的乒乓球打得没有其他人好，你是因此怕出丑，不再去打，还是更加努力地去练习，让自己的技术不仅赶上别人，还要更胜一筹呢？其实练习的过程就是自信心得以建立的过程。因为自信心不是虚无缥缈的，如果现实已经证明你行，你还如何推托说自己不行呢？

用行动去开拓生活，当你完成了一件一件自己以前只会去"想想"的事情的时候，相信你会对自己有不同的看法。

第三，进行积极的自我暗示

如果你在内心总是对自己说："我不行。"那么我想你是不可能做成事情的，即使做成了，也多半是碰巧。要知道，你自己对自己说的话，对你是有很大影响的。如果你在心里时常夸奖自己，鼓励自己，那你自己也会觉得越来越有力量去面对一切，不会无谓地贬低自己的价值。

自信并非源于有形的东西，而是建筑于人的内心。进行积极的自我暗示，比如你觉得自己美，就真的美了；觉得自己能做到，就真的做到了；和人交谈时，告诉自己"我是受人欢迎的"；考试前告诉自己"我能考好！我不会的别人更不会"；犹豫不决的时候，对自己说"我一定行"；你自己相信世界，世界也相信你。

第四，培养和发挥自己的长处

没有人全知全能，但人们也总能找到自己的强项。不要说没有，仔细想想，你的长处在什么地方？你是不是每次跑步都能比别人跑得快？或者特别爱帮助人？或者你学习成绩很好？或者你就是痴迷于一种爱好，并由此结识了很多志同道合的朋友？总会有一些地方是特别好的，找到了，你就可以深深地、真诚地肯定自己一下。要时刻提醒自己："我是很不错的，至少我在这个方面是很不错的！"这样，你就更容易找到你的自信，并随时巩固。

优势是可以扩展的，比如说，你觉得自己很有审美品位，这是你的一个优点。那么你就很可能发现自己的很多优点。比如穿衣服很会搭配样式和颜色，或是对艺术品很有个人见地等，可以无限扩展。

第五，宏观思考生命，让自己无条件地自信起来

爱迪生说过："如果我们能做到所有我们能做的事，我们会使自己大感惊奇。"你使自己惊奇过吗？每个人都有创造的潜能，不论遇到什么困难或危机，只要冷静而正确地思考，就能产生有效的行动，创造奇迹。你应当相信自己的能力。你要成为坚强有才干的人，创造出一番事业，就要记住这一成功准则——你认为行你就行，大声宣读这一准则，并一再把它注入自己的意识之中，要把"不行"从字典中去掉，从生活中抹去，从心智中铲除。谈话中不提它，想法中排除它，态度中去掉它、抛弃它，不再为它提供"原料"，不再为它寻找市场，而用灿烂的"可以"来代替它。

换个角度说,从生活中退一步,让自己放松一下,散散步,游会儿泳,在阳光下读读诗,在深夜起床去看看流星滑落,闭上眼去感受微风轻抚脸庞,你会发现,生命,原来有许多你未曾体验过的和谐和伟大,而你,不过是这世界上种种生灵中的一个,而你的体验、你的生活,是如此独特又充满着美。这世界因为你的存在而多一分色彩,你本身就是造物主的一个奇迹。

记住,所有的胜利都是自己努力的结果!不要低估和忽略自己,去认识和发现自我吧,只要你对自己负责,对自己充满信心,只要你付出,世界会为你而改变。

激发热忱这一精神特质

热忱是出自内心的兴奋,充满到整个的为人。英文中"热忱"这个字是由两个希腊字根组成的,一个是"内",一个是"神"。事实上一个热忱的人,等于是有神在内心里。热忱就是内心里的光辉,是一种炎热的、精神的特质。

一个人真的充满了热忱,你就可以从他的眼神里看得出来;可以从他的步伐看得出来;还可以从他的全身的活力看得出来。热忱可以改变一个人对他人、对工作以及对全世界的态度。热忱使得一个人更加热爱人生,热忱可以鞭策一个人从中奋起做事。

爱默生说:"人类历史上每一个伟大而不同凡响的时刻,都可以说是热忱造就的奇迹。"穆罕默德就是一个例子,他带领阿拉伯人,在短短的几年内,从无到有,建立起了一个比罗马帝国的疆域还要辽阔的帝国。虽然他们的战士没有什么盔甲,却有一种崇高的理念在背后支撑着,所以其战斗力丝毫不亚于正规的骑兵部队;他们的妇女也和男子一样在战场上纵横驰骋,杀得罗马人溃不成军。他们武器虽然落后,粮草严重不足,但军纪严明,从来不去掠夺什么酒肉,而是靠小米大麦最后征服了亚洲、非洲和欧洲的西班牙。他们的首领用手杖一敲地，人们比看到一个人拿着刀枪还要害怕。

中国共产党人是另一个奇迹，他们怀着一个信念，走了二万五千里长征，用镰刀与斧头，小米加步枪，击败了日本鬼子，推翻了旧的统治，建立了新中国。他们多少人不怕流血牺牲，他们凭一腔热忱和使命感，战胜敌人，使对手敬畏，使奇迹发生。

一旦缺乏热忱，军队无法克敌制胜，艺术品无法流传后世；一旦缺乏热忱，人类不会创造出震撼人心的音乐，不会建造出令人难忘的宫殿，不能驯服自然界各种强悍的力量，不能用诗歌去打动心灵，不能用无私崇高的奉献去感动这个世界。也正是因为热忱，伽利略才举起了他的望远镜，最终让整个世界都拜倒在他的脚下；哥伦布才克服了艰难险阻，领略了巴哈马群岛清新的晨风。凭借着热忱，自由才获得胜利；凭借着热忱，林中的原始民族举起了手中的利斧，砍开了通往文明的道路；也凭借着热忱，弥尔顿、莎士比亚、李白、杜甫们才在纸上写下了他们不朽的诗篇。

一个人如果知道自己身上蕴藏着怎样的力量，那会创造何等的奇迹啊！然而，正如野马只有脱了缰奔跑时才能发挥出全部的潜力一样，人也只有在这种情形下才能发挥出自己的最大能量。只有用真正的热忱、用有生命力的语言表达出来的思想，才可能点燃另一个人心中潜藏的烛光。

生活中有很多人，碰几次钉子，受到些挫折和打击，就变得心灰意冷了。原来的生活热情消失了，对一切都漠然处之，麻木不仁，这是很不应该的。诗人欧尔曼曾写过："岁月令皮肤加添皱纹，失去热忱却令心灵起皱。"成功学大师卡耐基说过："热忱，是指一种热情的精神本质，深入人的内心……如果你内心里充满要帮助别人的热忱，你就会兴奋。你的兴奋从你的眼睛，你的灵魂以至你整个人的方方面面辐射过来，你的振奋精神也会鼓舞别人。"你也许距离实现你的目标有很长距离，但如果你内心燃起热忱之火，并使它持久燃烧，不必多久，现在阻挡你成功的障碍将自动消失。

> 第三章 培养性格：优良性格收获美好未来

读到这里,你也许会说,好了,我知道热忱是非常重要的,也想让自己成为一个充满热忱的人。那么,究竟怎样才能做到呢?可以从以下方面入手:

第一,规划生活,明确目标

很多时候,我们缺少热忱、打不起精神来是因为对自己的生活没有什么想法,日复一日,得过且过。也许你是在过着别人为你早已规划好的生活,按部就班地生活和工作着,从没有真正想过自己想要的是什么。要激发生活的热忱就要为自己负起责任来,因为生活最终是你自己的。理想和目标能够使你内在的潜能焕发出来,当你满怀热情地去做的时候,你就会看到奇迹。

第二,积极行动,克服惰性

一个对生活充满热忱的人是不会懒惰的,因为他们知道有那么多值得做的事等着他们去做,任何一点时间的浪费都是无法容忍的。用行动的热忱取代无止境的拖延和等待,每完成一件事,你的热忱都会增加一些,这样,你就会干劲十足地一直坚持下去,哪里还会有时间去想生活的不美好呢?

第三,挖掘兴趣,找到乐趣

很多时候,热忱来源于对某种东西或某项事业发自内心的真诚的兴趣,只要有它的存在,生活就值得继续。而如果你对一切都不感兴趣,自然很难保持热忱的心态,这样的话,热忱也是没有来由的。

如果你喜欢运动,并把它当做人生的一大乐事,那么和它有关的一切就都变得意义非凡。它会令你激动,会给你带来快乐,最重要的,它会加深你对生活的热情。当你狂热地喜欢一样东西,通常它会给你带来深刻的改变,使你生活的方方面面都加入了那种激情。充满乐趣的人生谁会拒绝呢?只有用更多的热忱迎向它。

第四，挑战自我，超越自我

向自己挑战就是你每做一件事，都尽你所能做得比你上一次更好、更优异。这样，你就会付出努力，永远追求卓越。

你要向怯弱挑战，变怯弱为无畏；你要向不幸挑战，变不幸为幸运；你要向失败挑战，变失败为成功；你要向贫穷的处境挑战，变贫穷为富有；你要向一切不满意的事物挑战，改变自己的命运，改变自己的世界。

比如：遇到问题了，"那好呀！没有什么了不起。问题已经包含着解决问题的办法"；遇到不幸了，对于拥有积极心态的人，每一个不幸都有等量或更多幸运的种子；遇到困难了，假如生命给了我们一个困难的问题，它同时也给了我们应付这些困难的能力，各人都有各项天才可用以克服他的特别困难。

有这样一条真理：你怎样对待生活，生活就怎样对待你。这个世界是你内心世界的投射。无论你看到的世界是灰暗无光的，还是绚丽多彩的，记住，它都来自你内心的热忱。激发并保持一颗充满热忱的心吧，潜藏在你心中的巨大能量你不应浪费。

最后，还要提醒你，要多和热爱生活的人在一起，因为热忱是会传递的。还要注意避开那些时常泼你冷水的人，别让他们破坏了你的好心情。

让乐观性格伴随你一生

英国有一句名言："生活是一面镜子，你对它笑，它就对你笑……"乐观的精神永远是人生的最大财富。一个人能够培养出积极乐观的性格，有助在生活及工作上有所成就。因为一个心境正面健康的人，会懂得把握正向思维，甚至自觉地坚持自己的行为表现，不与消极者为伍。

自我培养是性格转变及成熟的内在因素，每个人都可以培养自己拥有乐

这样做，可以塑造期望的自我

观的性格。一个人经历了许多事后，对客观事物会形成基本的评判和认知度，知道什么是正确的，什么是错误的，什么是好的，什么是坏的，什么是美的，什么是丑的。在此基础上，针对复杂的社会环境，不断增强自我意识，积极吸取正面的有利影响，摒弃负面的不利影响，性格就朝着好的方面发展。查·霍尔说："有什么样的思想，就有什么样的行为；有什么样的行为，就有什么样的习惯；有什么样的习惯，就有什么样的性格；有什么样的性格，就有什么样的命运。"后来教育心理学领域把这句经典名言整理为："播下一种思想，收获一种行为；播下一种行为，收获一种习惯；播下一种习惯，收获一种性格；播下一种性格，收获一种命运。"很好地诠释了思想与命运之间的互动关系，也确立了性格的关键作用。

毛泽东的雄才韬略，坚韧、勇敢、果断、乐观、自信是他在湖南长沙第一师范读书期间勤奋好学，自我培养、塑造的结果。毛泽东的伟大思想，博大精神、光辉业绩彪炳史册源于他的性格。毛泽东青年时代就"身无分文，心忧天下"，积极探索救国救民的道路，积极投身中国人民的解放事业。他的自信源于他的博学。他说"自信人生二百年，会当水击三千里"。清代著名的文学家、史学家赵翼的"江山代有才人出，各领风骚数百年"深深地影响着他的性格。"问苍茫大地，谁主沉浮？"一个英气横溢的青年主宰，一个富有浪漫创新精神的学生从湘江走向全中国，走进中国革命的征途中起到砥柱中流的作用。"与天斗，与地斗，与人斗，其乐无穷"，更是彰显为人的乐观性格。

诗仙李白才华横溢、抱负远大、洒脱不羁，"天生我材必有用"及"行路难，行路难，多歧路，今安在？长风破浪会有时，直挂云帆济沧海。"更是唱出充满乐观、自信和自强不息的最强音。他相信尽管前路障碍重重，但仍将会有一天，乘长风破万里浪，挂上云帆，横渡沧海，到达理想的彼岸。"安能摧眉折腰事权贵，使我不得开心颜"成就了李白的一种更可敬的超脱与放达。

苏轼的外儒内道的作风，具体表现为乐观旷达的人生态度。苏轼一生几经磨难，但是，他表现了对苦难的傲视和对痛苦的超越。黄州这座山环水绕的荒城在他笔下是"长江绕郭知鱼美，好竹连山觉笋香"。

事实证明，无论发生什么事，你总还有一项权利——决定自己对待它的态度，并进而影响自己的情绪和后来的行动。乐观的人在每次危难中都看到了机会，而悲观的人却在每个机会中都看到了危难。

有一位苏格兰诗人说过这样的话："如果一种方式无法使你快乐，那么，试试看另外一种；快乐这种事没有深奥的哲理，只要健康幽默的人都能拥有。许多人追求幸福之不可得，就像个粗心大意的人，不停地找着戴在头上的帽子。"他是要告诉人们，快乐本该是属于你的，它也一直就在你身边，只是有时却因为你的一时疏忽，粗心地把它赶跑了。

如果你现在不开心，或者你根本不知道该怎样让自己开心，没关系，现在来教你几个保持乐观的窍门：

第一，不悔恨过去，不担忧将来，活在当下

昨天已经过去，明天还没有到来，你真正拥有的只有今天、现在。如果你把全部的心力倾注在当前正在进行的事项上，事情就会简单很多。过去的就让它过去，并且相信未来的问题到时候总会有解决的办法。

只为今天，你要做些什么呢？读读卡耐基的《只为今天》，相信会对你有所启发：

只为今天，你要很快乐。正如林肯所说，大部分的人只要下定决心都能很快乐。是的，快乐是来自内心的，而不是存在于外在。

只为今天，你要让自己适应一切，而不去试着调整一切来适应我的欲望。你要以这种态度接受你的家庭、你的事业和你的运气。

只为今天，你要爱护你的身体。你要多加运动，善自照顾，善自珍惜；不损伤它、不忽视它；使它能成为你争取成功的好基础。

这样做，可以塑造期望的自我

只为今天，要加强你的思想。你要学一些有用的东西，绝不做一个胡思乱想的人。你要看一些需要思考、需要集中精神才能看的书。

只为今天，你要用三件事来锻炼你的灵魂：你要为别人做一件好事，但不让人家知道；你还要做两件你并不想做的事，而这就像威廉·詹姆斯所建议的，是为了锻炼。

只为今天，你要做个讨人喜欢的人，外表要尽量修饰，衣着要尽量得体，说话低声，行动优雅，丝毫不在乎别人的毁誉。对任何事都不去挑毛病，也不干涉或教训别人。

只为今天，你要试着只考虑怎么度过今天，而不把你一生的问题都在一次解决。因为，你虽然连续12小时只做了一件事，但若要你一辈子都这样做下去的话，就会吓坏你。

只为今天，你要订下一个计划。你要写下每一个钟点该做些什么事；也许你不会完全照着做，但还要订下这个计划；这样至少可以免除两种缺点，过分仓促和犹豫不决。

只为今天，你要为自己留下安静的半个小时，轻松一番。在这半个钟点里，你要尽量使你的生命更充满希望。

只为今天，你要心中毫无惧怕。尤其是，你不要怕快乐，你要去欣赏美的一切，去爱，去相信你爱的那些人会爱你。

第二，学会乐观思维方式，学会调节认知

快乐，一方面取决于客观实际；另一方面则取决于认知、思维方式。如果觉得不幸福，就会感到不幸；相反，只要心里想快乐，绝大部分人都能如愿以偿。很多时候，快乐并不取决于你是谁，你在哪儿，你在干什么，而取决于你当时的想法。两个人从同一个窗口往外看，一个人见到的是泥土，一个人见到的是星星。有一个囚犯，当法庭宣布判处他5年徒刑的时候，他竟高兴得跳了起来，因为他一直以为要被判8年。所以，莎士比亚说："事情的好坏，多半是出自想法。"伊壁鸠鲁也说:"人类不是被问题本身所困扰,而是被他们对问题的看法所困扰。"如果掌握了乐观思维法、光明思维法,人生万事万物都能够引起你的快乐。

一个人活着,就要经历和成长,在这个过程中,遭遇挫折是必然的。就像人生也有四季,成功、挫折、春天、冬天,其实是一样的。今天的你遇到挫败其实正是你的幸运,在这个世界上,没有任何一种教训比从挫败中学到的更深刻、更实用。所以,磨难何尝不是一种幸福呢?微笑着品尝它,有什么可怕!

如果你心情豁达、乐观,你就能够看到生活中光明的一面,即使在漆黑的夜晚,你也知道星星仍在闪烁。一个心境健康的人,就会思想高洁,行为正派,就能自觉而坚决地摒弃肮脏的想法,不与邪恶者为伍。你既可能坚持错误、执迷不悟,也可能相反,这都取决于你自己。这个世界是人们自己创造的,因此,它属于每一个人,而真正拥有这个世界的人,是那些热爱生活、拥有快乐的人。也就是说,那些真正拥有快乐的人才会真正拥有这个世界。

第三,扩展胸襟,享受生活中的每一次喜悦

人是需要享受生命的。无论你多忙,你总有时间选择两件事:快乐还是不快乐。早上你起床的时候,也许你自己还不晓得,不过你的确已选择了让自己快乐还是不快乐。

如果你沉浸在自己的痛苦里,请你抬头看看周围,是否还有比你更不幸的人呢?忍着自己的苦,试着去关心他们,他们会让你从自己的圈子中走出来,去了解这个世界更真实的一面。如果你可以,试着帮助他们,你会体验到那种无私而纯净的快乐。

大多数人一生中不见得有机会可以赢得大奖,如诺贝尔奖或奥斯卡奖,大奖总是保留给少数精英分子的。理论上来说,每个自由地区出生的孩子都有当上总统的机会,但是实际上大多数人都会失去这个机会。不过人人都有

机会得到生活的小奖。每一个人都有机会得到一个拥抱，一个亲吻，或者只是一个就在大门口的停车位！生活中到处都有小小的喜悦，也许只是一杯冰茶，一碗热汤，或是一轮美丽的落日。更大一点的单纯乐趣也不是没有，生而自由的喜悦就够你感激一生的了。这许许多多点点滴滴都值得你细细去品味，去咀嚼。也就是这些小小的快乐，让你的生命更可亲，更可眷恋。

如果生命的大奖落到你头上，务必心怀感激。但即使它们与你失之交臂，也无须嗟叹。尽情去享受生命的小奖吧！昨日的英雄只是今日的尘土，生命的大奖只是雪泥鸿爪，瞬间消逝，但是那些小小的喜悦却是日常生活中俯拾即是，无虞匮乏的。人生的大喜毕竟少有，可是只要你睁大眼睛与心灵，到处都可以发现那些小小的喜悦。

第四，改变悲观的习惯用语，用乐观的角度看世界

不要说"我真累坏了"，而要说"忙了一天，现在心情真轻松"；

不要说"他们怎么不想想办法？"而要说"我知道我该怎么办"；

不要在团体中抱怨不休，而要试着去赞扬团体中的某个人；不要说"为什么偏偏找上我？"而要说"考验我吧！我是有价值的"；不要说"这个世界乱七八糟"，而要说"我要先把自己弄好"。试试这些，你会发现惊喜的改变。

第五，和性格乐观开朗的朋友一起体味生活

和悲观失落的人在一起，你也会不自觉地忧郁了很多。尤其是在你年少的时候，情绪比较容易受影响，这时候选择什么样的人做朋友，就是一件非常重要的事情了。想要塑造好性格，环境很重要，朋友是和你朝夕相处的人，他们的性格很自然地会影响到你自己的。选择乐观的朋友，学习他们的生活态度，感受他们对生活的热爱，你也会开朗起来。

坚毅性格助你成就人生

孟德斯鸠说:"很多时候,如果能够知道距离成功还有多远,获得成功也就不成问题了。"不论在人生旅途在哪一程,坚忍不拔与锲而不舍的精神,都是成功的重要因素。爬一座看似高不可攀的山,如果你担心自己的手被划破,担心自己会失足掉下,这时最重要的就是你能勇敢地再迈一步,再迈一步你就会发现,陡峭的山崖上也有路可走。否则,你永远也体验不到登上山顶的豪情与喜悦。

查德威尔是第一个成功横渡英吉利海峡的女性,但她并不满足,决定超越自己,她想从卡塔林那岛游到加利福尼亚。

旅程十分艰苦,刺骨的海水冻得查德威尔嘴唇发紫,连续游泳使她的四肢像铅一样的沉重。查德威尔感到自己快不行了,可目的地还不知道有多远,如今连海岸都看不到。

她越想就越觉得累,她感到自己一丝劲儿也用不上了,于是对陪伴她的小艇上的人说道:"我放弃了,快拉我上去吧。"

"不要这样,只有一公里就到了,坚持!"

"我不信,如果只有一公里,我怎么会看不到海岸线,快拉我上去。"查德威尔最终被小艇上的人拉了上去。

小艇飞快地向前开去,不到1分钟,加利福尼亚的海岸便出现在眼前,因为大雾,它在半公里范围内才能被人看见。

查德威尔后悔莫及,为什么不相信别人的话,再坚持一下呢?

这是一个真实的故事,因为没有战胜自己,没有坚持最后的一小下,查德威尔留下了一生的遗憾。在你的生活中有很多的遗憾,也正是因为自己在

这样做，可以塑造期望的自我

最后一刻放弃努力而前功尽弃的。

在长跑比赛中，真正决定胜利的往往不是体力，而是心力。当和你别人在同一个起跑线出发，同样跑过了几千米，同样感受到身体传达的疲劳的信号时，有的人可能会觉得自己累得不行，感觉与终点之间的距离似乎永远不可能达到了。你会想到什么呢？你这时的想法就将决定你最后的成绩。最后取胜的人不是因为他没有感受到体力消耗所带来的疲惫，而是他能够超越这些，看到更远的目标，激励自己坚持到最后。

再坚持一下，一切就会不同。成功与失败的差距往往是一步之遥，前面大部分的困难已使人筋疲力尽，这时即使一个微小的障碍也可能导致前功尽弃，只要咬紧牙关坚持一下，胜利便尽在眼前，"往往胜利就在再坚持一下的努力之后"。

赖斯利说："人生的意义不在于拿到一副好牌，而在于怎样打好一副坏牌。"是的，如果干任何事情都一帆风顺，那么人生还有什么喜悦可言；只有不断地面对逆境和挫折，挑战它，战胜它，成功之后的欢乐才更加动人，这样人生才更加丰富多彩。况且，人生不如意事十之八九，谁也不能一辈子都活在成功胜利之中。真正的成功者往往是一些身处逆境或遭遇过失败而能坚持下来的人。

困难像弹簧，你弱它就强，你强它就弱。面对困难，许多人戴了放大镜，但和困难拼搏一番，你会觉得，困难不过如此。正如生命中的许多伤痛一样，其实并不如自己想象得那么严重。如果不把它当回事，它是不会很痛的。你觉得痛，那是因为你自以为伤口在痛，害怕伤口的痛。可怕的不是遭遇困难，而是在遇到困难的时候没有勇气和毅力面对。

怎样塑造坚毅的性格呢？读读下面几条建议将是很有帮助的。

第一，困难之时，自我激励

学习一些自我激励的技巧，养成自我激励的习惯。相信这些"自言自语"

会对你有所帮助：

我要坚持到底！我不是为了失败才来到这个世界上的,更不相信什么"注定失败"这种丧气话。我听不到埋怨和哭泣,因为这些是会传染的。我可不任人宰割,屠宰场并不是我的归宿。当我受到生活的考验,如果我坚持,不停地尝试,不停地向前攻击,我就会成功。

我要坚持到底！我决不考虑失败,并且把放弃、不可能、办不到、失败、行不通、没希望、撤退等字眼由我的字典中除去。因为这些都是懦弱者的字眼。我尽量避免绝望,但是如果它向我攻击时,我要想办法应付它。我也不在乎眼前的障碍,我的一双眼睛只注意高处的目标,因为我知道干旱沙漠的尽头,便是绿洲平原。我要持到底！我知道每一次失败,都将增加我下次尝试的成功率。每一次对方皱眉的表情,都是他下次微笑的先兆。每一次的不幸,都将带来明日的幸福。晚上回家后,我要感激如此的一天。我必须经过多次的失败,才能获得一次的成功。

我要坚持到底！今日,我不可因昨日的成功而满足,因为这是失败的前兆,我要忘却昨日发生的种种（不论是好与坏）,我要以信心迎向今日的太阳,相信"今天是此生中最好的一天"。

只要我有一口气在,我就坚持到底。

只要我坚持到底,我就会成功。我要坚持！我一定会成功。

第二，主动出击，迎接挑战

很多时候,脆弱是因为经历太少,心灵还太稚嫩。现在,大部分青少年都是独生子女,他们在家中都是在长辈的关怀和呵护下长大的,就像是温室中的幼苗,经不起风吹雨打。这时候,磨难教育就显得特别重要。多经受苦难的洗礼,人们的心灵也会变得坚韧起来。

第三，学习榜样，鼓舞自己

榜样的力量是巨大的。如果你欣赏一个人身上的优秀品质，很自然地，你自己在某方面也会向他靠拢。

基督圣子雅各在其经典之作《帕迪亚·希腊文明中的理想人物》中所说："面临人生窘境，最有力的引导来自于早年英雄们的生活经验，来自教育中经常提到的那些模仿人物的历史定位。"现代精神病理学的试验表明，一个人倘若没有理想，没有一个可以效仿的英雄去追随，那么人就无法获得真正的、内在的安全和满足。

人类可以在匮乏的物质财富中生活，只要他们能够向那些理想人物看齐，从中得到更多精神上的养料；而另一方面，当他们的面前出现了一些可以称得上理想人格或者理想的生活模式时，即便他们被剥夺了物质上的自由，但他们也会产生令人难以置信的坚忍和勇敢，凭借着某种足以支撑他们的生活原则，保持住自己的内心风度和抗争精神。

英雄的精神力量是推动人类不断进步的不可或缺的因素，而这也正是英雄的教育意义之所在。胸怀理想并向英雄看齐，就是心灵走向永恒宁静的唯一正途，这也正是世间所有励志类言论的终极指向。

给自己一座独立精神的靠山

独立是什么？也许你会说，独立就是自己生活，就是自己的事情自己做。其实，你只回答对了一半。独立不仅是在行为上的表现，而且最主要的还是你心中是不是独立的，即独立奋斗的精神、独立生活的勇气和独立学习的能力。独立性对你来说是一种不可或缺的性格品质。

一个独立的人，是依靠自己的意志和努力而形成了自己独立的性格，这些都是他能为自己做到的。下面几条关于如何培养独立心理品质的建议供你参考：

第一，增强自信心

大多依赖性强的人都不太自信，遇到问题时不敢自己想办法解决，只好请求别人帮忙。所以他们自信心的自我培养就非常重要。首先要相信通过自己的努力，你是能处理自己生活和学习问题的；其次是发现自己的才能，独立地解决一些问题，增强自信心。

第二，协调好人际关系

人际关系是一种很微妙的关系，喜欢孤独并不是错，人缘不好也不是你想造成的，错就错在你的想法，对自己没有重视。

首先你得建立你自己的自信。不要认为别人在排挤你，不喜欢你。那只是你单方面的想法。其次是主动。主动去找别人聊一些最近发生的事啊，或者大家都感兴趣的话题，让别人重新去认识你，觉得你是善于沟通的，而不是冷漠，自我孤独的。最后就是不要乱想，要负起责任。"小心谨慎"只会让你越来越深，以为自己没有做错，或者是做得最好了。有很多东西是要付出才会有收获的，不会平白无故地给你，或者奉承你。以诚相待，以礼还人，只要走出自己，就会协调好人际关系。

第三，寻找磨炼自己的机会

玉不磨不美，人不磨不灵。有意识地磨炼自己，在磨炼中造就一个崭新的自我，在短暂的人生中不断书写新的篇章，使人生价值得到最大实现，这是一个现代人应有的追求。唯有如此，才能拥抱成功的辉煌。

磨炼自己就是在艰难困苦的环境中锻炼自己，让自己不断成长，走向成功。成千上万的有志青年在完成大学学业后，主动申请到边疆、到艰苦的地方去磨炼自己，其中大多数人在基层艰苦的生活中战胜了环境，战胜了自我，

这样做，可以塑造期望的自我

获得了成功，取得了丰硕的成果。

磨炼自己要舍得身上的光环，同昨天的成绩告别；磨炼自己要敢于到艰苦的环境中去，适应清贫的生活；磨炼自己，要有忍辱负重的精神，即使面对流言飞语，也能经受生活的考验，始终朝着自己的目标进击；磨炼自己，就要把人生中的每一次挫折，都看成是促使自己成长的机会。因为只有战胜挫折，希望之花才能开得绚丽，生命之果才能变得成熟。

磨炼自己需要付出代价；磨炼自己，需要耐得住寂寞和孤独。人生的磨炼，不是舞台上的演出，不仅要进入角色，还要承受生活中的不幸，经历人生的起伏。有许多人，如果没有生活的磨炼，没有遇到突如其来的打击，往往不能取得超常的业绩。苦难是一所大学，它教会人们如何逆水行舟；磨炼是一个银行，经历的磨炼越难越多，得到的收获也越多。

磨炼自己对生活中的困境毫不惧怕，磨炼自己和自己的懒惰作斗争。磨炼自己，但不放任自己；磨炼自己，但不制造陷阱，与人为敌。善于磨炼自己的人，不计较生命中的一得一失；善于磨炼自己的人，对自己追求的梦想矢志不渝。

独立心理品质不是一朝一夕就能培养起来的，但只要你坚持，相信你一定能成功！

诚实性格让你一生坦然

安徒生的经典童话中，有一位得意扬扬的皇帝，他光着身子在大街上游行，还以为自己穿了最华贵的衣服。所有旁观的臣民都拍手叫好，只有一个孩子怯生生地说出了实话："他……他什么也没穿啊！"

我想大家都还记得这一幕，看到这儿，我们都会为皇帝的愚蠢、臣民的虚伪而感到万分可笑，同时，也会为孩子的纯真可爱而感动。说真话真的这么难吗？为什么只有未经世事的孩子才能保有这份诚实呢？这是值得深思的。

荀子说过："君子养心莫善于诚。"有人把诚实看做美德的核心，认为抓住它可以带出许多其他的美德来。那么，什么是诚实呢？

诚实在很多时候都表现为一种对人对事的态度。实事求是，表里如一，言行一致，真诚待人，这些都是诚实的表现。只有诚实的人才能够获得别人的信任，也才能面对自己清白的心而一生坦然。

也许你听过这个小故事：从前有一个国王，他已经很老很老了，却没有一个子女。于是他决定从全国的孩子中挑出一个作为继承人。用什么方法挑选呢？国王发给孩子一人一颗花种子，让他们回家种在土里，说："一年以后，谁培育的种子开花最漂亮，谁就可以继承我的王位。"

一年的时间很快就到了，全国的孩子们都捧着自己的花盆来见国王。花盆里的花都很漂亮，有的是娇艳的玫瑰，有的是粉嫩的牡丹，但国王的脸色却越来越严肃了。

这时，在人群中出现了一个满脸沮丧的小孩，他的花盆里什么也没有，因此遭到了别的孩子的嘲笑。当然，抱着空花盆的就只他一人。国王向他走过去，好奇地问道："为什么你的花盆里什么也没有呢？"小孩伤心地说："我把种子放进去，每天都精心地浇水呵护，可它就是不发芽，我想，是我太笨了。"

没想到国王却呵呵地笑了，他拉着孩子走到王位旁，向众人宣布："这个孩子就是未来的国王！"

其他人大吃一惊，纷纷表示不服。国王一语道破玄机："我给你们的种子全是炒过的,根本不可能长出任何东西。但它却能种出诚实，只有诚实的人才能坐上王座。"

诚实是一切成功人士必须具备的素质,如果一个人从小就是个不诚实的孩子,还怎么指望他将来能有什么出息呢?做人、处世都需要诚实作为基石。再来看看著名的美国总统林肯的经历。

这样做,可以塑造期望的自我

1809年2月12日,亚伯拉罕·林肯出生在一个农民家庭。小时候,家里很穷,他没机会上学,每天跟着父亲在西部荒原上开垦、劳动。他自己说:"我一生中进学校的时间,加在一起总共不到一年。"但林肯勤奋好学,一有机会就向别人请教。没钱买纸、笔,他就在地上和木板上写写画画。他放牛、砍柴、挖土时怀里也总揣着一本书,休息的时候,一边啃着粗硬冰凉的面包,一边津津有味地看书。晚上,他在小油灯下常常读书读到深夜。

长大后,林肯离开家乡独自一人外出谋生。他什么活儿都干,打过短工,当过水手、店员、乡村邮递员、土地测量员,还干过伐木、劈木头的重体力活儿。不管干什么,他都非常认真负责,诚实而且守信用。

他十几岁时当过村子里杂货店的店员。有一次,一个顾客多付了几分钱,他为了退还这几分钱跑了十几里路。还有一次,他发现少给了顾客二两茶叶,就跑了几里路把茶叶送到那人家中。他诚实、好学、谦虚,每到一处,都受到周围人的喜爱。

1834年,25岁的林肯当选为州议员,开始了他的政治生涯。1836年,他又通过考试当上了律师。当律师以后,由于他精通法律,口才很好,在当地很有声望,很多人都来找他帮着打官司。但是他为当事人辩护有一个条件,就是当事人必须是正义的一方。许多穷人没有钱付给他劳务费,但是只要告诉林肯:"我是正义的,请您帮我讨回公道。"林肯就会免费为他辩护。

一次，一个很有钱的人请林肯为他辩护。林肯听了那个客户的陈述，发现那个人是在诬陷好人，于是就说："很抱歉，我不能替您辩护，因为您的行为是非正义的。"

那个人说："林肯先生，我就是想请您帮我打这场不正义的官司，只要我胜诉，您要多少酬劳都可以。"

林肯严肃地说："只要使用一点点法庭辩护的技巧，您的案子很容易胜诉，但是案子本身是不公平的。假如我接了您的案子，当我站在法官面前讲话的时候，我会对自己说：'林肯，你在撒谎。'谎话只有在丢掉良心的时候，才能大声地说出口。我不能丢掉良心，也不可能讲出谎话。所以，请您另请高明，我没有能力为您效劳。"

那个人听了，什么也没说，默默地离开了林肯的办公室。

诚实正直的人永远是站在真理一边。如果你选择诚实，实际上，也就是选择了心地清白、问心无愧，选择了一种更加纯净的生活。

中国古人常讲，人要"慎独"。"慎独"的意思就是当你一个人的时候，做事也要对得起自己的良心，也要像和别人在一起一样，对自己的行为有一定的约束，不能随心所欲。有很多人都是这样，人前一个样，人后又是另一个样，这样都是不够诚实的表现。做了一件错事，而除了你之外没有人知道这件事是你做的，你还会不会承认呢？这就是考验你的时候了。可怕的不是犯错误，错误是每个人都难免的，可怕的是不敢承认事实，让尘埃沾染了你清白的心。

不过生活中也会遇到这样的矛盾，如果你说实话，就会伤害了别人的心，而很多时候，你的一个善意的小小谎言可以使你的朋友对他即将面对的考验充满信心，可以挽救一个即将破碎的家庭，可以使一个失去父母的小女孩不再哭泣……这时候，你该怎样做呢？

第三章 培养性格：优良性格收获美好未来

这样做，可以塑造期望的自我

一位年老的花匠将毕生的心血都用在培育黑色的郁金香上，他将自己的全部生命投入其中，为了黑色的郁金香孜孜不倦、废寝忘食，而就在最新的一代郁金香即将开花的时候，他病倒了，而且他已经没有多少时间了。也许当郁金香花开的时候他就会死去。当老花匠就要死去的时候，他手里捧的郁金香奇迹般地盛开了，但是花瓣却是黄色的。因为他的眼睛瞎了，再也看不到郁金香的花瓣是什么颜色的了。老花匠眼含热泪，用颤巍巍的声音问他的一位无话不谈的好朋友这朵郁金香是什么颜色时，他的朋友告诉他，这朵郁金香是黑色的，就像少女的头发一样黑，老人安详满意地死去了。

有时真实是残酷的，该怎样呢？看你自己的选择。

生活中有时需要讲谎话，但一定要注意原则，切不可从私利出发，颠倒黑白，混淆是非，否则只能遭人唾弃。

绝大多数时候，诚实还应该是最直接的，毫不犹豫的反应。诚实的人活得才坦然。怎样培养诚实的性格呢？

第一，坦诚待人，实事求是

不想暴露自己的弱点，怕会降低自己在别人心目中的形象，这是人之常情。所以很多人在人前都不愿承认自己对某个问题不知道，反而装出很了解的样子。

孔子曰："知之为知之，不知为不知。"实际上，对于自己不了解的事情，坦率地说不知道，可以强烈地给人一种正直、诚实的印象。而且，有勇气说不知道，也就显示出你对其他事情必然是知道的，这种自信在不知不觉中就会传达给对方。

第二，正视错误，勇敢承认

犯了错误，不要急着为自己辩解，如果真的是你自己错了，就诚恳地道歉，然后提出弥补过错的办法。即使无法挽救的事，也可以表示尽量减少损失的程度。这样可以表示你的责任感和诚意，使人刮目相看。

第三，慎重承诺，信守诺言

如果你不能肯定一定能做到，就不要轻易承诺，因为如果你曾经许诺而又没有做到，那么你在别人心目中的形象一定会大打折扣。承诺过，就一定做到。做一个言出必行的人。

培养和发挥你的乐群性格

一个健康的人应该不仅仅能够很好地接受自己，处理自己的生活，还应该乐于接受他人，善于与人相处，认可别人存在的重要性和作用。性格中的乐群性对你的一生具有重要意义。

乐群性高的人，能为他人所理解，为他人和集体所接受，能与他人相互沟通和交往，人际关系协调和谐，能与生活的集体融为一体，既能在与挚友团聚之时共享欢乐，也能在独处沉思之时而无孤独之感。在与人相处时，积极的态度（如同情、友善、信任、尊敬等）总是多于消极的态度（如猜疑、嫉妒、畏惧、敌视等），因而在社会生活中具有较强的适应能力和较充足的安全感。相反，一个乐群性低的人，总是把自己隔离于集体之外，与周围的环境和人们格格不入，自己心里也不那么舒服。

人活在这个世界上，总要和人相处，这些你都要如何面对呢？而正是有了和周围人之间真挚的感情才使你成为一个性格完整的人。

有的人很吝啬于为别人付出时间和心力，觉得自己的生命这么宝贵，追求自己的幸福还不够，花在别人身上真是浪费。其实，每个人的幸福都不是独自得到的，在你为别人付出的同时，你的快乐也随之而来。

一群无所事事的年轻人终日被烦恼所折磨，他们忧愁、痛苦，

这样做，可以塑造期望的自我

不知该用什么办法排解。

一天，他们在山上看到一位头发已经花白的老人在砍伐一棵大树，老人面带微笑，哼着小曲，非常快乐。于是他们向老人请教，快乐到底在哪里？

老人说："你们还是先帮我造一条独木船吧！"

年轻人为了找到快乐的秘诀，开始帮老人造船。他们同心协力，用了49天时间，锯倒了那棵又高又大的树，挖空了树心，造出一条独木船。

独木船下水了，他们把老人请上船，一边合力荡桨，一边齐声唱起歌来。老人问："孩子们，你们快乐吗？"他们齐声回答："快乐极了！"老人说道："快乐就是这样，它往往在你为别人的需要而付出努力和劳动的时候突然来访。"

相信很多人都有这样的体会，你独自一人享受的东西，如果让大家一起分享，那份快乐是很不同的。有人说："痛苦与人分担，痛苦变成了一半；快乐与人分享，快乐却变成了两个。"在和别人相处的过程中，你能够得到一个人永远都得不到的东西。

有这样一个小故事：一个人问上帝："为什么天堂里的人很快乐，而地狱里的人一点也不快乐呢？"

上帝说："你想知道吗？那好，我带你去看一下。"

他们先来到地狱，走进一个房间，看见许多人围坐在一口大锅前，锅里煮着美味的食物，可每个人都又饿、又失望。原来他们手里的勺子太长，没法把食物送到自己的嘴里。

上帝说："我们再去天堂看看吧。"

于是他们来到另一个房间，看见的是另一番景象：虽然人们手里的勺子也很长，可是每个人都显出快乐又满足的样子。

这个人很奇怪。上帝笑着说："你看下去就知道了。"

开饭了，只见这里的人们是用勺子把食物送到别人的嘴里。

很有意思吧？为自己谋利最终却什么也得不到，而为别人付出的努力，却让彼此都快乐而满足。

有的人虽然自己也很想和别人快快乐乐地相处，可到了和别人接触的时候，又总是做不好，觉得自己越来越不招人喜欢。别急，看看下面这个小故事，也许会对你有所启发。

有个人去拜访一位年长的智者。他问："我如何才能变成一个自己愉快、也能够给别人愉快的人呢？"

智者笑着望着他说："你有这样的愿望，已经是很难得了。很多比你年长的人，从他们问的问题本身就可以看出，不管给他们多少解释，都不可能让他们明白真正重要的道理，就只好让他们那样好了。"

这个人满怀虔诚地听着，脸上没有流露出丝毫得意之色。

智者接着说："我送给你4句话。第一句话是，把自己当成别人。你能说说这句话的含义吗？"

这个人回答说："是不是说，在我感到痛苦忧伤的时候，就把自己当成是别人，这样痛苦就自然减轻了；当我欣喜若狂之时，把自己当成别人，那些狂喜也会变得平和中正一些？"

智者微微点头，接着说："第二句话，把别人当成自己。"

这个人沉思一会儿，说："这样就可以真正同情别人的不幸，理解别人的需求，并且在别人需要的时候给予恰当的帮助？"

智者两眼发光，继续说道："第三句话，把别人当成别人。"

这个人说："这句话的意思是不是说，要充分地尊重每个人的独立性，在任何情形下都不可侵犯他人的核心领地？"

智者哈哈大笑："很好，很好。孺子可教也！第四句话是，把自

第三章　培养性格：优良性格收获美好未来

己当成自己。这句话理解起来太难了，留着你以后慢慢品味吧。"

这个人说："这句话的含义，我一时体会不出。但这四句话之间就有许多自相矛盾之处，我用什么才能把它们统一起来呢？"

智者说："很简单，用一生的时间和精力。"

这个人沉默了很久，然后叩首告别。

后来，这个人变成了壮年人，又变成了老人。再后来在他离开这个世界很久以后，人们都还时时提到他的名字。人们都说他是一位智者，因为他是一个愉快的人，而且，这个人也给每一个见到过他的人带来了愉快。

不管你现在能不能完全理解智者的4句话，但请你一定记住它们，在生活中去体会，慢慢地，你会成为一个受欢迎的人。当你快乐地和别人生活在一起时，如果你想起了这几句话，也请和别人分享，因为还有不少人在为怎样和别人相处的问题而苦恼呢。

乐群的性格是你人生幸福的一大保障，怎样培养呢？

第一，学习一些人际交往的法则，培养自己的人际魅力

很多时候，一个人不和别人交往，不是因为他不想，而是因为他不知道该怎样和别人交往，在处理人际问题的时候，显得很笨拙。渐渐地，也就失去了和人交往的兴趣和信心。很简单的解决办法，就是学习一些技巧，看一些人际交往方面的书，看看别人都是怎么做到的，然后，在生活实践中练习，会大有裨益。一个精通交往守则的人，对别人也会更有吸引力，会拥有越来越多的朋友。

第二，常与别人接触，加强心灵的交流

乐群的性格是在和别人的交往中一点点培养起来的。如果你不和别人接

触，那么学习多少交际的知识都是毫无用处的。在生活中，和人打交道的机会很多很多，但如果你总是退缩，那还是一个朋友也交不到。勇敢地露出你的微笑，大方地主动问好，会为你赢得更多朋友的心。多关心朋友内心的想法，会让你得到更深入、更稳固的关系。

第三，培养开朗的性格，保持宽阔的胸襟

在生活中，你可以注意一下，哪些人更容易交到朋友和维持友谊。你会发现，那种素质就是开朗和宽容。如果你动不动就发脾气，动不动就给别人脸色看，再好的朋友也会被你吓跑的。

你的朋友是你宝贵的财产，他们让你开怀，让你更勇敢。他们总是随时倾听你的忧伤。你需要他们的时候，他们会支持你，向你敞开心扉。你还忍心伤害他们吗？

第四，多参加集体活动，培养合作意识和团队精神

在集体活动中，有更多和别人接触的机会。在大家共同努力做一件事的过程中，你也可以体会到和别人心往一处想，劲儿往一处使的凝聚力，这对于培养你的团队精神大有好处。当今社会，一个不能和别人合作的人是无法在社会上立足的，所以你应该知道怎么去做。

养成良好习惯你会受益一生

拿破仑·希尔说："习惯能成就一个人，也能摧毁一个人。"习惯是一种顽强的力量，它有时会成为你成功的障碍，让你扔掉握在手里的机会。坏的习惯尤其如此。因此，每个人都要养成良好的习惯，无论从学习到工作，从为人到处事，从我们生活的各个方面，如果养成良好的习惯，你就会受益终生。

第三章 培养性格：优良性格收获美好未来

这样做，可以塑造期望的自我

或许你习惯了懒懒散散、心灰意冷地过日子，或许你对抽烟、酗酒、拖延、懒惰等坏习惯熟视无睹，那么你就不要再慨叹生活对你的不公，你就不要说梦想很难实现，更不要说你的经过都很倒霉。归根到底这一切都是你的坏习惯在作祟。如果你永远抱着这种坏习惯不放，却还在想着成功，那真是难于上青天。

成功者之所以成功，不是因为他们有着多么高的天赋和超常的才能，而是因为他们有着良好的习惯，并善于用良好的习惯来提高自己的工作效率，进而提高自己的生活品质。他们发现，好习惯能改变命运，使自己过上充实的生活；好习惯能使身心健康，邻里和睦，家庭幸福美满。这一切都来源于好习惯的力量。

习惯对人们的生活有很大的影响，因为它是一贯的。在不知不觉中，经年累月影响着你的品德，暴露出你的本性，左右着你的成败。看看你自己，看看你周围，好习惯造就了多少辉煌成果，而坏习惯又毁掉了多少美好的人生！习惯一旦形成，就极具稳定性。生理上的习惯左右着你的行为方式，决定你的生活起居；心理上的习惯左右着你的思维方式，决定你的待人接物。当你的命运面临抉择时，是习惯帮你作出了决定。

高尔基说："哪怕是对自己的一点小的克制，也会使人变得强而有力。"一个人应该努力克服一切不良的习惯。如果待人以诚是拓展人际关系的最佳策略，那么，把真诚变成自己的习惯，在与人交往中自然流露出真诚，人际关系就会越来越融洽。

例如，礼貌是一种好习惯，走到哪里都能够彬彬有礼、以礼相待的人一定会深受欢迎，拥有这种习惯的人则容易成功，相反，无礼就是一种坏习惯。

微笑是一种习惯，可以预先消除许多不必要的怨气，化解许多不必要的争执，而老是板起面孔的人走到哪里都会制造紧张气氛。

人，有什么样的习惯，就成为什么样的人。能够把美德化为生活习惯的人，值得羡慕。

孔子年轻的时候，很喜欢到他隔壁的邻居家去。他的邻居是一位技艺精湛的老石匠，一块块岩石经过他的刻琢，便成了千姿百态、栩栩如生的花鸟石刻。

一天，孔子又踱至邻家，那个老石匠正叮叮当当为鲁国一位已故大夫刻石铭碑。孔子叹息道："有人淡如云影来去无痕，有人却把自己活进了碑石，活进了史册里，这样的人真是不虚此生啊！"

老石匠停下锤，问孔子说："你是想一生虚如云影，还是想把自己的名字铭进碑石、流芳千古？"

孔子长叹一声说："一介草木之人，想把自己刻到一代一代人的心里，那不是比登天还难吗？"老石匠听了，摇摇头说："其实并不难啊。"他指着一块坚硬又平滑的石块说："要把这块石坯刻成碑铭，就要雕琢它。"老石匠说完，就一手握凿一手挥锤叮叮当当地凿起来，一块块石屑很快在锤子清脆的敲击声中飞起来。不一会儿，岩石上便现出了一朵栩栩如生的莲花图案。老石匠说，如果想使这个图案不容易被风雨抹平，那就要凿得更深些，要剔掉更多的石屑。只有剔凿掉许多不必要的石屑，才能成为浮碑铭。

敢于剔凿掉自己不良的习惯，不断割舍生命中多余的"石屑"——这样的人生才能凸显生命的质感，镂刻出别样的景致。

意识产生动机，动机产生行为，这需要有动力。改变习惯同样需要有动力。一个人要改变习惯真的很难，一个不喜欢学习的人要让他每天都去学习，他会觉得很不舒服。但是到了快要考试的时候，他就有了压力，考试不及格怎么办？如果考得好的话可以拿奖学金，对以后推荐上研究生、出国、找工作都很有好处。面对恐惧和诱惑双重影响，他就会逼着自己改变习惯，因为他有了动力。

> 第三章 培养性格：优良性格收获美好未来

这样做，可以塑造期望的自我

一个人的行为方式、生活习惯是多年养成的。比如，与人交往的形式、与人沟通的方式、与人相处的模式，都是多年累积慢慢形成的，因而，要想有所改变也同样需要长时间的磨炼。

必须承认，在你的身上或多或少都有一些不好的习惯。习惯是慢慢养成的，不管你有没有意识到，这些习惯对你的成功无疑是构成了潜在的威胁，因此，改变是必需的。特别是在知识经济年代，外界总是瞬息万变，原来已经形成的一些习惯理所当然因为这种改变而适应不了了，如不及时调整或改变，势必对成功造成不利影响。

改变是不容易的，因为对一贯的做法已经很自在、很舒服，所以，人都有一种本能的抗拒改变的倾向。但是，对于阻碍成功、妨碍前进，以及对成长形成障碍的坏习惯必须改掉，所以，理智的做法就是正视改变、迎接改变、接受改变。

成功人生应该养成以下这些良好习惯，当然，除此之外还有，关键是你自己怎么去做。

用微笑面对他人；

不说"不可能"三个字；

凡事第一反应是找方法，而不是找借口；

遇到挫折对自己大声说"太棒了"；

不说消极的话，不落入消极情绪，一旦出现立即正面处理；

凡事预先作计划，尽量将目标视觉化；

随时用零碎的时间（如等人、排队等）做零碎的事情；

守时，写下来，不要太依靠脑袋记忆；

每天出门照镜子，给自己一个自信的微笑；

每天自我反省一次；每天坚持一次运动；

用心倾听，不打断对方说话；

说话时声音有力,感觉自己的声音似乎能产生有感染力的磁场;

说话之前,先考虑一下对方的感受;

及时写感谢卡,哪怕是用便笺写;

不用训斥、指责的口吻跟别人说话;

控制住不要让自己做出为自己辩护的第一反应;

每天做一件"分外事";

不管任何方面,每天必须至少做一次"进步一点点"。

第三章 培养性格:优良性格收获美好未来

第四章　提升品质：练好内功，铸就人格魅力

在今天的社会里一个人能受到别人的欢迎、容纳，他实际上就具备了一定的人格魅力。这部分内容阐述了人性崇高、正直、无私的一面，通过提升品质、铸就人格魅力，使读者在情感体验上受到良性的潜移默化。

自制力是一切品质的基石

自制力在完善一个人的个性方面起着巨大的积极作用。自制力是一个人的优良品质，一个人要想担负起责任，没有这种品质是不行的。它之所以这样重要，因为它是一个优秀人才必备的素质，也是任何人都希望具有的。

自制力是什么？它是一种能够自觉、灵活地控制自己的情绪和约束自己言行的意志品质。坚强的意志——不仅是想干什么就获得什么的那种本事，也是迫使自己在必要时放弃什么的那种本事。一个人如果不善于自制，不善于调节和控制自己的行为，不能抑制个人冲动和激情，就不能有效地控制和把握自己。

对于自制力的问题，诙谐作家杰克森·布朗曾经有过一个有趣的比喻："缺少了自我管理的才华，就好像穿上溜冰鞋的八爪鱼。眼看动作不断可是却搞不清楚到底是往前、往后，还是原地打转。"如果你有几分才华，工作量也实在不少，却始终无法取得老板的赏识，那么，你很可能缺少自我约束的能力。

曾经有一位立下了赫赫战功的美国上将，有一次他去参加一个

朋友孩子的洗礼，孩子的母亲请他说几句话，以作为孩子漫长人生征途中的准则。将军把自己历经征战苦难，以至最后荣获崇高地位的经历，归纳成一句极简短的话："教他懂得如何自制！"

如果一个人没有自制力，那他在工作上的敬业程度就会大打折扣。一开始就决心不求上进的人是没有的。可以说，绝大多数人都曾有过强烈的上进心和进取欲望。问题在于，相当一部分人经不住各种诱惑，在进取中纷纷落伍了：有的是不能抵御不良诱惑而误入歧途；有的是不能抑制低级欲望的冲动而渐趋堕落；有的是在狂怒中失去理智，不能有效地控制自己的行为，导致过激的行为从而犯罪。确实，生活中不少错事、蠢事，部分是在感情冲动、失去自制力的情况下产生的。如果你能够加强自我修养，培养自己具备顽强的自制能力，使自己的言谈举止都能处于理智的有效控制和支配下，你就可以少犯许多错误，从而也就可以更好地积极进取。如果你今天计划做某件事，是否能离开温暖的被窝义无反顾地披衣下床？如果你马上就要考试了，可是你最喜欢的球赛也正在开播，你能否放弃看球赛而去复习？如果你正在做的一件事遇到了难以克服的困难，你是继续做呢，还是停下来等等看？面对诸如此类的问题，若在纸面上回答，答案一目了然，但当你身在其中，自己去拷问自己时，恐怕就不会回答得那么干脆了。眼见的事实是，有那么多的人一旦在生活、工作中遇到了难题，就被吓倒了。他们不是不会简单地回答这些问题，而是在行动上难以控制自己。

古希腊数学家毕达哥拉斯说过，自制是世界上最强大的力量和财富。如果你掌握了自制的艺术，你与成功也就更近了一步。第一位成功征服珠穆朗玛峰的新西兰人埃德蒙·希拉里对此体会深刻，"如果不能很好地掌握自己，你将没有机会把所有潜能发挥出来，你也就很难改变你的人生"。雪崩、脱水、体温降低以及缺氧，加上生理和心理上的极度疲劳，在希拉里通往这座世界上最高峰的路上障碍重重。在他之前，那么多勇敢的登山者都失败了，但是，

第四章 提升品质：练好内功，铸就人格魅力

这样做，可以塑造期望的自我

希拉里成功了。

在被问起是如何征服这世界最高峰时，希拉里回答道："我真正征服的不是一座山，而是我自己。"这种优秀的品质就叫做意志力、自制力或克己自律。实际上，你也完全可以从每天去做一些并不喜欢的或原本认为做不到的事情开始，在"磨炼法则"的作用下，开发出自己更强的自制力。

一个有自制力的人能够自觉地控制自己的情绪，使自己不受消极情绪的奴役。当一名愤怒的人开始辱骂及嘲笑你时，不管是不是公正，你必须记住：如果你也以相同的态度报复，那么，你的心理程度将被拉到与那个人相同，因此，那个人实际上已经控制了你。在另一方面，如果你拒绝生气，维持你对自己的控制，保持冷静与沉着，这才是完美的胜利。古罗马诗人奥维德曾经说过：忍耐和坚持虽是痛苦的事情，但却能渐渐为你带来好处。

> 心理学家做过这样一个实验：实验人员给一些4岁小孩子每人一颗非常好吃的软糖，同时告诉孩子们可以吃糖，如果马上吃，只能吃一颗；如果等20分钟，则能吃两颗。有些孩子急不可待，马上把糖吃掉了。另一些孩子却能等待对他们来说是无尽期的20分钟，为了使自己耐住性子，他们闭上眼睛不去看糖，或自言自语、唱歌，有的甚至睡着了，20分钟后，他们终于吃到了两颗糖。

这样就显出了人与人之间自制力的差别，在追踪调查中，忍到最后得到两颗糖的孩子长大后的成就水平普遍比其他孩子高。自制力对一个人的重要性可见一斑。

那么，究竟应该怎样培养自制力呢？

第一，分析自我，明确目标

明确了一生朝哪个方向走，决心成为一个什么样的人，就更容易控制自己，使言行服从和服务于自己的人生目标，而排斥同目标相对立的各种诱惑。自制力的动力源泉之一，就是从根本利益和长远利益上去考虑问题，从而抵制表面、暂时的利益的诱惑。

同时，自制力的培养还要注意针对性。对自己进行分析，找出自己在哪些活动中、何种环境中自制力差，然后制订出计划来，一步一步地走向胜利。

第二，执行计划，决不迁就

培养自制力，还必须始终不渝地坚持完成既定的计划和安排。当然，为保证计划的可行性，在作出决定时要三思而后行。但一旦在深思熟虑的基础上作出计划，就要坚定不移地付诸实施，不能轻易改变和放弃。如果半途而废，就会严重地削弱自制力。

千万不要纵容自己，给自己找借口。对自己严格一点儿；时间长了，自律便成为一种习惯，一种生活方式，你的人格和智慧也因此变得更完美。

第三，时时处处，积小成大

阿尔伯特·哈伯德说："那些需要牛奶的团队不应只是坐等奶牛上门来送奶。"保持思维敏锐、控制自己的情绪，虽然很重要，但还不够，只有行动起来才能脱颖而出，这就是成功者与失败者的区别。富兰克林在《我的自传》中，将"自制"称为自己获取成功的13种美德之一，认为自己之所以能够取得如此骄人的成就主要获益于"做事有定时，置物有定位"的良好习惯。如果你想成为一名优秀的员工，就应当像富兰克林那样，学会使行为规律化。

人的自制力是在学习、工作、生活中的千千万万件小事中培养和锻炼起来的。对做任何小事，注意训练意志力，会使人变得更加坚强。不要以为培养自制力一定要有特殊的条件和不平常的际遇。许多微不足道的小事，都会影响到一个人自制力的形成。比如早晨是按时起床，还是在被窝儿里再躺一会儿，对自己的自制力就是一个小小的考验。积小成大，如果你能在诸如此

类的小事上也不放过对自制力的锻炼,则一旦遇到大事,你就能表现出坚强的自制力来。要自我监督,时常反省。当应该学习又忍不住想看电视时,马上警告自己要管住自己,提醒自己要明白什么是首要什么是次要;当遭到困难想退缩时,就马上告诉自己别懦弱。这样往往能唤起自尊,成功地控制自己。

总结一下你的首要任务和行动,看看你的方向是否正确,每天做些必须做的事,以强化工作习惯。为坚定你的信念和决心,选择一项超出你想象的任务,全身心投入其中并完成它。为此,要求你思维敏锐、行动规律化。坚持下去,你会发现自己能做到的远远超出自己原先预期的。

第四,开动脑筋,控制情绪

如果不开动脑筋,就不可能把事情做好。即使是天才,要想做好事情,也必须充分运用上帝赋予他的才智。剧作家乔治·萧伯纳说:"在一年之中,有两到三次用心去认真思考问题的人不多。我之所以在世界上有点名声,就是因为我每周都认真思考一到两次。"如果你始终让大脑保持活跃,经常考虑富有挑战性的问题,不断思索需要认真对待的事情,你就能培养起有规律的思维习惯,这对于控制你的个人行为将会很有帮助。

著名的作家奥格·曼狄诺说过,"强者与弱者的唯一区别在于,强者用行为控制情绪,而弱者只会任由情绪主宰自己的行为"。衡量一个人自制力强弱的关键,就在于他是否能够有效地控制自己的情绪。

自制的落脚点是自己管理自己、战胜自己、做自己的主人。培养自制的性格,你一定会在将来的生活中体验到它的妙处。

如何培养意志品质

意志是人为了实现确定的目标,而支配自己的行动并在行动时自觉克服困难的心理过程。为了调节行为或克服困难所做的努力，叫做"意志努力"。意志的外在表现，叫做"意志行为"。"意志品质"实际上是对意志强弱的一种表现。意志品质在一个人身上往往是相互渗透相互结合，形成不同的类型。

培养一个人的意志品质，应该注意对自己的自觉性、目的性、果断性、坚持性进行培养。

自觉性并不是天生就有的，是需要后天逐步培养的。这不仅要求你要有兴趣和动机，而且也要有很强的学习能力。在这里，威廉·詹姆斯的有关培养自觉性的理论，会对你有所启发：

一是在形成一种新习惯或摈弃一种旧习惯的过程中，必须注意在开始时具有尽可能强烈的和坚定的积极主动精神。要利用你所知道的一切手段来帮助自己创造成功的开端。二是永远不允许有一次倒退发生，直到新的习惯牢牢地扎根在自己的生活中。三是在前面两条的基础上，要抓住每一个可能的机会去实践你的要求，并造成每一个情感上的鼓舞，只有在决心和渴望产生动力的时候——而不是在它们形成的时候，它们才会向大脑传导一种新的方向。

目的性，显而易见，是指你做事情要有一个明确的目标，这个目标可以是要求你自己做到什么，或者是让你自己成为怎样的人。

所谓果断性是说，你的行为能够在充分思考、认真分析判断的基础上善于明辨是非，具备当机立断，毫不犹豫地采取决定的能力，使行为符合要求。有的时候，果断的决定会带来意想不到的成绩。

中国女子举重运动员唐功红在第28届奥运会举重比赛中，在落后对手7.5千克，并且只剩下最后一次试举机会的时候，果断地把重量一下上升了10千克，她向自己的极限提出了挑战，结果唐功红成功地举起了杠铃，获得了冠军。

正是果断的性格品质，使她获得了成功。

坚持性是要求你能够坚定地做一件事情，不管你会遇到怎样的困难，要

这样做，可以塑造期望的自我

相信："坚持就是胜利！"

其实，要成为一个意志品质坚强的人，有一个非常有用的方法，那就是每天记下你的成长日记，在这个日记中，记录你每一天生活的酸甜苦辣，记住你不同的经历；并对生活进行总结，在认识自己、发现自己的基础上，不断地激励自己，做一个意志品质顽强的人。下面，就举富兰克林的例子，它对人们意志品质的培养很有帮助。

富兰克林在他的自传里表示，他力图帮助他自己，他写道：

> 我的目的是养成所有这些美德的习惯。我认为最好还是不要立刻全面地去尝试，以至分散注意力，最好还是在一个时期内集中精力掌握其中的一种美德。当我掌握了那种美德以后，接着就开始注意另外一种，这样下去，直到我掌握了13种为止。因为先获得的一些美德可以便利其他美德的培养，所以我就按照这个主张把它们像下面的次序排列起来。富兰克林所列举的13种品德以及他给每种品德所注的箴言（自我暗示）如下：

（1）节制。食不过饱，饮酒不醉。

（2）寡言。言必于人于己有益，避免无益的聊天。

（3）生活秩序。每一样东西应有一定的安放地方。每件日常事务当有一定的时间去做。

（4）决心。当做必做，决心要做的事应坚持不懈。

（5）俭朴。用钱必须于人或于己有益；换言之，切戒浪费。

（6）勤勉。不浪费时间，每时每刻做有用的事，戒掉一切不必要的行动。

（7）诚恳。不欺骗人，思想要纯洁公正，说话也要如此。

（8）公正。不做损人利己的事，不要忘记履行对人有益，而又是你应尽的义务。

（9）适度。避免极端。人若给你应得的处罚，你当容忍之。

（10）清洁。身体、衣服和住所力求清洁。

（11）镇静。勿因小事或普通不可避免的事而惊慌失措。

（12）贞节。除了为了健康或生育后代起见，不常举行房事，切戒房事过度，伤害身体或损害你自己或他人的安宁及名誉。

（13）谦虚。仿效耶稣和苏格拉底。

富兰克林进一步写道：

> 接着，按照毕达哥拉斯在他的《金诗篇》里所提出的意见，我认为每日必须检查，因此我想出下面的方法来进行考查：
>
> 我做了一本册子，把每一种美德分配到一页。每一页用红笔画7条横线，分成7行，一星期的每一天占一行，每一行上注明代表星期几的一个字母。我再用红笔画13条竖线将这些横线分成13个小格。在每一格的头上注明每一美德的第一个字母。在这些格子中，我可以记上一个小小的黑点，代表在检查当天该项美德时所发现的过失。

从富兰克林的例子中，你可以看到，正是凭借富兰克林每天主动地记录自己的成长故事以及他的自觉性、目的性，不断总结、不断超越，使他在生活中学到了更多的东西。

也许你觉得富兰克林的13种品德并不是你想要追求的，你完全可以给自己制定你自己独特的原则。这里想告诉你的只是方法，要怎么去做，还看你自己了。按照这里提供的方法和建议，持之以恒，那么你会成功的！

德商靠自我激励来提升

德商是指一个人的道德人格品质，其内容包括体贴、尊重、容忍、宽容、诚实、负责、平和、忠心、礼貌、幽默等各种美德。德商还强调对个人进行有效的自我激励和自我约束，即对自己的思想、情绪、欲望、言语和行为等进行有效的激励和约束。

自我激励是指有效激发优良的思想、欲望、感情、言语和行为，以形成正确的人生观、价值观等；自我约束是指有效控制不良思想、欲望、感情、言语和行为，克制不良的欲望、情绪、习惯和行为。

古人云："道之以德"，"德者得也"。这就是告诉人们，要以道德来规范自己的行为，只有有道德的人，才能体会人生的乐趣、生命的精彩。

在一个人的一生中，"小胜在智，大胜靠德"。古今中外一切真正的成功者在道德上都达到了很高的水平。一个人智商再高，但如果失去了做人的道德标准，他将失去一切。现实生活中大量的事例证明了这一点。

有这样一位老总，是开五金厂的。凡是跟钱有关的东西他都有兴趣，恨不得把所有的钱都装进他的口袋，每个供应商都要自己谈价格，而且经常以供应商送货不准时，或者送来的货与样品有差距而扣款；即使没有问题，他也要鸡蛋里挑骨头来扣一些费用。企业员工在工厂吃饭要收费，每人每月收180元；而他却让食堂把伙食标准定为4元每人每天。半年之后，他工厂所有的技术员都走了，新的技术员又招不到，而且大部分供应商都不同意继续供应原材料。最终，他不得不宣告破产。

一个人如果失去基本的道德品质，那些可以对你提供帮助的人就会渐渐离你而去，而你将丧失人脉。

人的一生需要源源不断的支持才能成功。如果把人生大成比喻成要爬越一面两人高、光滑无比、没有什么东西可以成为支点的墙面时，若想获得大成就需要你的亲人、朋友以及其他的支持者，需要下面有人推你、助你，成为支持你的力量，上面有人拉你、提携你。只有这样你才能跨越人生之墙，达到成功境界。

可是很多人往往是让自己的助力变成了自己的阻力。如果你有很高的德商的话，那身边所有人都会是你的助力；可是当你失去德商的话，你的助力就将成为你的阻力。

据史书的记载，商纣王天生神力、异于常人，能够托梁换柱，倒拽九牛，还能徒手与兽搏斗。此外，他还天赋聪颖，才思敏捷，能言善辩。可见，我们印象中的"暴君"纣王，绝非传统意义上的低智商的"昏君"。

以纣王独有的天赋，本可治理好国家，成就惊天动地的伟业，与祖先商汤、盘庚、武丁等明主一并载入史册，扬名后世。但令人遗憾的是，他的聪明才智未能用到好的地方。具体表现在他一系列"缺乏德行"的行为中：荒淫无度，宠信妲己，建造"酒池肉林"；凶残成性，创立炮烙、虿盆等多种残酷刑法；残害忠良，就连自己的叔父比干也要"挖心"而后快。总之，纣王的所作所为真是人性泯灭，罄竹难书，因而在周武王起兵伐商后，早已恨透纣王的平民和奴隶们纷纷阵前倒戈。纣王见大势已去，便自焚身亡，商王朝也随之覆灭。至此，纣王终于在史册上稳坐"首席暴君"的头把交椅。

天时、地利、人和这治天下的三大要素商纣王原来都拥有了，但由于自

第四章 提升品质：练好内功，铸就人格魅力

己"德行不够"以致众叛亲离,国破家亡。可悲兮,应然哉!德商是人的立人之本,是成功道路上不可缺少的基石,拥有了较高的德商才能拥有自己的人脉,为成功的人生道路铺上坚实的基础。

欲成功,你需要高的德商;要提高自己的德商,你必须光明磊落、心地纯洁、公正无私、宽厚仁爱。只有这样你才能真正拥有健康、成功和幸福。

人生的发展规律是:高尚的道德形成高尚的品格,形成高尚的事业,形成高尚的命运。否则,没有高尚的道德,便没有高尚的品格,便没有高尚的事业,便没有高尚的命运。

我国著名教育家陶行知先生说:"千学万学,要学会做人。"我国古代圣人们也告诉人们:德高才能望重。我国最著名的高等学府清华大学的校训是:自强不息,厚德载物。意思就是说:道德是人生的基础,以后人生发展的每一步,都跟我们是否有高尚的道德有着直接的关系。

隋炀帝杨广就是很典型的例子。杨广是隋文帝杨坚的第二个儿子,年少好学,善诗文,著有文集55卷。开皇元年(公元585年),年仅13岁的杨广被封为晋王,做了并州的总管,拱卫京城。随后,杨广亲率军队统一国家,组织修建畅通国脉的京杭大运河,亲自开拓、畅通丝绸之路,开创科举,修订法律。不可否认,杨广真的是才华出众。但有才的杨广总不免恃才傲物、我行我素,由于缺少道德监控和自我约束,导致他后来做出大逆不道的弑父篡位之举。成为皇帝后,他过度沉迷于享乐之中,无心治国,走上了荒淫无道、自取灭亡的不归路。

唐太宗说:"以铜为镜,可以正衣冠;以史为镜,可以知兴亡;以人为镜,可以明得失。"所以,有才无德之人既让人感到可怕,又让人觉得可惜。这种德商非常低的人虽然不多，可一旦他们掌握了权力便会贻害无穷。

其实，一个人是否能成功，智力因素往往仅占20%，而另外起作用的80%是人格因素。良好的品德是人格的重要组成部分。如果忽略了品德培养和健康人格的构建，就容易出现一些智商很高、成就很小的人，甚至有的智力优秀的人成了"歪才"、"邪才"。

真正大成的人，是道德与智慧并存的。德商的高低决定着人生的成败。德商高，你的人生之路就成就非凡；德商低，再有才智也可能一事无成。你可能在别的地方听说过：人脉等于钱脉，可什么是决定你人脉宽窄的因素呢？德商的高低就是决定着我们人脉宽窄的最重要的因素。

台湾的首富王永庆先生9岁丧父，16岁的时候在台湾南部嘉义县开了他人生第一家米店。王永庆的小店开张后没有多少生意，原因是隔壁的日本米店具有竞争优势，而城里的其他米店又拴住了别的顾客。于是王永庆先生决定降价销售，来吸引顾客。可是当他把米价调到每斗比别人便宜一两块时，他的小店还是没有生意。只有一个人在他那里买米，这个人是他父亲以前的朋友。他对王永庆说："我之所以买你的米，不是因为你的价钱比别人便宜，而是我相信你父亲的为人。"此时王永庆的米店遇到了极大的困难。可就在这时候，他意识到，店里唯一的顾客是靠死去的父亲吸引来的，这使他想通了一个问题，那就是：顾客买东西更在乎店主为人，而不是价格。当时的大米加工技术比较落后，出售的大米掺杂着米糠、沙粒和小石头，买卖双方都是见怪不怪。可是王永庆当时却把他店里卖的所有的米中的米糠、沙粒和小石头挑得干干净净，每天他自己都要挑到凌晨一两点钟。这在当地引起了不小的轰动，一来二往，他的米店成为当地生意最红火的米店。

这样做，可以塑造期望的自我

在一个人的事业发展中，如果能够像王永庆一样，拥有良好的德商，就等于为自己的事业打好了坚实的基础。

在社会生活中，人际关系常常表现为一种感情上的联系和心理上的相互吸引。无论是谁，在社会交往中德商越高，建立起来的人际关系就越好，他的朋友就越多，就越能使自己得到温暖、勇气，增加自己的智能和力量。

一个人之所以能拥有很好的人脉，是因为他的人格魅力征服了身边的朋友，人们愿意与这样的人成为朋友。你我都一样，都希望能结交诚实、守信、道德高尚的朋友，而不喜欢与小人做朋友。有些人即使与你偶尔相识，只有一面之交，也能引起你的注意，使你喜悦。他能打动你，使你善待他们，原因只有一个，他拥有良好的道德品质。

所以，德商高的人就能拥有高尚的品格，继而拥有高尚和宽广的人脉。

宽容精神让你更有魅力

法国大作家维克多·雨果曾经说过："世界上最宽阔的是海洋，比海洋更宽阔的是天空，比天空更宽阔的是人的胸怀。"

宽容，能化解人与人之间的恩怨；宽容，能使事业发达；宽容，能使国家繁荣昌盛。让我们学会宽容，让民族、让国家更加兴旺发达吧！宽容是一种豁达的风范，一个器量狭窄、无法宽容别人的人是不受欢迎的。中国自古就提倡"君子有容，其德乃大"，"不责人小过，不发人阴私，不念人旧恶。三者皆可养德，亦可以远害"。

宽容待人，就是在心理上接纳别人，学会接受别人的短处、缺点和错误，这是理解和尊重别人的原则。宽容是人和人之间必不可少的润滑剂。宽容和诚实、勤奋、乐观等价值指标一样，是衡量一个人气质涵养、道德水准的尺度。宽容别人是对对方的一种尊重、一种接受、一种爱心，有时候宽容更是一种力量。

有人认为，宽容是懦夫的行为，这种想法就大错特错。懦夫是自己的利益受到伤害而不敢抗争的人，贪生怕死，为敌卖命的人才是懦夫。懂得宽容的人，是从大局出发，考虑全局利益的人。

> 清朝宰相张英与叶侍郎比邻而居，因叶家无理霸占张家三尺地方，张家就写信给在外的张英，张英回复道：千里家书只为墙，再让三尺又何妨，万里长城今犹在，不见当年秦始皇。张家按信中的意思退后三尺，叶家也惭愧地退后三尺。事实足以证明，宽容能化解人与人之间的恩怨。
>
> 有一位业务员，外出时丢失了手提包，里面除了一些钱物，还有公司的公章。当他既内疚又担心地站在总经理面前，讲完所发生的事情后，总经理笑着说："下次注意就行了，正好你用的手提袋太破了，我再送你一只吧。你以前的工作一直非常出色，公司早就想对你有所表示，但一直没有机会，现在机会终于来了。"那位总经理没有暴跳如雷，却用宽容的态度处理了这件事，使业务员心怀感激。后来这位业务员销售业绩越来越好，成为公司举足轻重的人物。但任凭其他公司用多么优厚的待遇聘请他，这位业务员都不为所动。

这就是宽容的力量。宽容本身也是一种沟通，也是一种美德。别人犯了一点错误，你就当众指责；别人有某种难言的隐私，你却偏偏当众揭发令他难堪；别人和你有一点嫌隙，你就时时记着去报复，这些都不是正确的待人之道。即使在生活中，你受到了不公正待遇或自己身边的人做错了什么，千万不要生气愤怒，而应学会宽容。生气愤怒是人类最坏的毛病之一，它是用别人的过错惩罚自己，是一种徒劳的、于己于人无益和无能的表现。

很多时候人的不宽容，是觉得生活对自己不公平。说到底是因为你的逻

辑系统和情感系统不一致。当你做的事情在逻辑上不能被接受,比如帮助别人没有得到感激,比如投入很多没有回报,但是事情已经发生了,就尽量从情绪上进行均衡,这时候你的修养会起到重要的作用。多站在对方的立场上想一想,即使在逻辑上说不通,自己心绪上也会平和。如果不能选择性遗忘,那么宣泄会是个好办法。很多人选择砸东西,砸完后感觉淋漓畅快,因为情绪压力就这么被释放出来了。

很多时候宽容不只是对待别人,也需要对自己宽容,否则容易患抑郁或者强迫症。承认自己的无能和失败,有时候是必然的。心理学中提到内省和外流,用一些弹性的方法来疏导恢复平衡就会好起来。

投之以木桃,报之以琼瑶,把宽容插在水瓶中,它便绽出新绿;把宽容播种在泥土中,它便长出春芽。追求成功的你,学会宽容吧。宽容会让你的德商水平日益提高,互相宽容的世界一定是最和平美丽的。

获得信任铸就信誉

诚信是一种美德,对别人诚信才能获得别人的信任和尊敬,否则你就会一事无成。

日本著名的佛学大师池田大作曾经说过:"一个诚信的人,不论他有多少缺点,同他接触时,心神就会感到清爽。这样的人,一定能找到幸福,在事业上有所成就。这是因为他以诚待人,别人也会以诚相见。"一个人只要真诚地待人处世,就容易获得他人的合作,甚至有人为你吃亏也不在乎。真诚地做人,就容易让人接纳,就能交到更好的朋友。

李开复博士曾经说:"坦诚守信的价值观是人生的基石,是成功的前提。"李博士说得非常有道理。诚信是财富,而且是最宝贵的财富。在这方面进行投资的人,一定会得到丰厚的回报。

有个富翁，渡河的时候翻了船，大喊救命。一个船夫听到喊声，划着小船去救他。船还没到，富翁便说道："快来救我！上了岸我给你100两黄金。"船夫把他救上船，送他上岸，富翁只给了那船夫10两黄金。船夫说："方才你说给我100两黄金，如今只给我10两，怎么能这样！"富翁听了斥责道："你不过是个船夫，一天能挣多少钱？现在一下子就赚了10两黄金，你还不满足？再啰唆，连这10两都不给！"船夫摇摇头走了。不料，只过了一个月，富翁乘船顺江而下，船撞在礁石上翻了，他又落水了。刚好船夫在岸边钓鱼，听到富翁喊救命，他动也不动。有人问他："你为什么不去救他？"船夫回答说："这就是那个没有信用的人。"听了船夫的话，没有一个人愿意去救他，最后富翁被淹死了。

获得众人的信任，铸就自己的信誉，不论你采取何种方法，但笃诚、信用及勤劳是做人做事取得成功的最根本秘诀。

大凡一个成功的商人，一个成功的老板，在创业之初，都需要经受诚信的考验。诚信支撑着生意越做越大，支撑着企业规模越来越大，实力越来越强。

李嘉诚说："一个诚信的开始意味着一个良好信誉的开始，有了信誉，自然就会有财路，这是必须具备的商业道德。就像做人一样，忠诚、有义气，对于自己说出的每一句话、做出的每一个承诺，一定要牢牢记在心里，并且一定要能够做到。当你建立了良好的信誉后，成功、利润便会随之而来。"正因为有了这样的信念，李嘉诚不仅是财富超人，而且被誉为诚信超人。

其实，李嘉诚在创业初期的资金也是极为有限的。一次，一位外商希望大量订货，但提出需要富裕的厂商作保。李嘉诚努力跑了好几天，仍一无着落，但他并没有捏造事实，或是含糊其辞，而是将一切据实以告。那位外商深为他的诚信所感动，对他十分信赖，说：

第四章 提升品质：练好内功，铸就人格魅力

这样做，可以塑造期望的自我

"从阁下言谈之中看出，你是一位诚实君子。不必其他厂商作保了，现在我们就签约吧。"虽然这是个好机会，但李嘉诚感动之余还是说："先生，蒙你如此信任，我不胜荣幸。但我还是不能和你签约，因为我资金真的有限。"外商听了，极佩服他的为人，不但与之签约，还预付了货款。这笔生意使李嘉诚赚了一笔可观的钱，为以后的发展奠定了基础。由此，李嘉诚也悟出了"坦诚第一，以诚待人"的原则，并获得了巨大成功。

做企业要有信誉，做人也要讲诚信，这是做人的根本。对于优秀的企业家来说，他们深深懂得诚信的含义。他们认为，诚信往往能够给自己带来无穷的财富。

日本山一证券公司的老板小池田子说过："做生意成大事者第一要诀就是诚实守信，诚实守信像是树木的根，如果没有根，树木就别想有生命了。"

在许多人心里，认为"老实人吃亏"，"老实就是无用的代名词"，这种偏见是非常有害的。当年大庆油田奉行的企业精神就有"三老四严"之说。其中的"三老"，就是"做老实人，说老实话，办老实事"。无数事实证明，诚实守信的人并不吃亏。

事实证明，播种诚实，可以收获信誉；播种欺骗，只能收获失败。

不要丢掉自己的同情心

什么是同情心？同情是指与观察者情况、情景、情绪相同的感情。比如看到乞讨的残疾人，产生了同情心。这是因为他的可怜触动了你，你设身处地地想到了这种情况的确悲惨，因为你同了他的情，所以产生对他的同情心。

有这样一幕：一位年迈的妇人捧着个瘪口掉瓷的旧碗坐在人行道上，双目无神地望着远方，眼前行色匆匆的人们仿佛只是被风吹落的树叶，无声无息地飘过。然而，就在离她不远处，正有一位老妪，佝偻着腰，一只手费力地拄着拐杖，另一只手哆嗦着从口袋里摸出一个布袋，解开袋口的绳子，摸出一元钱，颤颤巍巍走向那个和她一样已是风烛残年的老妇人。

"老吾老以及人之老，幼吾幼以及人之幼"，是个很高的境界。所以建议大家，千万不要丢掉自己的同情心，否则你的道德指数就只能在一个很低的水平徘徊。同情心不是廉价的，同情值得同情的人，帮助值得帮助的人。同时，能善待自己的家人，善待自己身边的人，就是善良的人。

培养同情心，就是要做到与周围的事物的情况、与周围的人的情绪相吻合，达到一种和谐的状态，并不是以个人主观的心去看待周围的世界。以回归自然，顺乎社会的方式来考虑问题，那一瞬间超越了公私的概念，这样想问题，就不会因为私心而做出不益于人类的事。

然而如何做到这一点呢？心学说是"致良知"，说白了就是遵从你内心的想法。举个例子，小孩子听到打雷害怕地哭泣，而大人通常是不会的。因为大人知道这没什么，即使响声吓人，也不至于会哭。然而小孩子没有那么多知识，听到了莫名响动，顺从自己害怕的心情就自然而然地哭泣。这个哭泣是最自然的，对自己的害怕情绪没有进一步思考，做了出来。这就是最好的，即"致良知"。这并不是鼓励大家听到打雷就必须要哭，而是要告诉人们在做一件事情时遵从那一瞬间想到的第一个念头。如果听见打雷连害怕这个念头都没有，那就是没有良知。

"初念是圣贤，转念是禽兽"这话说得极端，但也是有道理的。那个不加修饰的念头，是最真诚的念头，自己都不知道为什么会有这个念头。然而当你开始思考时，就或多或少加上了私念，或许私念是为了无私。但是这个有"私"已经确立了下来，已经不是最真诚的想法了。看到小孩子溺水，第一反应是要救，然而转念想会不会是仇家的孩子？这一迟疑就失掉良知。如果依照救人的第一反应跳下水，这就是"知行合一"。

遵从内心最真实的想法，就是对外物最真实的感知，就是同情心，也是良知。

学会感恩与爱同行

感恩,在人们的脑海中是一个饱含泪水的词。学会感恩,亲情变得愈加温暖;懂得感恩,友情变得更加紧密;有了感恩,社会变成美好的人间,恩与爱是好朋友,学会了感恩,你便能与爱同行。

基督教感恩节的最初宗旨是感谢神的,由此延伸到尘世间的感恩。可以肯定,我们每个人都应该学会感恩,每个人都应该有颗感恩的心。

人,是需要感恩的,对于世间万物,心存感恩,就能像大海一样有自净能力,就能看清有多少事物值得珍惜,并有勇气去负起责任,社会才得以和谐发展。作为自然的人和社会的人,人们受到的恩惠实在是太多了。

父母给你以生命,历尽艰辛养育你,给你以呵护和温暖,使你得以成长,当然应该感恩;先人创造了灿烂的民族文化,成为你思想和精神发展的沃土,应该感恩;革命前辈浴血奋战,创建了今天的家园,应该感恩;那些在黑暗的、令人呼吸不畅的矿井里劳动的煤矿工人和高温车间里的电厂工人们应该感恩……这些应该感恩的人,列举下去,可以是无穷尽的。

滴水之恩,涌泉相报。知恩图报是顺理成章的事。施恩者所以不望报,在于他们自认只是履行应尽的责任,应尽的义务,应作的奉献。受到恩惠的人所以要感恩,是懂得亲人、社会、国家为自己做了很多。

有了感恩的心,即使你遭受挫折,受到某些不公正的待遇,碰到一些无法逾越的障碍,也不会怨恨失望,更不会自暴自弃。

很多人以为,"感恩"就是"感谢恩人",就是感谢于己有大恩大德的人。事实上,感恩是一种生活态度,一种能否从生活中发现真善美的习惯。

感恩是积极向上的思考和谦卑的态度,它是自发性的行为。当一个人懂得感恩时,便会将感恩化做一种充满善意和爱意的行为,实践于生活中。一颗感恩的心,就是一粒和谐的种子。因为感恩不是简单的报恩,它是一种责任、自立、自尊和追求，是一种成就阳光人生的精神境界。其实，有时候感恩只是一个不经意的手势，几秒钟的等待，几厘米的宽度；有时候感恩只有两个字的分量。当你学会感恩，就会对社会多一份信任，少一份猜疑；多一些宽容和理解，少一份指责与推诿；多一些和谐和温暖，少一些争吵与冷漠。当人人都怀有感恩之心、感激之情，社会就会更加温馨与和谐。

感恩，不是压力，不是桎梏，更不是负担和债务，而是催人向上的动力。你从父母和师长那里学会感恩，你还要教给你的孩子学会感恩。在感恩的心情中，你定将成为更健康、更完整、更完美的人。

怀有一颗感恩的心，不是简单的忍耐与承受，而是以一种宽宏的心态积极勇敢地面对人生。一个人要学会感恩，对生命怀有一颗感恩的心，才能真正快乐。"羊有跪乳之恩"，"鸦有反哺之恩"，"赠人玫瑰，手有余香"，"执子之手，与子偕老"，因此只有怀着一颗感恩的心，你的生命才会芬芳馥郁，香泽万里。

一颗感恩的心需要用生活来不断滋养。感恩生活带来的挫折与磨难，感恩生活让挫折磨炼你的意志，让苦难锤炼你的品质，使你更深刻地理解生活，让你学会了勇于面对生活的种种考验。当你用放大镜看待生活为你带来的快乐和喜悦，而用细微的视觉观察生活中的挫折和磨难时，感恩的心就会常驻你身边。

肩负起你应有的责任

虽然价值取向日益多元化是社会发展进步的一大贡献，但在搞活经济的同时，不应该忽视对基本道德规范及标准的维护与遵守。世间总有一些东西不容亵渎和僭越，比如正直和善良，比如爱心和奉献，比如责任和义务……任何一种事业都需要用强烈的责任心作为支撑，那些最有成就的人往往也是最有责任感的人。

这样做，可以塑造期望的自我

在从事一定工作的人应当具备的品质中，责任感，是那样朴素而又十分可贵。忍着病痛走访贫苦百姓的焦裕禄，迎着洪水探察灾情的张鸣岐，以微薄收入供养藏族孤儿的孔繁森……先进人物的思想和事迹，无不具有一个共同的特点，就是对国家、对人民、对事业有着高度的责任感。"不患无策，只怕无心。"一个人的学识、能力、才华很重要，但缺乏责任感，就不堪大用。即使小用，也令人担心。

有没有责任感，是对一个人的基本要求。不管在工作还是生活中，有责任感的人能够对自己做出的事情负责，能够不遗余力地完成属于自己的任务。同时，责任感也反映了一个人的精神境界。我们一般可以看出，有责任感的人，绝不是个人中心主义者，他人的、集体的、国家的利益总是先于自己的利益。在家庭生活中，他们孝敬父母，呵护家人，毫无怨言地挑起最重的担子。在社会生活中，他们对属于自己的义务总是全力以赴，从不会袖手旁观或推给别人。责任感也是一个人的思想品德的表现。有责任感的人，他们的价值观是在帮助别人获得幸福中得到满足，而他们自己却少有索求，因而表现在实际行动中，有责任感的人总是顾全大局、忍辱负重、任劳任怨、助人为乐、谦逊礼让。他们表里如一，心境澄明，人前人后一个样，有无名利一个样。他们从不追名逐利，但对于失误、不足却又不推诿、不塞责。

经验告诉我们：凡是那些为他人、为社会、为国家做了好事而又不期望得到回报的人，通常也是会以高度负责精神投入工作的人。人们都熟悉的白衣天使南丁格尔，她的伟大来自平凡。她把护理工作看成是一种关乎人的尊严乃至人类文明的神圣事业，而这些恰恰是通过诸如采光、通风、消毒、伙食、卧具等细致周到的关爱体现出来。责任感不仅仅表现在大的方面，责任感落实到日常工作中是责任心。

在工作中有责任心的，从不会忽略工作中的小事。系于责任就没有小事。因为没有处理好铁轨上的一颗道钉而使一列火车倾覆，因为没有检查到扔出的烟头是否熄灭而毁掉一片森林,因为随意的一张处方而耽误了一个人的生命,这些人对小事没有足够的重视,没有尽到自己应有的责任心。这样的人你敢对他委以重任吗?

现实生活中,缺乏责任感的人到处都是。有些人把应承担的责任抛于脑后。对待父母看到的是父母的财产,是父母的劳动力,是父母的可为之服务的人际关系,是父母的可供之使用的"使用价值",而从未想到"子生三年,然后免于父母之怀",自己成长包含父母艰辛,从而尽自己应尽的反哺的历史责任,而且对父母大呼小叫、随意呵斥,饭来张口,衣来伸手还不够,还嫌父母给的钱少。谈恋爱,叫做"玩"朋友,将纯真的爱情变成可为之猥亵的玩物,甚至变为只用以满足动物性欲需要的行为,今天交一个女朋友,没过两天又换了一个,交往没几天就住在一起,出了事情却甩手不管,这样的人根本谈不上"两情若是久长时,又岂在朝朝暮暮"的纯洁感情,从而也谈不上终身伴侣间彼此相应承担的庄严的社会责任。对朋友、对邻居、对同事,无信不义,尔虞我诈,什么管鲍之交,什么伯牙之情,什么"义薄云天",视为可笑,答应朋友的事情总是在推诿,对邻居、同事,总是能蒙就蒙,能骗就骗,不断食言。一言以蔽之,一切以自我为中心,以"人不为己,天诛地灭"为准则来行动。这样的人是不会在生活中、工作上有什么成绩的,他们的存在对社会也是无意义的。

责任心对人们提升品质十分重要。所以说,责任感的培养,应该包含着以下几方面的内容:

第一,目标坚定

知道自己所求为何物,是第一步,而且也许是培养恒心毅力最重要的一步。强烈的动机可以驱使人超越诸多困境。

第二，渴望

追求强烈渴望的目标，相形之下是比较容易有恒心毅力，并坚持到底的。

第三，自立自强

相信自己有能力执行计划，可以鼓舞一个人坚持计划不放弃。

第四，计划切实

即使是不太扎实的计划，不够实际的计划，都能鼓励人坚忍不拔，何况切实可行的计划！

第五，正确的知识

知道自己的明智计划是有经验或以观察为根据，可以鼓励人坚定不移；不知情而光是猜想，则易摧毁恒心毅力。

第六，合作

和他人和谐互助、彼此了解、声息相通，容易培养恒心毅力。

第七，意志力

集中心思，拟构确切目标，可以带给人恒心毅力。

第八，习惯

恒心毅力是习惯的直接产物。人们会吸引滋长心智的日常经验，并且化身为其中的一分子。可以用强迫自己采取行动的方法，来对抗最大的敌人。

培养恒心毅力成为习惯，有四个简易的步骤。这些步骤不需用到大量的智慧，也不必用到教育的背景，只要用一点点时间，或下一点点的工夫。一是有热切渴望，支持自己实现确切的目标；二是以连贯行动执行确切的计划；

三是不为负面消息丧气影响牵动的心，包括亲友故旧的负面暗示；四是和一名以上鼓励自己执行计划追随目标的人建立友好的盟谊关系。

提升你的意志力

罗素·康维尔博士说："古往今来，对于成功秘诀的谈论实在是太多了。但其实，成功并没有什么秘诀。成功的声音一直在芸芸众生的耳边萦绕，只是没有人理会她罢了。而她反复述说的就是一个词——意志力。任何一个人，只要听见了她的声音并且用心去体会，就会获得足够的能量去攀越生命的巅峰。"

有一天，一位走钢丝的杂技演员签了一份协议，要在指定的一个日子表演在两座二十几层的大厦间走钢丝。但是，签订协议不久他的腰疼病就发作了。于是他告诉医生必须在某一天前把他治好。否则的话，他不仅会失去应挣的钱，而且会被罚大笔钱。

但是，他的病情并不见好转。临表演前的最后一天晚上，医生与他争辩。激烈地反对他第二天去走钢丝。第二天早晨，他的病情仍没有什么起色，医生禁止他下床。但他最终并没有听医生的意见。他按时赶到现场。

在走钢丝的前几分钟，他的腰都很疼。他准备好长平衡竿，沿着钢丝索前进。虽然腰疼使他大汗淋漓，但结果，他的这次表演像以往的任何一次表演一样，很顺利。

医生问他是什么使他在犯腰痛病的情况下完成了走钢丝的表演。他的答案非常简单，就是他的意志力。

这样做，可以塑造期望的自我

一个人的意志力代表着他生活或做事的方式，意志引导着自己，也指挥着人身体的其他部分。

所谓意志力，首先是指面对某一个决心要完成的工作时表现出来的精神力量。一个人拥有强大的意志力，意味着他通过意志力本身、通过自己的身体或通过其他的事物，能够利用巨大的内在能量来实现自己的目标。这就是爱默生所说的，意志力是"鼓舞士气、振奋人心的冲劲"。

从这个意义上说，人的意志力可以比作充电电池，其放电能量的大小取决于它的容量和它的疏导系统。它可以积聚很多的能量，在恰当的操作下可以释放出强劲的电流。在某个事件或者某种特殊的情况刺激下，一个人可能会表现出巨大的意志力，而由这种意志力又引发了超常的能量。因而，意志力可以被看做是一种积累起来的能力，一种在量上能够增加、在质上能够提高的能量。

对于每一个要克服的障碍，都离不开意志力；面对着一个艰难的决定，人们所依靠的是内心的力量。事实上，意志力并非是生来就有或者不可能改变的特性，它是一种能够培养和发展的技能。

第一，积极主动

不要把意志力与自我否定相混淆，当它应用于积极向上的目标时，将会变成一种巨大的力量。

美国东海岸的一位商人知道自己喝酒太多，然而他从事的是一种很烦人的工作，而在进餐前喝几杯葡萄酒似乎能让紧张的心情得到放松。可酒和累人的活又使得他昏昏欲睡，因此常常一喝完酒便呼呼大睡。有一天，这位经理意识到自己是借酒浇愁，浪费时光。于是他决定不再举杯，而是把时间用在交易上。刚开始时不习惯，常常想起那香气四溢的葡萄酒，但他看到自己现在所做的事将有所得而不是有所失，他就坚持不懈。后来的事实证明，他越是少喝酒，工作起来的干劲也就越大。

主动的意志力能让你克服惰性，把注意力集中于未来。在遇到阻力时，想象自己在克服它之后的快乐；积极投身于实现自己目标的具体实践中，你就能坚持到底。

第二，下定决心

美国罗德艾兰大学心理学教授詹姆斯·普罗斯把实现某种转变分为四步：一是抵制不愿意转变；二是权衡转变的得失；三是靠行动来实现转变；四是用意志力来保持转变。

有的人属于"慢性决策者"，他们知道自己应该减少酒量，但下决心时却优柔寡断，结果无法付诸行动。为了下定决心，可以对实现自己的目标规定期限。

第三，目标明确

普罗斯教授曾经研究过一组打算从元旦起改变自己行为的实验对象，结果发现最成功的是那些目标最具体、明确的人。其中一名男子决心每天做到对妻子和颜悦色、平等相待。后来，他果真办到了。而另一个人只是笼统地表示要对家里的人更好一些，结果没几天又是老样子，照样吵架。

不要说诸如此类空空洞洞的话："我打算多进行一些体育锻炼"或"我计划多读一点书"。而应该具体、明确地表示"我打算每天早晨步行45分钟"，或"我计划一周中一、三、五的晚上读一个小时的书"。

第四，权衡利弊

如果你因为看不到实际好处而对体育锻炼三心二意的话，光有愿望是无法使你心甘情愿地穿上跑鞋的。

普罗斯教授对以往在他那儿咨询的人劝告说，可以在一张纸上画好四个格了，以便填写短期和长期损失和收获。假如你打算戒烟，可以在顶上两格上填上短期损失："我一开始感到很难过"和短期收获："我可以省下一笔钱"；底下两格填上长期收获："我的身体将变得更健康"和长期损失："我将失去一种排忧解闷的方法"。通过这样的仔细比较，聚集起戒烟的意志力就更容易了。

第五，改变自我

光知道收获是不够的，最根本的动力产生于改变自己形象和把握自己生活的愿望。道理有时可以使人信服，但只有在感情因素被激发起来的时候，自己才能真正加以响应。大量的事实证明，好像自己有顽强意志一样地去行动，有助于使自己成为一个具有顽强意志力的人。

第六，坚持到底

俗话说"有志者事竟成"，其中含有与困难作斗争并且将其克服的意思。普罗斯在对戒烟后又重新吸烟的人进行研究后发现，许多人原先并没有认真考虑如何去对付香烟的诱惑。所以尽管鼓起力量去戒烟，但是不能坚持到底。当别人递上一支烟时，便又接过去吸了起来。

如果你决心戒酒，那么不论在任何场合里都不要去碰酒杯。倘若你要坚持慢跑，即使早晨醒来时天下着暴雨，也要在室内照常锻炼。

第七，逐步培养

如果规定自己在三个月内减肥25千克，或者一天必须从事三个小时的体育锻炼，那么对这样一类无法实现的目标，最坚强的意志也无济于事。而且，失败的后果会将自己再试一次的愿望化为乌有。在许多情况下，将单一的大目标分解成许多小目标不失为一种好办法。

坚强的意志不是一夜间突然产生的，它是在逐渐积累的过程中一步步地形成。中间还会不可避免地遇到挫折和失败，必须找出使自己斗志涣散的原因，才能有针对性地解决。

实践证明，每一次成功都将会使意志力进一步增强。如果你用顽强的意志克服了一种不良习惯，那么就能获取与另一次挑战决斗并且获胜的信心。每一次成功都能使自信心增加一分，给你在攀登悬崖的艰苦征途上提供一个坚实的"立足点"。或许面对的新任务更加艰难，但既然以前能成功，这一次以及今后也一定会胜利。

崇尚淡泊宁静的人生

生活需要拥有一份恬淡宁静的心情，一颗自由的心，一份简单细致的人生态度，用最自由的状态去演绎生命的真谛。人只要有了淡泊宁静之心，想法简单了、淡定了，才不会为尘俗所迷，为物欲所困，为诱惑所动。

淡泊是一种从容，是对人生和世界深彻感悟的一种超越，人生在世，会被太多的事情所羁绊，很难达到宁静的意境。人一沾上了名利就很难宁静，无法淡泊。

宁静是宝贵的，它会放飞自己的思绪，在无垠的宇宙中遨游。宁静是瞬间的定格，给了你一生的难忘。宁静是一份情趣，会让你感到生活的美好和大自然的情趣。"乳燕雏莺弄语，有高柳鸣蝉相和。骤雨过，珍珠乱撒，打遍新荷。"虽然是白天才能目睹耳闻的情景，却在内心深处享用着上帝恩赐的一份宁静。至简、至淡是一种大辩若讷的成熟，是一种超脱无我的禅心。它不

这样做，可以塑造期望的自我

是简单的无为无欲，更不是甘于平庸，不思进取，它是对物欲事理的一种适度取舍。面对红尘喧嚣，面对繁华诱惑，用一份平静与从容来面对生活，得之淡然，失之坦然。在人生旅途上，少一份圆滑世故，便多一份清纯典雅；少一份对功名利禄的执著，便多一份坦然自在。

生活需要磨炼，人生更需要顿悟。芝兰生于幽谷，不因无人问津而不劳，梅花开于墙隅，不因阳光不照而不香，流水绕石而过，不因山石之阻而纷争，这是一种淡定的宁静；高山无语，深水无波更是绚烂至极归于素净质朴，宁静深沉的境界。真实的淡泊是对自己人格与情操的冶炼，是在纷扰的尘世中物我两忘，是一种内心的祥和，也是一种深入的淡定，它是对人生的深层领悟，是人生境界的极致。

大千世界，芸芸众生，世世代代，各路英雄豪杰，对世间万物交相辉映难以分割，必然会有烦恼而生，在这其中，最大的对手和敌人就是自我。遇事难以用平常心对待，自我折磨，自我封杀，痛苦不堪。

生命仅是个过程，一个转瞬即逝的过程，短暂得如苍穹中的一个飞快的流星，曾经，不管你握得有多紧，最终都会失去。生活的真正意义就在于好好珍惜曾经和正在拥有的，努力创造和追求即将拥有的。你选择不了生命，但你可以选择走过的方式，在喧嚣中，独守一片平淡，在繁华中，坚持一份简单，不为眼前功名利禄而劳神，不惊荣辱，不计较得失，宁静从容，你就会活得轻松，活得充盈，活得有滋有味。

其实人生经历沧桑不是坏事，而是财富。就像淬火原理，钢铁需要无数次的烧红，锤打，再浸入冷水冷却，反复多次才锤炼成钢。不然只经一次烧红经水一击必然断裂。人也是一样的反复次的打击—站立—跌倒—爬起，最后会迎风而起，真正地笑傲江湖。把一切看得平淡一些，寻求心静的港湾。再富有的人也是一日三餐，再贫穷的人也要活着。不要羡慕别人的成就，自己努力就好，真正做到遇事不惊，处事不乱，常保持平常心态，心中存有淡泊，午阳下可以赏兰，闹市中可以安步，岂不美哉！

信念是希望成功之本

人是为什么而活？又是什么在支撑着人们努力奋发？其实，这不过就是两个字——信念。

信念的力量是伟大的，它支持着人们生活，催促着人们奋斗，推动着人们进步，正是它，创造了世界上一个又一个的奇迹。

四川汶川大地震中被埋在废墟下100多个小时仍然被活着救出的人们，哪个不是凭借顽强的信念努力着，最后创造了一个又一个的生命奇迹，让人们无不为之感动、钦佩。反之，一个人若是没有了信念，即使他活着又怎样，还不是与活死人无异！

由此可见，信念的力量是多么的伟大！信念的力量便是生命的源泉，在它的帮助下，人生路上，又有什么能够与之抗衡呢？

"夸父追日"的故事人尽皆知，家喻户晓．我想对于这件事一定有着许多不同的看法。最为集中的莫过于以下两种了，一种认为他真傻，明知追不到，又何必如此费力，真是何苦来哉啊！一种认为他真棒，一直坚持不懈地追求着自己的信念，他是人类的楷模。这是两种截然不同的思路，而后者具有积极意义：夸父是个英雄，为生命，为目标，为信念而牺牲的英雄，即便最终他没有追上太阳，可是他努力的过程，他所流下的汗水，他所踏过的足迹都深深地印刻在世人的心中。

"夸父追日"是一段不朽的神话！从古至今，多少文人骚客都写下了许多经久不衰的著作，那可是无价可比的精神食粮啊！每一词，每一句都无不透露着诗人们对生活的信念。即使被贬官，却依旧洒脱地呼喊："安能摧眉折腰事权贵，使我不得开心颜！"何等的傲骨！作者李白为了他的信念而抗拒强权，

第四章 提升品质：练好内功，铸就人格魅力

成了一代豪客。为了追求,为了信念,物质又算得了什么?功名利禄又值几个钱?你的心灵之所以不寂寞,你的精神之所以充实,因为你拥有了人生的信念!

有人会问:"信念是什么?"是啊,信念是什么呢?"信念是牺牲,是永恒的坚持。"尝遍百草的李时珍在山林田野里执著地回答。"信念是勇气,是与困难搏斗的坚强毅力。"简·爱在荒无人烟的沼泽地上如是说。"信念是永不放弃,是执著的追求。"爱迪生在实验室里用自己的行动作了回答。

其实信念很简单,它从不奢求你太多,它不要金钱,不要名誉,要的只是你的关注,你的坚持不懈。苏轼说过,"古之成大事者,不唯有超世之才,亦有坚忍不拔之志。"苏轼的父亲苏洵从27岁时才开始刻苦读书,最后依然跻身于"唐宋八大家"的行列,凭的是什么?就是信念,是必胜的信念!当运动员在比赛中,挥洒着汗水的时候,他们的心中念叨的是什么?是"我要夺冠"的信念!当消防员在大火中穿梭时,他们心中有的不是恐惧而是"一定要控制火势,拯救更多的生命"的坚强信念……

是啊,信念对人是多么的重要,它能为你的心支撑起一整片天空。信念是走向成功的第一步,缺乏信念就等于放弃成功。高举信念之灯照亮成功的征程吧!

第五章 掌控情绪：学会操纵情绪的转换器

成功者掌控自己的情绪，失败者被自己的情绪所掌控。处理情绪问题的关键是学会对各种情绪进行调适，将其控制在适当的范围内。这一章针对不同情绪制订了保持情绪健康的综合方案，提出了行之有效的情绪掌控方法和技巧。

掌控情绪的一般原则和技巧

情绪是流动、易变的心理现象，所以文学家有时拿它与火或水相比。认为情绪犹如火，太大则会烧毁一切，把它们化为乌有，太少则会使人间温暖尽失；又认为情绪犹如水，量适当则可浮舟，量太大，流动太凶猛则会覆舟，你的情绪表达也不能极端。一个人若能守住中庸，把情绪表达得适当，则称他为情绪稳定，心理健康的人。由此可见，情绪掌控尤为重要。

就以上的认识而言，情绪本身并没有好坏之分，它是你适应社会的一种心理生理活动。但因为情绪的不当表达对你身心健康、自身发展和社会进步有不利影响，所以你要学会去调节和掌控情绪的发生发展。

对情绪的管理不是要去除或压制情绪，而是在觉察情绪后，调整情绪的表达方式。心理学家认为情绪调节是个体管理和改变自己或他人情绪的过程，在这个过程中，通过一定的策略和机制，使情绪在生理活动、主观体验、表情行为等方面发生一定的变化。这样说，情绪固然有正面有负面，但真正的关键不在于情绪本身，而是情绪的表达方式，以适当的方式在适当的情境表

达适当的情绪,就是健康的情绪掌控之道。

我们来看这样一个例子:

> 一天,美国陆军部长斯坦顿来到林肯那里,气呼呼地对他说一位少将用侮辱的话指责他偏袒一些人。林肯建议斯坦顿写一封内容尖刻的信回敬那家伙。"可以狠狠地骂他一顿。"斯坦顿立刻写了一封措辞强烈的信,然后拿给总统看。"对了,对了。"林肯高声叫好,"要的就是这个!好好训他一顿,真写绝了,斯坦顿。"但是当斯坦顿把信叠好装进信封里时,林肯却叫住他,问道:"你干什么?""寄出去呀。"斯坦顿有些摸不着头脑了。"不要胡闹。"林肯大声说,"这封信不能发,快把它扔到炉子里去。凡是生气时写的信,我都是这么处理的。这封信写得好,写的时候你已经解了气,现在感觉好多了吧,那么就请你把它烧掉,再写第二封信吧。"

人不可能永远处在好情绪之中,生活中既然有挫折、有烦恼,就会有消极的情绪。一个心理成熟的人,不是没有消极情绪,而是善于调节和控制自己的情绪。青少年在成长的过程中,也要慢慢学会学会调节和控制自己的情绪。这并不是说要压抑自己的消极情绪。心理学研究表明,"压抑"并不能改变消极的情绪,反而使它们在内心深处沉积下来。当它们积累到一定程度时,往往会以破坏性的方式爆发出来,给自己和他人造成伤害。比如你常会看到一些"好脾气"的人,有时会突然发火,做出一些使人吃惊,或者让他自己也后悔的事来,这往往就是平时压抑的结果。同时压抑还会造成更深的内心冲突,导致心理疾病。

一般来讲,在掌控情绪的过程中,你可以把坏情绪分为急性的和慢性的两种。因受到外界刺激而冲动发火,做出种种不理智的行为,可以说是急性的坏情绪。对付这种坏情绪常用的方法是，及时给予自己暗示和警告。如当你感到怒气正在上升时，在心里对自己说：克制，再克制！或者默默地从 1 数到 10。往往只需几秒钟、几十秒钟，你的心绪就能够平静下来，那时再去处理问题，就不会做出使自己后悔的事了。

慢性的坏情绪，往往是由生活中许多不如意的事情造成的。造成坏情绪的原因也许不能一下子消除，但长期陷在坏情绪之中，并不能改变现状，往往还会使情况变得更坏。如果你能够调整自己，使自己摆脱消极情绪的控制，就有力量来面对不如意的现实。当感到自己情绪消沉或者沮丧的时候，可以用转移注意力的方法改变它，比如出去散散步，听听音乐，打打球，或是逛逛商店；也可以向知心的朋友哭诉一下。心理学研究表明，哭泣有一种"治疗"的功能。人在痛哭一场后，往往心情就变得好多了，因此你不必为哭泣而害羞。你也可以写日记，或打个心理咨询热线，让自己的坏情绪宣泄出来。除了宣泄以外，如果你能够为改变自己的处境而去做些事情，或者以逆境为人生的动力去努力奋斗，就会更好地帮你从消极的情绪中摆脱出来，因为一方面做事的过程需要集中注意力，让你没时间去自怨自艾；另一方面，在你的处境得到改善的过程中，你的眼界会变得更开阔，从而可能使你对生活产生新的看法。

针对急性的坏情绪或慢性的坏情绪，应该运用以下技巧加以掌控。

第一，尽可能地变化生活环境

环境对于人而言，不能直接地将人引入积极的情绪状态，它对人的作用更主要的是帮助你营造良好的心境，这种好的心境是积极情绪发生的必要场所。一般而言，较大的空间对于人而言总是有利的，因为物理空间和心理空间是有直接联系的。通常人们都不喜欢太过于拥挤的地方，外界空间的拥挤会导致人的烦恼和压抑。心理学家对于这种心理空间和物理空间的微妙联系无法做出解释，更多的是将之归为类似于动物划分领地而互不侵犯的本能行为。由此可见，人们对于大海、草原或各种各样荒无人烟的地方的喜爱是十

分有道理的。

对于你而言，没有时间也不可能经常去这样的地方，因此你可以通过改变环境的熟悉程度来达到类似的效果。一般而言，新的环境对人总是有吸引力的。因此，在情绪不佳的情况下，可以尝试通过布置环境来达到创设良好心境的目的。有的人改变居室的布置，有的人放音乐，有的人养花种草，这些都是改变环境的有效措施，能够对于情绪的调节有一定的帮助。实在没办法就变变服装、发型或行走路线，给自己一点新鲜感。

第二，表情训练法

人可以更为主动地控制自己的情绪。有一年中央电视台的新闻节目中播了这样一则新闻：日本人善于做生意，这是举世公认的。但由于日本人强烈的东方民族的色彩，他们在做生意的时候不喜欢表露自己的感情，特别是不喜欢笑。所以，日本人在谈生意的时候给人的感觉是压抑和刻板。由于日本人的主要贸易伙伴大部分都是西方人，而西方人性格外向，因此这两种文化之间往往会产生冲突。

为了能够在生意场上更好地表达自己的情感，日本人想了很多办法，其中之一就是这则新闻：日本公司的老板为了让职工面带笑容，于是在下班之前的半个小时里，训练他们笑。具体的方法是每人发一只筷子，横着咬在嘴里，固定好脸部表情后，将筷子取出。此时人的脸部基本维持一个笑容的状态，再发出声音，就像是在笑了。

这则新闻说明了什么呢？一般人是不会知道其中的奥妙的。这种做法有着心理学研究的依据。这种研究的最主要问题是：究竟是情绪引起身体的反应，还是身体的反应引起情绪的变化呢？换句话说，人们是因为哭才会愁，还是因为忧愁而哭；是因为恐惧而发抖，还是因为发抖而恐惧呢？通常而言，人们都认为是情绪引起人的反应。也就是说，人们忧愁的时候才会哭，恐惧的时候才会发抖。但心理学家的研究表明并不完全是这样。恰恰相反，人们会因为哭而发愁，会因为发抖而感到恐惧。这就是说，人的情绪是可以由行为引发的。根据这种观点。人可以通过控制行为的方式来控制自己的情绪。日本人的面部表情的锻炼充分运用了这个观点。

最常见的一项研究证明，当你在生气的时候，可以找一面镜子，对着镜子努力做出笑容来，持续几分钟之后，你的心情会变得好起来。不信你回家试试。

第三，改变对事物的认识来调节情绪

对事物的不同认识可以导致情绪的极大不同。例如，当受到别人的批评的时候，往往会有不同的反应。有些人认为这是在和他作对，故意刁难他；而有些人认为是在教育他，帮助他认识到自身的不足。所以，认识上的不同，会产生不同的情绪。所以情绪的变化有时取决于人对事物的看法。因此，在你的情绪受到困扰的时候，你可以通过调节自己的认识方式来调节情绪。

运用改变认识来调节情绪这一技巧需注重三个要点：

一是转移目标。你受到无法避免的痛苦打击时，往往会长期沉浸在痛苦之中，既于事无补，不能解决任何问题，又影响自己的工作、生活、心情，并损害健康，所以你应该尽快地把自己的注意力转移到那些有意义的事情上去。这种做的目的，是尽量减少外界刺激，减轻不良情绪的负面影响和作用。影星姚晨就是一个典型的"扇形思维"的人，此路不通，她再找其他的路，不在一棵树上吊死。

二是学会解脱。解脱就是换一个角度来看待令人烦恼的问题。从更深、更高、更广、更长远的角度来看待问题，对它做出新的理解，以求跳出原有的圈子，使自己的精神获得解脱，以便把精力全部集中到自己所追求的目标上。解脱并不是消极地宽慰自己。其实这样做有更重要的、积极的一面。你的烦恼有很多都是因为自己心胸狭窄，只看到自己眼前的一点利益或身边的几件事，而没有从更广的范围、长远的角度来想，为一些非原则的小事而忽略了

生活中的大事。积极的解脱是把长远利益放在首位，抛开区区小事，而全神贯注地去追求自己的远大目标。心中有了目标，就不会计较身边发生的区区小事，心胸也会豁然开朗。

三是升华自我。升华就是利用强烈的情绪冲动，把它引向积极的、有益的方向，使之具有建设性的意义和价值。人们常说的"化悲痛为力量"就是指升华自己的悲痛情绪。其实不只是悲痛可以转化为力量，其他的强烈情感也都可以化为力量。例如，可以化愤怒为力量、化仇恨为力量、化教训为力量、化鼓励为力量、化羞辱为力量，等等。世界上最值得赞美的行为之一就是发奋努力、不断进取、升华自我。这种升华是人类心灵中所迸发出来的最美的火花，也是人类赖以生存和发展的最重要情操。著名心理学家弗洛伊德把升华看成是最高水平的自我防御机制。他认为，只有健康和成熟的人才有可能实现升华。

第四，利用情绪

利用，就是人们常说的"坏事也能变成好事"。一种利用是对时机和客观条件的利用。一个能使你苦恼的强制性要求，如果能巧妙地加以利用，首先在精神上感到自己由被动转化为主动，进而可以使烦恼变为怡然自得、乐在其中。再一种利用，就是对情绪本身的利用。把情绪化为情趣加以利用，这里说得更为具体一些，是指"嬉笑怒骂，皆成文章"的意思。诗人利用他涌现的激情写出了流传千古的诗篇，作曲家则当他灵感来潮时谱出了动人心弦的乐章。当自己真挚的感情强烈涌现时，抓住它做一些有益的事。

能有效地控制自己的情绪，保持一种良好平静的自我心态，就是主宰自我的一个基础。愿你能做主宰自己情绪的主人，营造平安、和谐、快乐的氛围和心境！

掌控情绪先从改变想法开始

生活中，每个人都希望改正头脑里会带来负面情绪的想法、念头，让自己随时都充满快乐、喜悦的情绪。然而，有时候人们就是这样"卡"在寻找正面情绪的死角里，找不到出路，这时该怎么办呢？

这时，可以使用创造回馈法，来战胜负面情绪。当你处于负面情绪时，你可以主动去帮助那些需要被帮助的人，你在帮助别人的同时，也为自己创造了快乐。

有这样一则寓言故事：

> 从前，有一个名叫嘟嘟的小矮人，他在一次外出时捡到了一条神奇的毛巾，这条毛巾能变出许多吃的。这个小矮人高兴极了，他天天拿出毛巾来自己变好吃的，从不给别人吃，结果终于有一天变成了个大胖子。这时的嘟嘟很懊悔，他的心情也坏到了极点。有一天，他所住的村里闹饥荒，嘟嘟连忙拿出自己神奇的毛巾给大家分食物。就这样，嘟嘟忙了一个夏天，人也变瘦了。嘟嘟明白了这样一个道理：帮助别人其实也是在帮助自己。

"送人玫瑰，手留余香"，这不光是一句美丽的话语，更是一个改善心情的方法。

> 阿欢刚刚失业了，在北京这个高消费的地方，一旦失业，那种巨大的压力可以让人透不过气来。每天上午，阿欢去人才市场投几份简历之后，不愿意回到那狭窄的出租屋，只能一个人在路边晃荡着。那段时间，阿欢很痛苦。好多次，走在路上，阿欢都有一种想要大

喊大叫的感觉。

　　这天,阿欢还像往常一样,在街上漫无目的地走着。这时候,她看到路边有一个姑娘,拎着大大的行李箱。从穿着打扮来看,大概是刚毕业的大学生。姑娘看着阿欢,一副欲语还休的模样。这时阿欢猜测她是不是有什么事需要自己帮忙的。

　　犹豫再三,阿欢主动上前跟姑娘打招呼。也许是出于防备心理,这个姑娘用警惕的目光打量着阿欢。阿欢本来心情就不好,看姑娘还是这种眼光,自己也很生气,决定一走了之。可是转念一想,谁遇见生人肯定都有提防心理,这时,她带着诚意的心态,主动与对方聊了起来。

　　这个姑娘看阿欢一副诚恳的样子,也就放下了戒心。两人聊了起来,原来,姑娘是刚来北京的,刚下火车,就被可恶的小偷偷去了身上的钱和手机。她原本是到北京投靠同学的,这会儿身上什么都没有了,可又不敢随便问别人。

　　得知这一情况之后,阿欢让女孩用自己的手机跟同学联系上了,并且主动将女孩送到了她朋友的住处。告别女孩后,阿欢也精神昂扬地准备回家。这时候,她忽然发现,自己的心情比先前好了很多。

　　这件事也告诉人们:当你被一个人或一件事"否定"时,自我价值感就会下降,情绪也会转坏;如果你能尽快找到提升自我价值感的机会,情绪也将很快跟着回暖了。

　　生活中,如果感觉心情不好时,你可以尽快打一通电话给需要被关心的朋友,或走出家门,去创造有人对你说"谢谢"的机会。这样,你可以在极短的时间内,从治标着手,找到情绪控制的秘诀。

掌控和运用你的情商正能量

情商又称情绪智力,是近年来心理学家们提出的与智力和智商相对应的概念。情商包括以下几个方面的内容:一是认识自身的情绪。因为只有认识自己,才能成为自己生活的主宰。二是能妥善管理自己的情绪,即能调控自己。三是自我激励,它能够使人走出生命中的低潮,重新出发。四是认知他人的情绪。这是与他人正常交往,实现顺利沟通的基础。五是人际关系的管理,即领导和管理能力。

美国心理学戈尔曼用了两年时间,对全球近500家企业、政府机构和非营利性组织进行分析,发现成功者除了具备极高的智商以外,卓越的表现亦与情商有着密切的关系。在一个以15家全球企业,如IBM、百事可乐及富豪汽车等数百名高层主管为对象的研究中发现,平凡领导人和顶尖领导人的差异,主要是来自情绪智能。卓越的领导者在一系列情绪智能,如影响力、团队领导、政治意识、自信和成就动机上,均有较优越的表现。情商对领导人特别重要,是因为领导的精髓在于使他人更有效地做好工作。一个领导人的卓越之处,在很大程度上表现于他的情商。

心理学家认为,情绪特征是生活的动力,可以让智商发挥更大的效应。所以,情商是影响个人健康、情感、人生成功及人际关系的重要因素。情感智商在人生成就中起着不可忽视的作用。尽管智商的作用不可或缺,但过去把它的作用估量得太高了。

情商对于一般人而言也是如此。许多人在校时成绩很好,毕业后却碌碌无为。他们经常抱怨与人难以相处,得不到上司的赏识,在生活中处处碰壁,有些人甚至心态失衡而走上歧途,究其原因也是情感智商低。而一些在校时成绩平平,被认为智商一般甚至低能的学生,毕业后却如鱼得水,成为独占鳌头的领导者。他们能适应周围环境,抓住机遇。更重要的是,他们善于把

握和调整自己的情绪，善于把握和适应领导者的愿望和要求，善于处理自己周围的人事关系，因而他们成功了。

在美国，人们流行一句话："智商决定录用，情商决定提升。"情商之所以能决定一个人的命运，取决于它的四个作用：

首先，情商具有调节情绪的功能。人们在准确识别自我情绪的基础上，能够通过一些认知和行为策略，有效地调整自己的情绪，使自己摆脱焦虑、忧郁、烦躁等不良情绪。如有人在跳舞时能体验到快乐的心境，找朋友谈心可以产生积极的情感。当人们情绪不佳时，就可以采取这些方式回避消极的心境，使自己维持积极的情绪状态。

生活中有不少人因为一点小事便陷入消极的情绪之中，或垂头丧气，或忧愁烦闷，或大发雷霆，或三心二意，或动摇不定，从而使自己具有的智力不能得到充分的发挥，其尘封的潜力更是难以激发。其实，他们只要利用自己的情商，就能有效地调控自己的消极情绪，让自己拥有一个良好的心态，专注于生活和事业中。

情商让你学习审视和了解自己，学会怎样激励自己，能够从容地面对痛苦、忧虑、愤怒和恐惧的情绪，并能轻而易举地驾驭它们。

其次，情商在解决问题时能影响认知效果。情商在人们解决问题的过程中，能影响认知的效果。情绪的波动可以帮助人们思考未来，考虑各种可能的结果，帮助人们打破定式，创造性地解决问题。

茫然的情绪会打断人们正在发生的认知活动，但人们可以利用这种情绪，审视和调整内部或外部的要求，重新分配相应的注意力，把注意力集中于最重要的部分，从而抓住问题的关键，解决问题。所以情商能激发动机来解决复杂的智力活动，充分发挥情绪在解决问题中的积极作用。

再次，情商是一个基本的动机系统，能为人生提供能力、动力。你的人生正如一辆全速行驶的列车，而你的情商为它提供足够的动力，决定它前行的方向。一个人事业上的成功，需要有正确的思想和理念的指引。真正具有建设性的精神力量，蕴藏在左右一生命运的各种情绪中。

每时每刻的精神行为，会对命运产生决定性的影响。情商高的人生活更有效率，更易获得满足，更能运用自己的智能获取丰硕的成果。反之，不能驾驭自己情感的人，内心激烈的冲突，削弱了他们本应集中于工作的思考能力和操作能力。

还有，情商是智商发挥作用的基础。情商的高低，可以决定一个人的其他能力包括智能能否发挥到极致，从而决定他有多大的成就。情商比智商更重要，如果说智商更多地被用来预测一个人的学业成绩的话，那么，情商则能被用于预测一个人能否取得事业上的成功。优异的学业成绩，并不意味着你在生活和事业中能获得成功。成功不仅取决于个人的谋略才智，在很大程度上还取决于他正确处理个人的情感与别人情感之间关系的能力，也就是自我管理和调节人际关系的能力。

老师、家长都认为达尔文是平庸无奇的儿童，智力也比一般人低下。但达尔文成了伟大的科学家。

爱因斯坦在1955年的一封信中写道："我的弱点是智力不好，特别苦于记单词和课文。"但爱因斯坦成为了世界级的科学大师。

亚历山大·冯·洪堡上学时的成绩也不好，在一次演讲中他提到："我曾经相信，我的家庭教师再怎样让我努力学习，我也达不到一般人的智力水平。"可是，20多年后他却成为了杰出的植物学家、地理学家和政治家。

凯文·米勒小时候学习成绩不好，高中毕业时靠着体育方面的才能，才勉强进入芝加哥大学学习。许多年后，在他公开的日记中有这样的记述："老师和父亲都认为我是一个笨拙的儿童，我自己也认为，其他孩子在智力方面比我强。"可是，凯文·米勒经过多年的努力，却成为了美国著名的洛兹企业集团的总裁。

现代研究已经证实，情商在人生的成功中起着决定性作用，智商只有与情商联袂登台，才能淋漓尽致地发挥作用。在许多领域卓有成就的成功人当中，有相当一部分人，在学校时被认为智商并不太高，但他们充分地发挥了他们的情商，最后获得了成功。

"情商"作为一种智慧，它包括对于人生价值和意义的深刻理解，对自我的人生目标的知晓；对人生战略的总体把握，对内心矛盾和冲突的克服技巧；对于驾驭者与被驾驭对象之间关系的智慧，对转变环境的智慧，对在顺境中和在逆境中取胜的智慧。

具体说来，一是认识自身情绪的能力。戈尔曼认为，认识自身情绪是情商的基础，这种随时认知感觉的能力，对了解自己非常重要。二是妥善管理情绪的能力。情绪管理必定建立在自我认知的基础上，通过自我调节，达到自我安慰，摆脱焦虑灰暗或不安的目的。三是自我激励的能力。无论是要集中注意力，还是发挥创造力，将情绪专注于一项目标是绝对必要的，成就任何事情都要靠情感的自制力，保持高度热忱是一切成就的动力。四是认知他们情绪的能力。即善解人意，并由此与不同性格、类型的人平安相处、愉快合作，这是基本的人际交往技巧。五是人际关系的管理能力。人际关系是一门管理他人情绪的艺术，能否细微地关注、恰当地对待他人的情绪，往往与个人的人际和谐程度、领导能力有关。

情商是后天的，是可以培养的，但是绝不是靠读书、考试得来，而是经过社会实践积累得来的。为此，请记住如下这些方针和法则：

三不：不批评、不指责、不抱怨。

三情：激情、热情、感情。

二容：包容、宽容。人为多大的事情计较，你的心胸就有多大。在寺庙里面细心的人可以看到，弥勒佛祖旁边有一句话："大肚能容容天下不平之事，笑口常开笑天下可笑之人。"

善于沟通、交流：沟通、交流要以坦诚的心态来对待，要开诚布公。

多赞美别人：赞美要真诚，发自内心的，而不是奉承他人。经常对下属说："你很棒！"

每天保持一个好的心情：养成一个照镜子的习惯，以铜为镜，可以正衣冠；以史为镜，可以知古今；以人为镜，可以正己身。同时，可以调整自己的好心情，每天早上对着镜子大声说三遍："我是最棒的，我是最好的，大家都很喜欢我！"

会聆听：很多人不是很喜欢听别人说话，老是喜欢自己说。你必须养成用心聆听别人的说话，做到少说多听多看多做的好习惯。

负责任：敢于承担责任，不要推卸责任。遇到问题，不要给自己找借口，而是正视问题、分析问题、解决问题，这才是管理之道。

行动力：每个人都喜欢默默无闻帮助他人的人，每天多做一点，每天多帮助一点，以后的生活工作中就会少点烦恼、少点痛楚！

善于记住别人的名字：只要你用心去做，没有做不到的事情。世上无事不可为！

如何有效制止发怒情绪

愤怒是一种强烈的不愉快和对立的感受，同义词是暴怒、狂怒、激怒等，是由不愉快情境引发的强烈的情绪状态。

愤怒带给人们的压力远远大于焦虑和抑郁带来的。但是，现实生活中，有愤怒障碍或失调的人往往不愿意寻求帮助，或者否认自己有什么障碍。

导致愤怒的两个常见的原因是低挫折忍耐力以及自我价值受到威胁。首先看低挫折忍耐力。低挫折忍耐力是许多人愤怒的根源。认为自己必须得到想要的东西，并且如果没有达到目的，你就觉得糟糕透顶，无法忍受。这些观点使你产生急躁、低挫折忍耐力，加重了挫折感和愤怒的情绪。用"这件

这样做，可以塑造期望的自我

事是有点棘手、有点乱"的看法去取代"它糟糕透顶、太可怕了"的看法。当你自言自语地描述挫折情境时，使用"混乱"、"棘手"等情绪色彩相对冷静的词语。引发低挫折忍耐的事件通常包括：与难以合作的人打交道；电脑出现了故障；在柜台前排长队；交通堵塞；别人在你前面插队；把自己锁在门外，等等。

其次再看自我价值受到威胁。当个体认为他人有可能贬损自己的自尊、自我悦纳或自我价值时，经常会产生愤怒的反应。愤怒的程度通常与个体认为的自我价值受到威胁的程度成正比。对个体的自尊具有威胁性情境主要包括：没有得到认可；遭到同事或上司的指责与批评；自己的相貌、物品、行为或想法受到否定评价等。努力地悦纳自己，认识到不断增强的愤怒可能是源于你自己的感受，即认为自我价值正在受到威胁。努力相信：我的自我悦纳和自尊的感受不受别人的评价和看法的影响。

本杰明·富兰克林曾经说过："愤怒从来都不会没有原因，但没有一个是好原因。"乍听这真是一句妙言，也许可以装裱起来装饰墙壁并时刻提醒自己不再愤怒。但是，愤怒真的就没有好的原因吗？当然不是。专家说，偶尔的愤怒并不是件坏事。因为人在生活中不可避免总会遇到一些愤怒的事，但如果长期压抑自己，不将愤怒爆发出来，将会对自己有很大的伤害，比如打击你的自尊，甚至伤害你的身体，带来高血压和心脏病。

但愤怒本身不过是你情绪冰山的一角，它并不是独立存在，而是被其他的情绪所引发，如害怕、怨恨或不安。所以既然愤怒不可避免，你要做的不是压抑愤怒，而是找到引发自己愤怒的情绪，在愤怒之前消除这些情绪，从而去掉愤怒带来的消极影响。

愤怒需要管理，因为你的生活并不总是尽如人意，总会有些让人挫败甚至想要爆发的瞬间，但每个人都不想让自己的愤怒"开锅"，所以试试以下的方法，学会控制你的愤怒吧！

专家将愤怒分成六种类型，并提供了破解之法。耐心地读完下面这些文字，管理愤怒便不是一个难题。

愤怒类型一：爆发型

爆发型愤怒的症状："如果你再把脏袜子乱扔在地板上，我就搬出去住！"也许把你逼到爆发的边缘并不容易，但当这一刻真的来临时，便会地动山摇，身边人都想逃离。

容易暴怒的原因：如果你从来没有被教过如何处理愤怒，那么你可能会习惯性地忍住怒气，直到你无法忍下更多的怒气。渐渐地，你的"怒点"便会很低，一触即发。有很多人是火暴脾气，一遇不顺心的事，肾上腺素会突然上升，导致愤怒突然爆发，更不用说有更糟糕的事情惹他生气。

爆发型愤怒的恶果：很难有人在愤怒的同时还能有同情心。所以在暴怒时，你通常会说出很多让自己事后后悔的话或是做出很多事后无法弥补的举动。

改变爆发型愤怒的方法：一是等待怒气消解。研究表明，愤怒所持续的时间不超过12秒钟，就如暴风雨一般，爆发时摧毁一切，但过后却风平浪静。所以如何度过这关键的12秒，让怒气自然消解非常重要。深呼吸，或者在心中默数10个数，当你做完的时候，你会发现，其实你已经没有那么生气了。

二是掌控自己的情绪。换一种说法来表达自己的情绪，会有助于让你感觉一切尽在自己掌握之中。"我对你的行为实在是感到很失望。"这句话比你暴怒时的口不择言更有力量。

愤怒类型二：隐忍型

隐忍型愤怒的症状："我很好，一切都很好，没事。"即使你的内心有一万个愤怒的火球，但你仍然展现给别人一张笑脸，对真实情绪进行不露痕迹的掩藏。

隐忍型愤怒的原因：发怒只会让你失去声誉、朋友、工作甚至婚姻。而如果你从小生活在一个充满辱骂和暴力的家庭，那么你一定不相信愤怒是可以控制或者平静地表达出来的。

隐忍型愤怒的恶果：愤怒最基本的作用是预示某事出了错，并且推动找到解决方案。如果对这种预示视而不见，你就会以自毁的方式来宣泄心中的怒气，比如吃得过多，过度消费。而且你还会给别人的坏行为开绿灯，并拒绝给别人修正错误的机会。试想，如果对方都不知道你受了伤，又怎么向你道歉呢？

改变隐忍型愤怒的方法：一是挑战自己的核心信仰。问你自己，"允许下属随时早退对他们来说是件好事吗？对于爱人来说，我每周末都在陪客户打高尔夫这好吗？"如果你够诚实，你的答案一定是，当然不。认识对与错，这是改正的第一步。

二是将自己置身事外。想象自己的一个朋友长期被领导批评，无休止地加班，或被漠视。对她来说，该如何做出正确的反应呢？列出一张清单，写下她所可能采取的行为，然后问自己，为什么这些方法对她可行，对自己却不可行呢？

三是进行"健康"的对质。如果有人责备你，你可以用一种积极的、有建设意义的语言进行反击。对方可能会对你的语言感到吃惊，甚至有些生气。但你知道吗？他们会原谅和习惯你的方式。对于家人和好朋友来说，隐忍式愤怒往往比直接表达出来的愤怒具有更大的杀伤力。

愤怒类型三：嘲弄型

嘲弄型愤怒的症状："哦，你迟到得正好，这让我有了研究菜谱的40分钟时间！"你发现了一条拐弯抹角的方式来转化自己的不快，而且脸上还带着笑容。

嘲弄型愤怒原因：因为在过往的生活经验中，你认为直接表达负面情绪是不对的，所以你选择了一条非直接路线。如果对方生气了，你认为这是他们自己的问题，而不是你的错。毕竟，你只是在开玩笑。难道现在的人已经开不起玩笑了吗？

嘲弄型愤怒的恶果：尽管你觉得你的语言里充满了智慧，但再有智慧的尖锐地嘲弄也会伤害对方以及你们之间的关系。虽然有人坚持嘲弄是一种有智慧的幽默，不过被嘲弄的对象并非个个都能读懂这种幽默，或者都有读懂这种幽默的心情。

改变嘲弄型愤怒的方法：一是学会直截了当地表达。嘲弄是一种被动的攻击性沟通，这更容易伤人，尤其是很亲近的人。找到合适的词语直接表达你内心真实的想法，有时候会更奏效。

二是表达要坚定而且清晰。对于孩子来说，简单而温柔地提醒，如"在沙发上乱跳的行为是不被允许的。"所能清楚传达的信息远比下面的这种幽默好上几倍，"哦，别担心，你这么做只会让我再准备2 000元钱来买一组新的沙发。"

三是在感到愤怒之前说出来。在等待爱迟到的朋友时，在她来之前，进行不满表达的各种练习，这样能避免当你看到朋友后进行尖锐地嘲弄。

愤怒类型四：破坏型

破坏型愤怒的症状："哼，不让我玩游戏，那我删除电脑上所有的游戏！"你并不是隐忍或独自吞下自己的愤怒的那类人，你总是用一种更隐蔽的方法来表达自己的愤怒。

破坏型愤怒的原因：你不喜欢面对面的斗争，但你也并不是一个会被轻易击败的人。当人们觉得自己正面抗争不过别人时，就会变成"隐秘的愤怒者"，偷偷地对别人进行攻击。

破坏型愤怒的恶果：你的确能经常挫败他人。你生活的目的是不让别人得到他们想要的东西，而不是努力争取让自己得到幸福。这种破坏型愤怒带来的结果就是双输。

改变破坏型愤怒的方法：一是允许自己生气。告诉自己，愤怒是你告诉别人，你已经对他的摆布感到厌倦的一种方式。

二是为自己争取。与其采取故意不交工作报告或者故意开会迟到，你不如鼓足勇气告诉老板，你长期以来超负荷的工作量已经超出了你所能承受的范围，或者你和一个同事之间的矛盾已经不可调和了。这的确不容易，不过重新找份工作也同样不容易。

三是学会掌控。如果你因为被寄予了过高的期望，却无法达到而感觉不舒服，你不能转变成破坏型愤怒者，而应该在此之前做些努力来改变自己的现状。比如你无法独立承担房贷或家中的经济支出，你应该告诉伴侣你需要他的支持和付出，而不是一边随便再找份工作努力维系，一边却充满怨气经常对家人发脾气。

愤怒类型五：自责型

自责型愤怒的症状："他之所以背叛我都是我的错，因为我是个糟糕的妻子。"你每次都把所有的过错揽在自己身上。

自责型愤怒的原因：也许你的自尊受到过重创，而且你发现对自己生气发怒，比对别人生气发怒要容易得多。于是，你便把所有的过错都揽在自己的身上。

自责型愤怒的恶果：长期将过错揽在自己身上，将愤怒藏在自己的内心，容易对自己产生失望和不满，久而久之会导致忧郁症。

改变自责型愤怒的方法：一是质问自己。每当你要怪罪自己的时候，开始质问自己，"谁告诉我这事应该由我负责？"然后再问自己，"你相信这一点吗？"认清真正的责任所在，而不是不问青红皂白就挺身而出，将本不该自己承担的责任揽在自己身上。

二是提高自信。列一张清单，写下自己所有的优点。找回自信是避免过度自责的关键所在。如果你在这一点上有问题，可以寻找专业人士帮忙。

愤怒类型六：习惯型

习惯型愤怒的症状："真烦，你怎么老是要借我的钉书器，你为什么就不能找一个属于你自己的呢！"这并不是针对该事件应有的正确反应，而是一种错误的习惯。如果你没能有意识地进行改变，这将变成你生活中常见的画面。

习惯型愤怒的原因：如果你总是如此直接地表达你的不满，或者这种情绪经常会在不经意中流露出来，那么在这些愤怒的背后一定隐藏着一些你不敢正视或不曾留意的怨恨、遗憾或是挫败。也许是你嫉妒你的同事升职了而你自己却没有，也许是你的婚姻濒临破灭但你却不知道原因。

习惯型愤怒的恶果：如果你总是这样直接、习惯性地一触即发，那么你的家人、同事、朋友需要承担很大的心理压力，以期望不让你生气和发怒。或者他们会选择远离和逃避你。

改变习惯型愤怒的方法：一是直面自己的内心深处。哪些才是你真正满意的？如果你能挖掘自己的内心，你会发现，一个钉书器，扔在地板的脏袜子，放在冰箱里的空牛奶瓶这些小事情其实根本不值得自己一怒。但如果你直面内心也无法找到自己发怒的底线，你需要去咨询专业人士了。

二是留意愤怒的迹象。对自己快要愤怒的反应和感觉要敏感，当你愤怒的时候，你的手是不是不知不觉地攥成了拳头？你开始在房间里不停地走来走去？嘴里不停念叨、诅咒或者紧咬牙关？当你能够灵敏地觉察到自己快要生气时的种种迹象时，便可立即做些努力以平息即将到来的怒气。

很多公司在招聘时要求应聘者具备"性情温和"的条件，很多公司在运营中实施人性化的"温和管理"，很多女孩子想找一个"性情温和"的白马王子……社会普遍对性格温和的人有好感，可见温和的性情是一种无穷的力量。赶快控制你的愤怒，让自己变得温和些吧！

第五章 掌控情绪：学会操纵情绪的转换器

彻底摆脱自卑情绪的困扰

自卑是一种消极的自我评价或自我意识，自卑感是个体对自己能力和品质评价偏低的一种消极情感。自卑感的产生，往往并非认识上的不同，而是感觉上的差异。其根源就是人们不喜欢用现实的标准或尺度来衡量自己，而相信或假定自己应该达到某种标准或尺度。如"我应该如此这般"、"我应该像某人一样"等。这种追求大多脱离实际，只会滋生更多的烦恼和自卑，使自己更加抑郁和自责。

自卑是人生成功之大敌。自古以来，多少人为自卑而深深苦恼，多少人为寻找克服自卑的方法而苦苦寻觅。下面这些途径和方法颇具操作性，有助于人们摆脱自卑，走向自信。

第一，用补偿心理超越自卑

补偿心理是一种心理适应机制，个体在适应社会的过程中总有一些偏差，要求得到补偿。从心理学上看，这种补偿，其实就是一种"移位"，即为克服自己生理上的缺陷或心理上的自卑，而发展自己其他方面的长处与优势，赶上或超过他人的一种心理适应机制，正是这一心理机制的作用，自卑感就成了许多成功人士成功的动力，成了他们超越自我的"涡轮增压"，而"生理缺陷"愈大的人，他们的自卑感也愈强，寻求补偿的愿望就愈大，成就大业的本钱就愈多。

解放黑奴的美国总统林肯，不仅是私生子，出身微贱，且面貌丑陋，言谈举止缺乏风度，他对自己的这些缺陷十分敏感。为了补偿这些缺陷，他力求从教育方面来汲取力量，拼命自修以克服早期的知识贫乏和孤陋寡闻。他在烛光、灯光、水光前读书，尽管眼眶越陷越深，但知识的营养却对自身的缺陷作了全面补偿。他最终摆脱了自卑，并成为有杰出贡献的美国总统。

音乐家贝多芬从小听觉有缺陷，耳朵全聋后还克服困难写出了优美的《第九交响曲》，他的名言"人啊，你当自助！"成为许多自强不息者的座右铭。

在补偿心理的作用下，自卑感具有使人前进的反弹力。由于自卑，人们会清楚甚至过分地意识到自己的不足，这就促使其努力学习别人的长处，弥补自己的不足，从而使其性格受到磨砺，而坚强的性格正是获取成功的心理基础。

自卑能促使人走向成功。人道主义者威特·波库指出，在每个人的内心深处都有一种灵性，凭借这一灵性，人们得以完成许多丰功伟业。这种灵性是潜在于每个人内心深处的一股力量，即维持个性，对抗外来侵犯的力量。它就是人的"尊严"和"人格"。人们为了维护自己的尊严和人格，就要求自己克服自卑，战胜自我。因此，令人难堪的种种因素往往可以成为发展自己的跳板。一个人的真正价值，取决于能否从自我设置的陷阱里超越出来，而真正能够解救你的，只有你自己。即所谓"上帝只帮助那些能够自救的人"。

强者不是天生的，强者也并非没有软弱的时候。强者之所以成为强者，在于他们善于战胜自己的软弱。

一代"球王"贝利初到巴西最有名气的桑托斯足球队时，他害怕那些大球星瞧不起自己，竟紧张得一夜未眠，他本是球场上的佼佼者，但却无端地怀疑自己，恐惧他人。后来他设法在球场上忘掉自我，专注踢球，保持一种泰然自若的心态，从此便以锐不可当之势进了1 000多个球。

球王贝利战胜自卑的过程告诉我们：不要怀疑自己、贬低自己，只要勇往

第五章 掌控情绪：学会操纵情绪的转换器

直前，付诸行动，就一定能走向成功。久而久之，就会从紧张、恐惧、自卑的情绪中解脱出来。因此，不甘自卑，发愤图强，积极补偿，是医治自卑的良药。

心理补偿是一种使人转败为胜的机制，如果运用得当，将有助于人生境界的拓展。但应注意两点：一是不可好高骛远，追求不可能实现的补偿目标；二是不要受赌气情绪的驱使。只有积极的心理补偿，才能激励自己达到更高的人生目标。

第二，用乐观态度面对失败

在自我补偿的过程中，还须正确面对失败。人生之路，一帆风顺者少，曲折坎坷者多，成功是由无数次失败构成的，正如美国通用电气公司创始人沃特所说："通向成功的路即：把你失败的次数增加一倍。"但失败对人毕竟是一种"负性刺激"，总会使人产生不愉快、沮丧、自卑。那么，如何面对，如何自我解脱，就成为能否战胜自卑、走向自信的关键。

面对挫折和失败，唯有持乐观积极的心态，才是正确的选择。其一，做到坚忍不拔，不因挫折而放弃追求；其二，注意调整、降低原先脱离实际的"目标"，及时改变策略；其三，用"局部成功"来激励自己；其四，采用自我心理调适法，提高心理承受能力。

要使自己不成为"经常的失败者"，就要善于挖掘、利用自身的"资源"。虽然有时个体不能改变"环境"的"安排"，但谁也无法剥夺其作为"自我主人"的权利。应该说当今社会已大大增加了这方面的发展机遇，只要敢于尝试，勇于拼搏，是一定会有所作为的。屈原放逐乃赋《离骚》，司马迁受宫刑乃成《史记》，就是因为他们无论什么时候都不气馁、不自卑，都有坚忍不拔的意志！有了这一点，就会挣脱困境的束缚，走向人生的辉煌。

此外，作为一个现代人，应具有迎接失败的心理准备。世界充满了成功的机遇，也充满了失败的可能。所以要不断提高自我应付挫折与干扰的能力，调整自己，增强社会适应力，坚信失败乃成功之母。若每次失败之后都能有所"领悟",把每一次失败当做成功的前奏,那么就能化消极为积极,变自卑为自信。

第三,用实际行动建立自信

征服畏惧,战胜自卑,不能夸夸其谈,止于幻想,而必须付诸实践,见于行动。建立自信最快、最有效的方法,就是去做自己害怕的事,直到获得成功。具体方法如下:

一是突出自己,挑前面的位子坐。在各种形式的聚会中,在各种类型的课堂上,后面的座位总是先被人坐满,大部分占据后排座位的人,都希望自己不会"太显眼"。而他们怕受人注目的原因,恰恰就是因为缺乏信心。

坐在前面能够建立信心。因为敢为人先,敢上人前,敢于将自己置于众目睽睽之下,你就必须有足够的勇气和胆量。久之,这种行为就成了习惯,自卑也就在潜移默化中变为自信。另外,坐在显眼的位置,就会放大自己在领导及老师视野中的比例,增强反复出现的频率,起到强化自己的作用。把这当做一个规则试试看,从现在开始就尽量往前坐。虽然坐前面会比较显眼,但要记住,有关成功的一切都是显眼的。

二是睁大眼睛,正视别人。眼睛是心灵的窗口。一个人的眼神可以折射出性格,透露出情感,传递出微妙的信息。不敢正视别人,意味着自卑、胆怯、恐惧;躲避别人的眼神,则折射出阴暗、不坦荡的心态。正视别人等于告诉对方:"我是诚实的,光明正大的;我非常尊重你,喜欢你。"因此,正视别人,是积极心态的反映,是自信的象征,更是个人魅力的展示。

三是昂首挺胸,快步行走。许多心理学家认为,人们行走的姿势、步伐与其心理状态有一定关系。懒散的姿势、缓慢的步伐是情绪低落的表现,是对自己、对工作以及对别人不愉快感受的反映。倘若仔细观察就会发现,身体的动作是心灵活动的结果。那些遭受打击、被排斥的人,走路都拖拖拉拉,缺乏自信。

反过来,通过改变行走的姿势与速度,有助于心境的调整。要表现出超

凡的信心，走起路来应比一般人快。将走路速度加快，就仿佛告诉整个世界："我要到一个重要的地方，去做很重要的事情。"步伐轻快敏捷，身姿昂首挺胸，会给人带来明朗的心境，会使自卑逃遁，自信滋生。

四是练习当众发言。面对大庭广众讲话，需要巨大的勇气和胆量，这是培养和锻炼自信的重要途径。在你周围，有很多思路敏锐、天资颇高的人，却无法发挥他们的长处参与讨论。并不是他们不想参与，而是缺乏信心。

在公众场合，沉默寡言的人都认为："我的意见可能没有价值，如果说出来，别人可能会觉得很愚蠢，我最好什么也别说，而且，其他人可能都比我懂得多，我并不想让他们知道我是这么无知。"这些人常常会对自己许下渺茫的诺言："等下一次再发言。"可是他们很清楚自己是无法实现这个诺言的。每次的沉默寡言，都是又中了一次缺乏信心的毒素，他会愈来愈丧失自信。

从积极的角度来看，如果尽量发言，就会增加信心。不论是参加什么性质的会议，每次都要主动发言。有许多原本木讷或有口吃的人，都是通过练习当众讲话而变得自信起来的，如萧伯纳、田中角荣、德谟斯梯尼等。因此，当众发言是信心的"维他命"。

五是学会微笑。大部分人都知道笑能给人自信，它是医治信心不足的良药。但是仍有许多人不相信这一套，因为在他们恐惧时，从不试着笑一下。

真正的笑不但能治愈自己的不良情绪，还能马上化解别人的敌对情绪。如果你真诚地向一个人展颜微笑，他就会对你产生好感，这种好感足以使你充满自信。正如一首诗所说："微笑是疲倦者的休息，沮丧者的白天，悲伤者的阳光，大自然的最佳营养。"

弥补性格偏激的缺陷

性格上的偏激，是做人处世的一个不可小觑的缺陷。它的产生源于知识上的极端贫乏，见识上的孤陋寡闻，社交上的自我封闭意识，思维上的主观唯心主义，等等。

偏激的人看问题总是戴着有色眼镜，以偏赅全，固执己见，钻牛角尖，对别人善意的规劝和平等商讨一概不听不理。

偏激的人怨天尤人，牢骚太盛，成天抱怨生不逢时，怀才不遇，只问别人给他提供了什么，不问他为别人贡献了什么。

偏激的人缺少朋友，人们一般都喜欢结交饱学而又谦和的人，一个总是以为自己比对方高明，开口就和人家抬杠，明明无理也要较劲的人，谁愿意和他打交道？

三国时代的关羽，过五关，斩六将，单刀赴会，水淹七军，是何等英雄气概。可是他致命的弱点就是刚愎自用，固执偏激。当他受刘备重托留守荆州时，诸葛亮再三叮嘱他要"北据曹操，南和孙权"，可是，当孙权派人来见关羽，为儿子求婚时，关羽还是大怒，喝道："吾虎女安肯嫁犬子乎？"总是看自己"一朵花"，看人家"豆腐渣"，说话办事不顾大局，不计后果，导致了吴蜀联盟的破裂。最后刀兵相见，关羽也落个败走麦城、被俘身亡的下场。本来嘛，人家来求婚，同意不同意在你，怎能出口伤人，以自己的个人好恶和偏激情绪对待关系全局的大事呢？假如关羽少一点偏激，不意气用事，那么，吴蜀联盟大约不会遭到破坏，荆州的归属可能也就是另外一种局面。

关羽不但看不起对手，也不把同僚放在眼里。名将马超来降，刘备封其为平西将军，远在荆州的关羽大为不满，特地给诸葛亮去信，责问说："马超能比得上谁？"老将黄忠被封为后将军，关羽又当众宣称："大丈夫终不与老兵同列！"目空一切，气量狭小，盛气凌人，其他的人就更不在他眼里。一些受过他蔑视侮辱的将领对他既怕又

恨，以致当他陷入绝境时，众叛亲离，无人救援，促使他迅速走向灭亡。

一个人有主见、有头脑、不随人俯仰、不与世沉浮，这无疑是值得称道的好品质。但是，这还要以不固执己见、不偏激执拗为前提。无论是做人还是处世，头脑里都应当多一点辩证观点。死守一隅，坐井观天，把自己的偏见当成真理至死不悟，这是为人处世的大忌，如果不认真纠正这种"关羽遗风"，就很有可能会使自己误入人生的"麦城"，而不能脱身。只有解决了同什么人比、比什么这两个问题，我们才可以走出不平衡的心理误区和不安分的人生败局。

现实生活中，不能正确地对待别人的人，就一定不能正确地对待自己。见到别人做出成绩，出了名，就认为那有什么了不起，甚至千方百计诋毁贬低别人；见到别人不如自己，又冷嘲热讽，借压低别人来抬高自己。处处要求别人尊重自己，而自己却不去尊重别人。在处理重大问题上，意气用事，我行我素，主观武断。像这样的人，成事不足，败事有余，恐怕到哪里都难与别人和睦相处。偏激的性格给自己和他人都带来不少不必要的麻烦。还有人因为性格上的偏激而铸成大错，造成终生遗憾。

偏激在认识上的表现是看问题绝对，片面性很大。偏激在情绪上的表现是按照个人的好恶和一时的心血来潮去论人论事，缺乏理性的态度和客观的标准，易受他人的暗示和引诱。如果对某人产生了好感，就认为他一切都好，明明知道是错误、是缺点，也不愿意承认。

偏激在行动上的表现是莽撞从事，不顾后果。偏激的人当他们的朋友受了别人"欺侮"时，他们往往二话不说，马上就站出来帮朋友打架，把蛮干、鲁莽当英雄行为。

偏激的确是非常有害的一种性格特质，如果你在自己身上也发现了偏激的影子，一定要引起足够的关注。那么，该如何克服偏激呢？

第一，全面客观地看待事物

偏激的人对事物的认识总容易走极端，要么是特别好，要么就是特别不好。其实，这个世界上的事都是有两面性的，要正确地认识。当你有了一种极端的想法时，试着从反面想一想，大多也是能够想通的。

第二，学会控制自己的情绪

人总会有各种各样的情绪，这些情绪中有些是好的，也有一些是消极的。如果你能把情绪变动控制在正常的范围内，那么对你来说，这些情绪就都是生活中的调味品，让你的生活多姿多彩。但是，如果你对情绪失去了控制，让它肆意发展，什么都要由着自己的性子来，这样就危险了。养成控制过度情绪的习惯，这样可以防止由于偏激情绪所带来的不良后果。

第三，用正义感约束自己的行动

偏激的情绪容易带来偏激的行动，让你不假思索地做出一些原本不该去做的事情。这时你自己应该有一个判断，这种行为符合社会规范吗？会不会给自己和别人带来伤害和麻烦？会有什么后果？在做一件事前先冷静地思考它的正义性，可以在一定程度上避免过激行为。

战胜怯懦才能勇敢面对一切

怯懦是指胆怯、怕事、懦弱、拘谨的人格表现缺陷。它通常表现为害怕困难，意志薄弱；害怕挫折，情感脆弱；害怕交际，性格软弱。平时寡言少语，行动拘束，容易逆来顺受和屈从他人，遇事退缩，极其胆小怕事，多一事不如少一事，不愿冒半点风险，遇到困难易惊慌失措，不知如何是好，受到挫折则易自暴自弃，无地自容。

这样做，可以塑造期望的自我

怯懦与害羞不同。害羞是难为情，是一种害臊的心态，害羞的人虽然也不善交际，也容易过多地约束自己的言行，以致在人际交往中显得过于腼腆，极不自然，但害羞仅是过分注重自我形象而又担心、怀疑自己的言行能否得到他人承认、理解和尊重的表现，是过分注重自尊心而又唯恐遭人窃笑、羞辱的表现，尽管这种表现有时也会阻碍人际交往，难以使人了解自己，但也不乏可爱之处，故属于正常心理范畴；而怯懦则是软弱无能、畏避退缩的表现，是缺乏勇气、害怕困难的表现。这种表现，不仅会使人一事无成，也常常因自我封闭而导致不良的人际关系，属于人格表现缺陷方面的心理问题。

具有怯懦人格表现缺陷的人，在处理具体事务时，总是过于谨小慎微，没有十分把握绝不冒险而动，遇到难题能避则避，能推则推，没有自己的主见，喜欢按他人的意愿办事，害怕承担责任和受别人的非议。

怯懦者与陌生人见面往往产生多少不自在的烦恼。其实胆怯无关乎个性，而是由于接触的经验不够，进而排斥他人的情形居多。

一般说来，若能进行自我训练，累积与他人相处的经验，即使无法改变自己的个性，亦不至于以与他人接触为苦。为加强自我的信心，不妨先进行心理建设，常常提醒自己多接触不寻常的人物，借以改变自己的人生观，以及增加人生乐趣。

一般人与陌生人会面时所以会感到不安，原因之一便是觉得无话可说——找不出话题的约会的确令人乏味。其实，此种想法并不正确。与陌生人会面的恐惧心态，与第一次尝试没吃过的食物有点相似，大多基于自我保护的心态，所以绝不愿多接触素不相识的人。如此，又怎能了解与人相交的乐趣呢？事实上，因相见而遭受严重挫伤的情形毕竟少之又少，若是因噎废食，让自己过着封闭的人生，岂非得不偿失？所以，放开胆子，与人交往，融入社会，这才是智者之举。

其实，没有人能够完全怯懦和畏惧，最幸运的人有时也不免有懦弱胆小，畏缩不前的心理状态。但如果使它成为一种习惯，它就会成为情绪上的一种疾弊，它使人过于谨慎、小心翼翼、多虑、犹豫不决，在心中还没有确定目标之时，已含有恐惧的意味，在稍有挫折时便退缩不前，因而影响自我设计目标的完成。

怯懦者害怕面对冲突，害怕别人不高兴，害怕伤害别人，害怕丢面子。所以在择业时，因怯懦，他们常常退避三尺，缩手缩脚，不敢自荐。在用人单位面前他们唯唯诺诺，不是语无伦次，就是面红耳赤、张口结舌。他们谨小慎微，生怕说错话，害怕回答不好问题而影响自己在用人单位代表心目中的形象。在公平的竞争机遇面前，由于怯懦，他们常常不能充分发挥自己的才能，以至于败下阵来，错失良机，于是产生悲观失望的情绪，导致自我评价和自信心的下降。

生活在现代社会，你必须摒弃害怕受伤、怯懦畏惧的心理，端正心态，以一颗健康有力的心尝试生活，明天才会有更好的开始。事实上，成功者与失败者作为一个"人"并没有多大的区别，只不过是失败者走了99步，而成功者走了100步。失败者跌下去的次数比成功者多一次，成功者站起来的次数比失败者多一次。当你走了1 000步时，也有可能遭到失败，但成功却往往躲在拐角后面。

来看看斯巴达人战胜怯懦的例子：

> 斯巴达人崇尚武力精神，整个斯巴达社会等于是个管理严格的大军营。斯巴达的婴儿呱呱落地时，就抱到长老那里接受检查，如果长老认为他不健康，他就被抛到荒山野外的弃婴场去；母亲用烈酒给婴儿洗澡，如果他抽风或失去知觉，这就证明他体质不坚强，任他死去，因为他不可能成长为良好的战士。
>
> 斯巴达男孩子7岁前，由双亲抚养。父母从小就注意培养他们

第五章　掌控情绪：学会操纵情绪的转换器

这样做，可以塑造期望的自我

不爱哭、不挑食、不吵闹、不怕黑暗、不怕孤独的习惯。7岁后的男孩，被编入团队过集体的军事生活。他们要求对首领绝对服从，要求增强勇气、体力和残忍性，他们练习跑步、掷铁饼、拳击、击剑和殴斗等。

为了训练孩子的服从性和忍耐性，孩子们每年在节日敬神时都要被皮鞭鞭打一次。他们跪在神殿前，火辣辣的皮鞭如雨点般落下，但不许求饶，不许喊叫。

斯巴达人有一种思想倾向，那就是健壮的母亲才能生育出健康的儿童；有了坚强的母亲，才能出现坚强的士兵。所以女孩子在7岁以后，虽然不像男孩子那样，要离开家庭参加军训，但同希腊其他城邦的女孩子也大不相同。她们不是被关在家里，整天学习纺织和其他家务劳动，而是进行身体锻炼，练习竞走、掷铁饼、搏斗、投标枪、等等。她们平时还要学习唱歌和跳舞。这可不是一般的歌舞表演，而是颂扬勇敢善战的强者和讽刺胆小怯懦的弱者的歌舞训练。通过这样潜移默化的引导，一方面激励男子勇于征战，不当懦弱者，另一方面培养女孩子刚毅坚强的精神品质。

斯巴达女孩子的这种体育训练一直要进行到结婚出嫁为止。她们生下的每一个孩子，不像别的城邦那样，父母有权决定是否养育起来，而都要抱到长老那儿去进行体格检验。如果长老认为婴儿不健康或有残疾，过于软弱，那么做父母的就应该把孩子抛弃到山谷里去。只有健壮美丽的婴儿才能交给父母养育。

斯巴达教育培养出来的孩子，一开始就不会怯懦。因此，斯巴达拥有当时强大的军事力量，士兵英勇善战，服从严酷的纪律。

当你怯懦畏惧时，常常压抑自己的感情，想把它封闭起来。这时，你有必要反躬自问：我怕的是什么？我为什么不能更自由、更真实地生活在世界上？为了抛弃怯懦，勇敢地面对生活，使人生更有意义，请你摘下多余的面具，重视自己的内心，还原一个真实的自我！

第一，在实践中有意识地锻炼自己

越是困难的工作，越勇于承担，硬着头皮，咬紧牙关，强迫自己深入进去。随着时间推移，会由开始的生疏到后来的熟练，由开始的紧张到后来的轻松，慢慢体会到自己的力量，增强自信心和勇气。

第二，通过和别人交往正确地认识自己

怯懦的人大多把自己封闭在自我的小圈子里，和别人缺乏交流。因为对自己的认识有偏差，总是低估自己，所以遇事胆小，不敢出手。而多交朋友则可以帮助你从一个新的角度认识自己，朋友间的互相激励，也可以帮助你改掉怯懦的缺点。

第三，找出自己怯懦的原因，勇敢地迎向它

怯懦的人，很多时候是因为不敢面对，甚至不愿意去深入思考自己为什么会有畏缩的表现，这样是不对的。当你发现自己在某方面有怯懦的表现时，要追问自己为什么会这样，深入地剖析自己，找到真正的原因，然后，想办法去解决。

不要让喜怒形于色

人是感情动物，所以会有情绪的波动，这是人和其他动物不同的地方。不过，有人控制情绪功夫一流，喜怒不形于色，有人则说哭就哭，说笑就笑，甚至说生气就生气。

这样做，可以塑造期望的自我

哭笑随意的情绪表现到底是好还是坏呢？有人认为这是"率真"，是一种很可爱的人格特质。这么说也不是没有道理，因为喜怒哀乐都表现在脸上的人，别人容易了解，也不会有戒心，而且，有情绪就发泄，而不积压在心里，也合乎心理卫生。但说实在的，这种"率真"实在不怎么适合在社会上立足。

为什么这么说呢？有两个理由：首先，不能控制情绪的人，给人的印象就是不成熟。

不说你也知道，只有小孩子才会说哭就哭，说笑就笑，说生气就生气，这种行为发生在小孩身上，大人会说是天真烂漫，但发生在成年人身上，人们就不免对这个人的人格发展感到怀疑了，就算不当你是神经病，至少也会认为你还不成熟。如果你还年轻，则尚无多大关系，如果已经做过好几年事，或是已经年过30，那么别人会对你失去信心，因为别人除了认为你"还没长大"之外，也会认为你没有控制情绪的能力。一遇不顺就哭，一不高兴就生气，这样的人能做大事吗？这已经和你个人能力无关了。

其次，容易哭，会被人看不起，认为是"软弱"，容易生气则会伤害别人。

哭其实也是心理压力的一种舒解，可是人们始终把哭和软弱扯在一起。不过大部分的人都能忍住不哭，或是回家再哭，但却不能忍住不生气。

生气有很多坏处，一是会在无意中伤害无辜的人，有谁愿意无缘无故挨你的骂呢？而被骂的人有时是会反弹的；二是大家看你常常生气，为了怕无端挨骂，所以会和你保持距离，你和别人的关系在无形中就疏远了；三是偶尔生一下气，别人会怕你，常常生气别人就不在乎，反而会抱着"你看，又在生气了"的看笑话的心理，这对你的形象也是不利的；四是生气也会影响一个人的理性，对事情作出错误的判断和决定，而这也是别人对你最不放心的一点；五是生气对身体不好。

所以，在社会上行走，控制情绪是很重要的一件事。你不必"喜怒不形于色"，让人觉得你阴沉不可捉摸，但情绪的表现绝不可过度，尤其是哭和生气。如果你是个不易控制这两种情绪的人，不如在事情发生，引动了你的情绪时，赶快离开现场，让情绪过了再回来。如果没有地方可暂时"躲避"，那就深呼吸，不要说话，这一招对克制生气特别有效。一般来说，年纪越大，越能控制情绪，也不易被外界刺激引动情绪，所以你也不必太沮丧。

如果能恰当地掌握你的情绪，那么你将在别人心目中呈现"沉稳、可信赖"的形象，虽然不一定能因此获得重用，或在事业上有立即的帮助，但总比不能控制情绪的人好。

也有一种人能在必要的时候哭、笑和生气，而且表现得恰如其分，这种人控制情绪已到了相当高的境界，你如果有心，也是可以学到的。

走出患得患失的阴影

什么是患得患失？患得患失就是一味地斤斤计较个人得失。生活中往往有这样一些人，做什么事情之前都要反复考虑，做完之后又放心不下，如有不妥，就很担心把事情办砸并担心别人对自己的看法，且极其注重个人的得失。他们被笼罩在患得患失的阴影之中，心情被得失纷扰得没有一分安宁。他们心中布满疑虑、惴惴不安，生活中当然不会有轻松与愉快。

患得患失是人生的精神枷锁，是依附在人身上的阴影，是浮躁的一个主要表现形式。如果能在经历打击后开怀大笑一场，患得患失的情绪就会大大减弱，进而得到彻底改善。

有个年轻人失恋了，在公园里哈哈大笑。

一位老人走来，轻声地问："什么事情让你笑得如此开心？"

失恋的人回答："我刚刚和我青梅竹马的女友，分手了……哈哈。"

老人很奇怪地说："你跟女友分手了，怎么还笑得出来呢？"

这样做，可以塑造期望的自我

年轻人反问道："难道我应该哭吗？人应该向前看。而且我终于告别了这个不爱我的人，是一件多么值得高兴的事情啊。"

老人听了，想了想，赞赏地对年轻人说："年轻人，你的心态值得很多人学习，你会找到一个更好的姑娘。"

笑其实是一种行之有效的、积极的心理暗示。它能对人的情绪和生理状态产生良好的影响：调动人的内在潜能，发挥最大的能力。人是十分情绪化的动物，难免会受到不良情绪的影响，所以要善于控制自己的情绪，不要让消极的暗示力量占主导地位，这关系到你内心是幸福的，还是不幸的。遭遇困难和打击时，你应该对自己说：我很坚强。

人生的路坎坎坷坷，从每次的失败中参悟，说明你更能掌握生存的本能。人生本来就是在面对一个又一个的挑战，能逐步使自己绕过别人走过的坎，那就是学会了聪明。知识学来是有用的，先能看透自己再学习别人，那你的人生路就会比较平坦。怎么走都是一辈子，为使自己快乐，那就要有一个平常心，使自己胸襟坦荡，善待他人。

夏朝的后羿，是天下闻名的神箭手——这个后羿不是神话中射掉九个太阳的人，而是一个诸侯国的国君。他有一身百步穿杨的好本领，无论立射、跪射还是骑射，都百发百中，从不失手。

夏王听说他的名声后，想一睹神技，就把他召来，命人在御花园立起一个兽皮箭靶，靶心约一寸见方，然后说："请先生展示一下精湛的本领。为了使这次表演不至于因为没有彩头而沉闷乏味，我来给你定个赏罚规则：如果射中，我就赏赐给你黄金万两；如果射不中，就要削减你一千户封地。现在请先生开始吧！"

后羿听后，面色顿时变得凝重起来。他慢慢取出一支箭，搭上弓弦，摆好姿势，谨慎地瞄准起来。如果是平时，他信手一箭，也能射中靶心，可是，想到这一箭射出，要么得到黄金万两，要么失去千户封地，关系何等重大，心情顿时紧张起来，拉弓的手也微微发抖。他瞄了很久，几次想把箭射出去，又收回来，继续瞄准。后来终于下定决心，松开了弦，箭应声而出，却射在离靶心足有几寸远的地方。如是者数箭，竟然没有一箭射中靶心。

后羿无奈，满面羞愧地收拾起弓箭，勉强赔笑着向夏王告辞，悻悻地离开了王宫。对这一结果，夏王既感失望，又心存疑惑，就问手下："听说此人箭技通神，每发必中的，今天看来，也平常得很，难道是浪得虚名？"

后羿不是常人，他在得失面前都难免发挥失常，何况一般人呢？要想避免患得患失的危害，就要努力培养一颗平常心，使自己达到"八风吹不动"的佛家境界，或者达到兵家"泰山崩于前而色不变"的境界，这样就能把自己的能力发挥到极致了。

患得患失是人生最常见的心理问题，要铸就辉煌的人生，就必须要砸碎精神枷锁，丢掉思想包袱，走出患得患失的阴影。要走出患得患失的阴影，不被忧郁的情绪打扰，最重要的是保持良好的心态。为此，需要做好下面几点。

第一，要积极地想，不要消极地"自扰"

情绪低落，是因为受了委屈，或者遭受了打击。这其实是生活里的几多风雨，再正常不过了。因此，即使面对苦难、被误解了，也要积极应对，拍拍胸脯让自己昂起头，千万别一股脑地朝消极的方面想。等积极的想法涌上心头，愁苦也就下了眉头。

第二，心里再苦也要嘴角微笑

心里痛苦的人，不会有笑容；但是，情绪低落的时候，努力让自己的嘴角

翘起来，你就会被自己的笑容打动。原来，没有什么不可能，哪怕你正经受着多么巨大的伤痛，只要努力笑一下，心情真的可以变化，从而走向积极的一面。

第三，知足常乐

每一个人都要学会比较，通过比较得到良好的心境。正确的乐观的比较应该是自己和自己比，把自己的今天和自己的过去比。只要努力过，且通过努力进步了，收获了，即使别人已达到小康，你才是温饱，别人已有了金条，你还囊中羞涩，也丝毫不会自惭形秽。因为每个人的基础不一样，条件不一样，经历也不一样。同样一双手，10个指头哪能一般齐呢？

第四，活出自己

人的一生，不求利，不求名，只求活出真实的自己，走自己的路，就不会被患得患失所困扰。事实上人生不可能没有忧愁，问题是你不能因患得患失给自己无端地平添几分愁。走自己的路吧，不管别人如何评说，这样你的人生就会充实、快乐、潇洒。

第五，淡泊名利

古人云："淡泊以明志。"养生首养心，养心淡名利。人生苦短，名利有如过眼烟云。人不可缺乏进取心和奋斗精神，但一味地追名逐利反而会得不偿失。人，最值钱的东西是生命而不是名利。

不要让猜疑的阴霾笼罩心灵

猜疑是人的一种正常心理，在无法把握事实真相的时候，人们通常都会持有这样的心理。适度的疑心，其实可以让你谨慎、自省。但是，若疑心太重，处处神经过敏，事事捕风捉影，一句话、一个眼神、一个动作都可能引起误会。轻则心存芥蒂，与朋友失之交臂，或错过机会，丢掉商机，丧失前途；重则集团与集团，国家与国家因误会引起矛盾、冲突，甚至战争。

《三国演义》第四回有这么一段内容：曹操谋杀董卓未成，仓皇逃窜，投靠父亲的结义兄弟吕伯奢。吕伯奢见是义兄的儿子到来，想好好招待一下，就让曹操稍坐，自己到邻村买酒去。这时曹操听到隔壁又要捆又要杀的嘈杂声音，以为要绑他杀他，遂拔剑直入，不问男女，皆杀之，一连杀死八口。谁知原来人家是绑了一头猪，准备设宴招待他。曹操怕留下祸根，将错就错把一家斩尽杀绝。曹操错杀好人，就是源于疑心太重。

这是古代因为疑心重而引起严重后果的典型故事。即使现在，疑心也是与人交流、认识社会的一大障碍。生活中你常会碰到一些猜疑心很重的人，他们整天疑心重重、无中生有，认为人人都不可信、不可交。人家一扬眉，他就说别人看不起他；人家一撇嘴，他就说人家讨厌他；人家在说自己的悄悄话，他便怀疑在说他的坏话。总之，对别人的一举一动都耿耿于怀，觉得别人的一言一行都是对自己的侵犯。

疑心重不仅自己疑神疑鬼，暗耗心血，损伤大脑神经，引起失眠等疾病，甚至有可能由怀疑别人发展到怀疑自己，继而失去信心，变得自卑、怯懦、消极、被动，严重影响到人际关系。由于自我封闭，阻隔了外界信息的输入和人间真情的沟通，他们不愿与人交心，只缩在自己的世界中，整天胡乱猜疑，暗生闷气。有时，他们还会失去理智，因为猜疑而与朋友分道扬镳，甚至反目成仇；因为猜疑把对方打伤，甚至失手打死。可见持怀疑的态度如同握把双刃剑，稍不小心，就会伤人伤己。

易猜疑的人通常过于敏感。敏感并不是坏事，但过于敏感的话，就很容

> 第五章　掌控情绪：学会操纵情绪的转换器

易埋下害人害己的祸根。如果任猜疑蔓延发展，往往会形成攻击性变态人格。如果你想要为自己的情商加分的话，如何消除猜疑是你必修的一课。

第一，理性思考，不要无端猜忌

当发现自己开始生疑时，应当立即寻找产生怀疑的原因，不朝着有利于猜疑的方向思考，而是试着用正反两方面的信息来客观分析问题。

第二，自我暗示，建立自信心

当你猜疑别人看不起你，在背后说你坏话，对你撒谎的时候，你要在心里反复默念"他没有看不起我"，"他没有理由说我坏话"，"他不会骗我"，等等。这种积极的心理暗示能够帮助你建立自信。

第三，自我安慰，增强调节能力

产生猜疑的一大原因，就是总担心别人说三道四，特别在乎别人对自己的一些消极评价。一个人生活于世，遭到别人的非议和流言或者与他人产生误会在所难免。太在乎别人的评价，你就会失去自己。

第四，弄清真相，解除误会

当你开始猜疑某个人时，最好先对其为人、经历以及与自己多年共事交往的表现综合评论，如此，才能将一些不必要的猜疑消灭于萌芽状态。主动开诚布公，坦率诚恳地将内心的猜测和疑虑提出来，或者面对面同对方推心置腹地交谈，也可以弄清真相，解除误会。

如何消除焦虑的不良情绪

许多时候，前进的动力就来自于各方的压力。而"压力能够变动力"，也是物理学上的一条定理。下面这个故事，就很有说服力：

传说美洲虎是一种濒临灭绝的动物，世界上仅存十几只，其中秘鲁动物园里有一只。秘鲁人为了保护这只美洲虎，专门为它建造了虎园，里面有山有水，还有成群结队的牛羊兔子供它享用。奇怪的是，它只吃管理员送来的肉食，且常常躺在虎房里，吃了睡，睡了吃。

有人说："失去爱情的老虎，怎么能有精神？"为此，动物园又定期从国外租来雌虎陪伴它。可是美洲虎最多陪"女友"出去走走，不久又回到虎房，还是打不起精神。

一位动物学家建议说："虎是林中之王，园里只放一群吃草的小动物，怎么能引起它的兴趣？"动物园里的管理人员采纳了专家的意见，放进了三只豺狗，从这以后美洲虎不再睡懒觉了。它时而站在山顶引颈长啸，时而冲下山来，时而雄赳赳地满园巡逻，时而追逐豺狗挑衅。

美洲虎有了对手，也就有了压力，是压力使它精神倍增，前后判若两虎。

自然界是这样，社会生活中也是如此。

一位出生在普通人家的年轻人十分喜欢文学，但在30岁之前他从来没写出令他满意的作品。他的亲人希望他能经商，这样生活可以更富足些，但是他却希望能够写作。他最大的愿望就是有人能提供他一年生活费用，让他安稳地写作。

但残酷的生活让他不得不走上经商的道路，他先后办了不少厂子，但都失败了。万般无奈，他只好重新走上卖字求生的还债之路。

这样做，可以塑造期望的自我

一年之内，他发疯似的写了三部小说，但那些书反响平平，销售也不理想，而且因为版权得不到保护，即使小说写成，也不足以解决生计问题。

接着，他改做记者，为多家日报撰稿，他每天都写大量的文字，以换来一些微薄的稿酬。

债主天天上门逼债，他绝望过，也想过放弃，但他十分崇拜白手起家、意志坚强的拿破仑，他把拿破仑的画像放到书桌前，鼓励自己必须坚持下去。

于是，他又开始创作小说。他一天睡四五个小时，喝大量咖啡，每天晚上8点上床，午夜起来写作，直到早晨8时。为了让自己的文字尽快变成金钱以偿还债务，每天早餐之后，他就把手稿送到印刷厂。因为创作时间仓促，文章经常有错字和文理不通的部分，他只好对校样改了又改，而且他不是只改动几个标点，而是大段大段地重写。

他在30岁之后的生活几乎全是为偿还债务而发疯似的写作。在后来的20年内，他创作了一百多部小说，其中的《人间喜剧》、《高老头》等数十篇小说成为传世之作。在他逝世的前两年，他还在修改20多年前的手稿。

这个人就是法国著名的作家巴尔扎克。

巴尔扎克能从一个平庸作家成为著名作家，动力竟来源于那些巨额债务。为挣钱还债，他写作写作再写作。很难想象一个伟大作家的创作动机竟然是这样，但这个故事却让人们明白，压力可以成为成功的催化剂，可以催生许多奇迹。

人活在世上，虽然无法逃避生活和工作中的种种压力，但是却有办法去战胜它，而战胜它的最佳办法就是：先放"心"面对，再用"心"解决。

所谓用"心"解决，就是要弄清压力的产生根源。人们普遍认为压力是问题引起的，其实引起压力的真正原因是一个人对问题的态度。事情的本身并无绝对的压力可言。因此，感受到压力的时候，最好的做法是找一个出口，尝试寻找解决问题的方法，这样不但有助于及时化解难题，还能转移注意力，变压力为动力，从而促进个人进步。

把压力呼出去，把动力吸进来，必须改变你的处世态度。当你面对无法摆脱的忧虑时，就应该反复地对自己说："这是对我的挑战和考验"。"这是催促我努力学习，积极工作，奋发向上的动力"。只要换个角度去思考，态度一改变，压力很快就能转化为动力，焦虑就会随之消除。

谨防在不幸面前变成懊丧的人

生活中潜藏着美好，但也难免有懊丧之事，如悲痛和伤心等，但生活下去的现实却不容许这些情感吞噬掉希望与对未来的勇气。面对不幸，不要让自己成为容易懊丧之人。

懊丧是人自觉言行不满而产生的一种不安情绪。它是一种心理上的自我指责、自我不安全感和对未来害怕的几种心理活动的混合物。

懊丧成习的人绝不是个"马大哈"，他没学到"马大哈"对人对己的办法，不会得过且过，也不能对人对己都马马虎虎，相反，容易懊丧的人处事谨慎，处处提防自己行为不要出格。一旦有了行为的失检，总是害怕大难临头。同时，懊丧的人也有很强的"良心"自监力，即使没有什么严重后果，他也决不饶恕自己。

容易懊丧的人生性胆小、怯懦，他们与世无争，洁身自好，习惯在处事中忍让、退缩、息事宁人，常常是生活中的弱者。他们不仅对自己的言行不检"负责"，甚至对别人的过错也"负责"。明明是别人瞪了自己一眼，他也

会立即觉得自己肯定做了不好的事。

极端懊丧的人常常用反常性的方法保护自己。越是怕出错，越是将眼睛盯在过错上。一句话会后悔半天，人家并未介意的事他也精神过敏。他对人际冲突极为恐惧，解决人际冲突的问题他也精神过敏。他对人际冲突极为恐惧，解决人际冲突的办法也很奇怪。自己的孩子被人家打了，他还跟着打自己的孩子，因为孩子给自己惹是生非。与别人发生冲突，在对方恃强要挟之下，他会当众打自己耳光，以求宽恕。同时用这种办法来平衡自己的苦闷，"因为我该打，打了自己才心安理得"。

人们经常不自觉地用一种刀子来刻画自己的形象，"因为我是忠厚无能的人，所以我能忍气吞声，宁愿伤害自己也不指责对方。"这一形象一旦刻画成功，品尝"后悔"的苦酒就成为一种自我安慰的享受。习惯成自然，一事过后，不是寻求胜利的喜悦，而是寻觅不幸与失误。只有打破这种感情体验的习惯，只有不再沉湎于后悔体验，才能很有效地克服懊丧情绪，成为一个开朗的人。开朗人的特点是把眼光盯在未来的希望上，把烦恼抛在脑后。只要让更具有意义的事占据你的脑际，你的心就会亮堂一点。

人们面对困境、情绪懊丧时，不妨从相反方向思考问题，这能使人的心理和情绪发生良性变化，得出完全相反的结论，使人战胜沮丧，从不良情绪中解脱出来。

从前，有个老太太整天愁眉苦脸：天不下雨，她就挂念卖雨伞的大儿子没生意做；天下雨了，她又忧心开染房的二儿子不能晒布。

后来，有个邻居对她说："你怎么就不反过想想呢？如果下雨了，大儿子的生意一定好；如果不下雨，二儿子就可晒布。"

老太太一听恍然大悟，从此不再愁眉不展。

这个故事就是反向心理的极好诠释。对此，英国文学家萧伯纳讲得更为明确。有一名记者问他乐观主义者与悲观主义者的区别，他说："这很简单，假定桌上有一瓶只剩下一半的酒，看见这瓶酒的人如果说：'太好了，还有一半。'这就是乐观主义者；如果有人对这瓶酒叹息：'糟糕！只剩下一半。'那就是悲观主义者。"

当我们遇到困难、挫折、逆境、厄运的时候，运用一下反向心理调节，从不幸中挖掘出有幸，使情绪由"山穷水尽"转向"柳暗花明"，摆脱烦恼，用稳定的情绪、健康的心理去直面纷繁复杂、瞬息万变、竞争激烈的社会。

平常的人也有懊丧情绪，表现为事情发生后的自我检查，总结不足，找出不足的原因，从而在以后的行动中作积极的调整。就这一点来说，人人都会有懊丧，它是人类进步的校正器。但极端的懊丧却是心理不健康的表现，必须进行适当调适。

第一，不要将许多事情的后果想象得太严重

经常懊丧的人常常为一句话而后悔半天，对人家并不介意的事情也神经过敏。在日常生活中，大家都有可能出现这样或那样的过错，所以，培养自己将事情看轻、看淡的心理状态很重要。

第二，要放眼未来

对于已经发生的不愉快事件，让它自然地过去，而不要被它困扰。不断让更复杂、更有意义的事占据你的大脑，让新思想、新书籍、新信息丰富你的生活，使你无暇分心去为过去的事而懊丧。等到新的成绩如旭日东升，一切懊恼都会随风而去。

第三，适当地向人倾诉

当自己的烦恼无法排遣时，你可以向你的父母、同学倾诉，这样，你的

心理压力就会减轻。也许他们还会帮助你认识到,你的懊悔是多余的,甚至是可笑、幼稚的。

法国作家大仲马说:"人生是一串无数小烦恼组成的念珠,达观的人是笑着数完这串念珠的。"由此可见,应该努力培养自己洒脱、豁达的性格,这将会对你终生有益。

情绪紧张时你该怎么办

现代社会是一个竞争激烈、快节奏、高效率的社会,这就不可避免地给人们带来许多紧张和压力。精神紧张一般分为弱的、适度的和加强的三种。人们需要适度的精神紧张,因为这是人们解决问题的必要条件。但是,过度的精神紧张,却不利于问题的解决。从生理心理学的角度来看,人若长期、反复地处于超生理强度的紧张状态中,精神负荷日益加重,很容易发生心理过激反应。除了引起失眠、易怒、烦躁、疲乏等情绪外,还可能导致发生高血压、冠心病、心肌梗死、糖尿病、溃疡病等严重后果。在不可避免的快节奏生活中,如何摆脱和控制紧张情绪,这对每一个现代人来说,都是十分重要的。

有效消除过度的紧张心理,从根本上来说一是要降低对自己的要求。一个人如果十分争强好胜,事事都力求完善,事事都要争先,自然就会经常感觉到时间紧迫,匆匆忙忙。而如果能够认清自己能力和精力的限制,放低对于自己的要求,凡事从长远和整体考虑,不过分在乎一时一地的得失,不过分在乎别人对自己的看法和评价,自然就会使心境松弛一些。这就要有乐观的情绪、开阔的心胸,更重要的是通过主观努力,加强控制和调整自己的生活节律,改变不良生活习惯,在快中求慢,紧张中求松弛,避免人为的紧张。

无谓的精神过度紧张不但于事无补,反而容易使人在紧张中作出错误的决定。为了避免过度紧张，应该运用一些有效的调适方法。

第一，学会做时间的主人

要合理安排每天的工作、学习和生活，实事求是地制定出每日、每周，甚至每月的工作计划及需要完成的目标。养成尽可能在限定时间内完成计划、任务的良好习惯，掌握时间的主动权，尽量避免由于时间安排与实际活动的冲突而造成的手忙脚乱。俗话说：一步慢，步步慢，事情也会越积越多，造成心理压力增加而惶惶不可终日。

第二，学会适当留有余地

应在每天工作生活的时间安排上计算提前量，养成遇事提前行动的好习惯。例如，你清晨起床、洗漱、用早餐然后赶车准8时上班，恰好要用去一个半小时时间。若6时半起床时间刚好够用，那么，你不妨6时即起床，这样留有半个小时的富裕，可使做事从容，也能在上班途中如遇到堵车等意外时不急不躁，减少心理压力。其他如访友、看球赛、看电影也应当如此。

第三，学会妥善安排家务

现代家庭中家务事最为烦心，尤其是双职工家庭中为此常闹矛盾。因此应做科学安排，要学会立体安排时间，也就是运用"运筹学"的方法。例如早晨起床后，可先熬上米粥或牛奶，然后拧开收音机，边听广播边刷牙洗脸。中午或晚上做饭的同时可安排洗衣服或打扫室内卫生。晚上看电视也要预先根据节目安排，喜欢的则看，不喜欢看的则不要看，不能一坐下就不起来。可抽时间搞些小手工或编织。

另外，应在平时的休息时间就统筹安排做完家务，这样到星期日或节假日就会名副其实地从容享受休息的乐趣。

第四，学会正确估计自己

毋庸讳言，现代生活不仅是快节奏，同时也充满了激烈的竞争。但个人能力总是因人而异且是有限度的，因此每个人都应实事求是地衡量和估计自己，绝不要拼命蛮干。最后落得事业未成，身体拖垮，得不偿失。生活上则要知足常乐，量入为出，不盲目攀比、追求虚荣。

常言说："人比人，气死人"。坚持合适标准，在合理收入的范围内安排好自己的生活，这样你就会常常感到心安理得，从容自在。

第五，学会正确对待挫折

人的一生不可能不遇到困难，也不可能没有挫折，而贵在遇到困难时不气馁，面对挫折不自卑。要有勇气和自信心，相信自己的力量，这样有利于理清思路，从而从挫折中总结经验，战胜逆境，解脱难题。正如鲁迅先生所说的那样："用笑脸来迎接悲惨的厄运，用百倍的勇气应付一切的不幸。"

同时，当遇到不愉快的事情而心情难受时，则应尽量想办法"宣泄"或转移自己的情绪，如找亲友交谈，痛痛快快地讲出心中的郁闷或苦恼，或上影剧院看节目，去公园散步，去舞厅跳舞等，这样就能消除痛苦，减轻心理压力。

第六，做一些放松身心的活动

选择一个空气清新，四周安静，光线柔和，不受打扰，可活动自如的地方，取一个自我感觉比较舒适的姿势，站、坐或躺下。活动一下身体的一些大关节和肌肉，做的时候速度要均匀缓慢，动作不需要有一定的格式，只要感到关节放开，肌肉松弛就行了。做深呼吸时，慢慢吸气然后慢慢呼出，每当呼出的时候在心中默念"放松"。将注意力集中到一些日常物品上。比如，看着一朵花、一点烛光或任何一件柔和美好的东西，细心观察它的细微之处。

点燃一些香料，微微吸它散发的芳香。闭上眼睛，着意去想象一些恬静美好的景物，如蓝色的海水、金黄色的沙滩、朵朵白云、高山流水等。做一些与当前具体事项无关的自己比较喜爱的活动。比如游泳、洗热水澡、逛街购物、听音乐、看电视等。

过度精神紧张给人身心健康带来的威胁是明显的、严重的。因此，走出去，做你喜欢的一切，你将发现外面的世界的确很精彩，你的紧张、烦恼也将随风消散。

创造快乐有赖于心理力量

人人都会有许多难题，那些具有积极心理态度的人能从逆境中求得极大的发展，要用积极的心理态度去激励自己。人能构想和相信的东西，就能用积极的心理态度去得到它。要认识那些似是不可信的事物的可能性。在激励你自己和别人时，希望具有神奇的力量。要想说话热情，战胜胆怯和恐惧，就要说话响亮；说话迅速；强调重要词汇；在书面语中用句号、逗号或其他标点符号的地方，在说话时就要做出适当的停顿；使你的声音含有微笑，以免它变得粗哑，难于入耳。竖起你目标的靶子，不断地试射，直到你击中它为止。

失败可以是一块垫脚石，也可以是一块绊脚石，这决定于你的态度是积极的还是消极的。炽烈的愿望可以产生行动的动力，这是伟大的成就所必需的。你分给别人共享的东西会有所增加，你保住不给别人的东西会减少下去。实现崇高的理想需要勇气和牺牲，你可能要孤身对付别人的讪笑和无知。有一件事比谋生更重要，那就是追求崇高的理想。

如果你把苦难和不幸分摊给别人，更多的苦难和不幸就会来到你的身边。要得到快乐，首先就要使别人快乐。有这样一个故事：

这样做，可以塑造期望的自我

一个乞丐来到一个庭院，向女主人乞讨。可是女主人毫不客气地指着门前的一堆砖说："你帮我把这砖搬到屋后去吧。"

乞丐生气地说："我只有一只手，你还忍心叫我搬砖，不愿给就不给，何必捉弄人呢？"

女主人并不生气，她故意用一只手搬了一趟，说："你看，并不是非要两只手才能干活。我能干，你为什么不能干呢？"

乞丐怔住了，终于俯下身子，用他那唯一的一只手搬起砖来，一次只能搬两块，他整整搬了4个小时，才把砖搬完，累得气喘如牛。

妇人递给乞丐20元钱，乞丐接过钱，感激地说了声："谢谢你。"

妇人说："你不用谢我，这是你自己凭力气挣的工钱啊！"

乞丐说："我不会忘记你的。"说完深深地鞠了一躬，就上路了。

过了很多天，又有一个乞丐来这里乞讨，那妇人又让他把以前搬到屋后的砖搬到屋前去，可乞丐不屑地走开了。

妇人的孩子不解地问母亲："上次你让那乞丐把砖从屋前搬到屋后。为何这次你又让这人搬到屋前呢？"

母亲对他说："砖放在屋前屋后都一样，可搬与不搬对他们却不一样。"

若干年后，一个很体面的人来到这个庭院，这个人是一只手。他俯下身，对坐在院中的已有些老态的女主人说："如果没有你，我还是个乞丐，可现在我成了公司的董事长。"

老妇人只是淡淡地对他说："这是你自己干出来的。"

在这个故事里，老妇人其实就是"生活"的化身，她会把一个只有一只手的乞丐教成一位董事长，同样也会让一个四肢健全的乞丐永远是乞丐。她在告诉人们自己是自己最好的帮手的同时，也在告诉人们，工作是一种幸福，勤奋比什么都快乐。如果将工作视为义务，人生就成了地狱；如果将工作视为乐趣，人生就成了乐园。

世界上有一种情绪，它并不因为人们财富的多寡、地位的高低而增减，全部的奥秘只在内心，那就是快乐。有一种人生最宝贵的无形财富，它简单易得却又千里难求，任谁也无法将它夺走，那就是快乐。

生而为人即是一种快乐，快乐是人生的主题。只要你用心去体会，以饱满的热情去面对生活，就能快乐度过每一天。但许多人抱怨生活太清苦，许多人到外界去寻求快乐，而对身边的美景熟视无睹。其实只要用心生活，身边就有感动你的美景。

在春天，特别是早春，从春来发几枝的柳树上，从重新披上绿装的大地上，从水光潋滟的湖面上，从鸟雀唧喳的瓦房屋顶，从万物萌发的郊外，从身边女人和孩子们的身上，你随处都能感受到风景的存在，让心灵享受美的熏陶。只要用心，你也能体会到"竹外桃花三两枝，春江水暖鸭先知。蒌蒿满地芦芽短，正是河豚欲上时"的美景。

在夏天，你可以去体会万物在骄阳下傲然挺立的飒爽英姿。如果是晴空万里，你可以去河边体会"水光潋滟晴方好"的诗意；如果是雨天，你则可以去感受"山色空濛雨亦奇"的意境。

秋天是一个收获的季节，更是好景连连。正如古人所说："一年好景君须记，最是橙黄橘绿时。"看着院里挂满果实的梨树，你能不开心？闻着空气中弥漫着的果实的芳香，你能不开心？就是看看满街的落叶，也会带给你无穷的遐想，你也没有不开心的理由。

冬天总是给人一种肃杀寂静的感觉，似乎给人一种压抑的感觉，其实不然，冬天也有冬天的美丽。比如去看雪去体会陈毅元帅诗中那种"大雪压青松，青松挺且直"的诗意，不也是很美，很让人振奋吗？即使去看那光秃秃的树，在凛冽的西风的肃杀中沉着坚持的样子，也让人感受到力量和希望。享受着这一切，你能说冬天不美吗？

第五章 掌控情绪：学会操纵情绪的转换器

这样做，可以塑造期望的自我

只要你愿意，只要你有心，你随时都可以感到愉快，你可以在阵雨中歌唱，使音乐充满你的心灵，你可以在烈日中独行，让阳光洒满你的心灵，你可以在风中散步，让风儿吹散你心中的不快，你可以……总之，只要你愿意，快乐随时都会陪伴着你。

人生是愉快的，世界上之所以有那么多人感觉不到愉快，不过是因为他们自己的愚昧和怯懦，不过是他们没有用心去对待生活，你要相信，只要尽你所能，用心去体会去表现，你可以快乐度过每一天。

汤姆已经结婚快20年了，在这段时间里，从早上起来，到他要上班的时候，他很少对自己的太太微笑，或对她说上几句话。汤姆觉得自己是百老汇心情最差的人。

后来，在汤姆参加的继续教育培训班中，他被要求准备以微笑的经验发表一段谈话，他就决定亲自试一个星期看看。

现在，汤姆要去上班的时候，他记住要让自己的心情好起来，他就会强迫自己改变过去的形象，显得心情很好的样子对大楼的电梯管理员微笑着，说一声"早安"；他以微笑跟大楼门口的警卫打招呼；他也对地铁的检票小姐微笑，当他站在交易所时，他甚至对那些以前从没有见过自己微笑的人微笑。

汤姆很快就发现，每一个人也对他报以微笑。他以一种愉悦的心情，来对待那些满肚子牢骚的人。他一面听着他们的牢骚，一面微笑着，于是问题就容易解决了。汤姆发现微笑带给了自己更多的收入，每天都带来更多的钞票，而且自己的心情感觉越来越愉快，生活充满了幸福感。

汤姆跟另一位经纪人合用一间办公室，对方是个很讨人喜欢的年轻人。汤姆告诉那位年轻人最近自己在心情方面的体会和收获，并声称自己很为得到的结果而高兴。那位年轻人承认说："当我最初跟您共用办公室的时候,我认为您是一个闷闷不乐的,心情总是很糟糕的人。直到最近,我才改变看法:当您微笑的时候,充满了慈祥。"

是的,你的心情会改变你的形象,有了好的心情,你就会多一点笑容,而你的笑容就是你好意的信使。你的笑容能照亮所有看到它的人。对那些整天都看到皱眉头、愁容满面、视若无睹的人来说,你的笑容就像穿过乌云的太阳;尤其对那些受到上司、客户、老师、父母或子女的压力的人,一个笑容能帮助他们了解一切都是有希望的,也就是世界是有欢乐的。而同时,因为你的付出,因为你的好心情为你赢得了事业、尊重、友谊、爱情,甚至于你的未来。

保持一颗平常心,做到仁爱、平静、理智、乐观、豁达,不以物喜,不以己悲,想得开,想得宽,想得远,对名利得失采取超然物外的态度,一切顺其自然,处之泰然。把风风雨雨、飞短流长统统置之脑后。对那些不愉快的事情,要拨开迷雾,化忧为喜。因为不管你遇到什么不顺心、不如意的事,如果整日愁眉不展,不但于事无补,反而有损身心健康。

常怀一颗欢喜心,调节好自己的情绪,使好的心情与自己结伴而行,是完全可以做到的。因为情绪是主观对客观的一种感受和体验,是可以自己支配的。人到晚年,调节好自己的情绪,使自己进入洒脱通达的境界,就掌握了生命的主动权,就能感受和体会到生命和生活中的无穷乐趣。

用心理力量创造正面的情绪,需要你自己去寻找、创造。下面这些创造快乐的方法行之有效。

第一,精神胜利法

这是一种有益身心健康的心理防卫机制。在你的事业、爱情、婚姻不尽如人意时,在你因经济上得不到合理对待而伤感时,在你无端遭到人身攻击

或不公正的评价而气恼时，在你因生理缺陷遭到嘲笑而郁郁寡欢时，你不妨用"阿Q精神"调适一下失衡的心理，营造一个祥和、豁达、坦然的心理氛围。

第二，难得糊涂法

这是心理环境免遭侵蚀的保护膜。在一些非原则性的问题上"糊涂"一下，无疑能提高心理的承受能力，避免不必要的精神痛楚和心理困惑。有这层保护膜，会使你处乱不惊，遇烦不忧，以恬淡平和的心境对待生活中的各种紧张事件。

第三，随遇而安法

这是心理防卫机制中一种心理的合理反应。培养自己适应各种环境的能力，遇事总能满足，烦恼就少，心理压力就小。古人云："吃亏是福。"生老病死，天灾人祸都会不期而至，用随遇而安的心境去对待生活，你将拥有一片宁静清新的心灵天地。

第四，幽默人生法

这是调节心理环境的"空调器"。当你受到挫折或处于尴尬紧张的境况时，可用幽默化解困境，维持心态平衡。幽默是人际关系的润滑剂，它能使沉重的心境变得豁达、开朗。

第五，宣泄积郁法

心理学家认为，宣泄是人的一种正常的心理和生理需要。你悲伤忧郁时，不妨与异性朋友倾诉；也可以通过热线电话等向主持人和听众倾诉；也可进行一项你所喜欢的运动；或在空旷的原野上大声喊叫，既能呼吸新鲜空气，又能宣泄积郁。

第六，音乐加冥想法

当你出现焦虑、忧郁、紧张等不良心理情绪时，不妨试着做一次"心理按摩"——音乐冥想"维也纳森林"，坐"邮递马车"……当然，创造快乐不仅仅只有以上方法，重要的是你在生活中、工作中，要有一种平和、坦然的心理。

人的心理具有神秘的力量，要敢于探索你的心理力量；学会使用适当的暗示去影响别人，学会应用正确的有意识的自我暗示。做到了这两点，你就能在生理、心理和道德上获得健康、幸福、快乐和成功。

第六章 完美表达：三寸不烂舌，可抵百万师

时代需要人才，人才需要口才，人才贵在有口才，有口才一定能成才。在这一章里，为读者阐释的语言表达方式方法，对于达到"完美表达"这一语言的最高境界很有益处。

语言表达反映综合能力

在远古时代，一个人想获得一种被群体接受的价值，那就只有一种方式——格斗较量。因为那时候的人们崇尚勇武，人们靠力量来征服自然，谋求生存，所以衡量人能力大小的标准当然是看他是否勇敢，是否顽强有力。

现代社会不同，智力因素日渐成为一种最基本的征服自然、改造社会的方式，以前的那种匹夫之勇正在被人们不屑一顾。因此，有思想并且善于表达思想的人，便能受到人们的尊重。

作家蒋子龙说过："做人的力量全部在于说话。"讲话斩钉截铁的人，人们能发现他坚强果断的品质；讲话层次清晰、表达流畅的人，人们能发现他的深思熟虑，甚至能预见到他有理有节的行动及其明确的效率。说话能创造一种形象，使人们迅速地对你作出评价，估测你的能力及做人的境界。

想一想，一个人初入公司，怎样才能使别人一下子都注意到你呢？那无疑是要善于表达。有一位刘先生，刚进入公司就说了这么一番富于启示、促人思考的话："我并不想获得什么成功，只要能做到不使别人讨厌就行。同时我也不希望得到什么美誉，只希望我在别人眼里是一个乐观、进取的人就可

以了。"

他的这些话使人对他消除了戒心，觉得他是个知足常乐的人，从而有一种安全感，不用担心他日后的发展会给自己造成不利，也就没有必要去为难他。相反，如果一个人咄咄逼人，人们就会来扼杀这种锋芒，因为他一开始就成为一个"对手"的形象。

还有一个人说过这样的话："男人喜欢的事有两件：一是冒险，二是戏耍。如果能幸免不死的话，那他最喜欢的就是作戏；如果能不输的话，他喜欢赌博。"这些话，使人感到他这个人生动而有趣，但人们也能从中领略到他这种人敢于创业，因为他喜欢冒险而不安于生活常规，让人感到他形象可爱。同时有一种开创前途的可能，这些话能争取到很多人的好感。

一位先生对新婚的夫妇讲了这么一段话："一男一女的结合是诗歌和小说的结束，不过，却是历史和现实的开始。希望你们能留下诗的回忆，而走入现实的历史！"这样的话富于警策，肯定了新婚夫妇恋情的价值，同时又含蓄委婉地给对方提出了一些建议。

如果你一进公司就在各种场合，从各种角度出发，讲了好些动听而又富有深刻哲理的话，不久，你在公司里就有了这样一种形象：聪明机智而又稳妥豁达，罗曼蒂克而又成熟理智，能与一切人交往，使一切人都能接受。这样的人，怎能不迅速地脱颖而出？

语言表达能力是一个人综合能力的反映，从中可以看出他的知识、才能、阅历和修养。不管他治学严谨还是做事马虎，不管他思维敏捷、条理清楚，还是思想懒散、不求上进，都可以从他的语言中看出来。善于辞令者会表现出缜密的逻辑推理能力、丝丝入扣的分析能力，有着自己的独到见解。

从一个人说话的内容和方式中，你可以看出他读了哪些书、掌握了哪些思想，你可以看出他的择友之道，你可以看清他的思想轨道、生活习惯，也可以知道他的所作所为和生活阅历。可以说，谈话中囊括了一个人的一切，

这样做，可以塑造期望的自我

不管你过着什么样的生活、掌握了多少知识、取得了多少业绩，都可以从谈话中反映出来。

谈话本身也是一次深刻的自我教育。一个人应该表现出心胸开阔、慷慨大度，如果心胸狭窄、心存偏见，这些不良品质就会和优秀品质一样，在谈话中暴露无遗。在交谈时，一个人应该充满爱心，不触及对方的难言之隐，不随意公开别人的缺点与不足，应该对听者表现出强烈的兴趣，而不是用语言伤害对方。

受人欢迎的说话态度

与人谈话态度如何，一定程度上决定你是否受人欢迎。一个与人和颜悦色交谈的人总能打动对方的心。那么，怎样才是良好的谈话态度呢？可以从以下五个方面着手。

第一，表现出兴趣

别人讲话时，要注意倾听。如果你望天望地望别处，或是玩弄着小物件、翻弄报纸书籍等，别人就会以为你对他的话没有兴趣，会很扫兴。

在人多的时候，你还不能只对其中的一两个你熟悉的人发生兴趣，你要把注意力分配到所有的人身上；对于那些话说得很少或是精神不太自在的人，你更要特别留神，找机会特别关照他们一下。你的注意、你的关心对他们是一种尊重和安慰，正好把他们从冷落中挽救出来。

第二，表示友善

如果你对别人表现出刻薄的神情，或者你对别人所谈的话表示冷淡或鄙视，那么对方谈话的兴趣也就消失了。

哪怕你不喜欢听他的话或者你不同意他的意见，但是你对他本人还应该表示友善，不要因为他说了一句不得体不适当的话就否定了他的人格。你尊重他，并不妨碍你表示与他有不同的意见。没有经验的人，一听到不喜欢的话，立刻就表现出不快和不满来，把彼此的关系弄坏、搞僵，而失去了继续交谈、深入了解的机会。

第三，轻松、快乐、幽默

真诚、温暖的微笑，是打开别人心灵的钥匙。人的心灵好像对温度有强烈的敏感，遇见抑郁的、冰冷的表情就凝结了起来、硬了起来，但遇见了欢乐的、温暖的笑容就柔软了、融化了、活泼了。所以，真诚的、温暖的微笑，快乐的、生动的目光，舒畅的、悦耳的声调，就像明媚的阳光一样，使一切欣欣向荣，使谈话进行得生动活泼，使大家谈笑风生、心旷神怡。

至于幽默感，需要慢慢地培养，它是一种兴致的混合物，富于幽默的人常常能使客厅中充满欢声笑语，有时一个笑语或是两句妙语，就能驱散愁云、消除敌意、化干戈为玉帛、化凶戾为吉祥。

第四，适应别人

跟自己趣味相投的人在一起就舒服，话多得很，一遇见趣味不投的人就感到别扭，不想开口。像这样依着自己的脾气去接近别人，真正投机的人就少了。

跟别人谈话多关心别人，重视别人的口味。有的人喜欢讲大道理，有的人喜欢高谈阔论，有的人喜欢娓娓而谈，有的人喜欢深思，有的人拙于应对，你都要能调节自己去迁就别人的兴趣与习惯。有满腹经纶的，让他尽情地宣泄；守口如瓶的，由他吞吞吐吐；失意的，多给予一些安慰与同情；软弱的，多给予一点鼓舞和激励。假如对方对某一个问题发生特别强烈的兴趣，就让他在这方面继续发展、畅所欲言；假如对方对某一个问题不想多谈，就及时转换话

题把谈话引到另一个方向，免得引起不快的局面。

第五，谦虚有礼

谦虚是一种美德，是一种难能可贵的品德。自古以来，我国人民就有谦虚的美德，人们有许多这方面的格言警句启迪后人。如"谦受益，满招损"，"谦虚使人进步，骄傲使人落后"，"虚心竹有低头叶，傲骨梅无仰面花"，"百尺竿头，还要更进一步！"事实上也是如此，没有一个人能够有骄傲的资本，因为任何一个人，即使他在某一方面的造诣很深，也不能够说他已经彻底精通，彻底研究全了。

说话要谦虚有礼，绝不是说一些不着边际的客气话，谦虚有礼是一方面真诚地尊重对方、关心对方的需要，尽力避免伤害对方。另一方面严格地要求自己，对自己的意见与看法带着一种"可能有错"的保留态度，虚心地听取别人的意见，关心别人的感受和反应。

说话必须要有尺度

人与人之间沟通，懂得如何说话、说些什么话、怎么把话说到对方心坎里，这些都是很重要的地方。嘴上功夫看似雕虫小技，却有可能因此扭转你的一生。

西汉初年，汉高祖刘邦打败项羽，平定天下之后，开始论功行赏。这可是关乎后代子孙的万年基业，群臣们自然当仁不让，彼此争功，吵了一年多还没有吵完。汉高祖刘邦认为萧何功劳最大，就封萧何为侯，封地也最多。但群臣心中不服，私底下议论纷纷。

封爵受禄的事情好不容易尘埃落定，众臣对席位的高低先后又群起争议，许多人都说："平阳侯曹参身受七十处伤，而且率兵攻城略地，屡战屡胜，功劳最多，应当排他第一。"

刘邦在封赏时已经偏袒萧何，委屈了一些功臣，所以在席位上难以再坚持己见，但在他心中，还是想将萧何排在首位。这时候，关内侯鄂君已揣测出刘邦的心意，于是就顺水推舟，自告奋勇地上前说道："大家的评议都错了，曹参虽然有战功，但都只是一时之功。皇上与楚霸王对抗五年，时常丢掉部队，四处逃避，萧何却常常从关中派员填补战线上的漏洞。楚、汉在荥阳对抗好几年，军中缺粮，也都是萧何辗转运送粮食到关中，粮饷才不至于匮乏。再说，皇上有好几次避走山东，都是靠萧何保全关中，才能顺利接济皇上的，这些才是万世之功。如今即使少了一百个曹参，对汉朝有什么影响？我们汉朝也不必靠他来保全啊？你们又凭什么认为一时之功高过万世之功呢？所以，我主张萧何第一，曹参居次。"

这番话正中刘邦的下怀，刘邦听了，自然高兴无比，连连称好，于是下令萧何排在首位，可以带剑上殿，上朝时也不必急行。而鄂君因此也被加封为"安平侯"，得到的封地多了近一倍。他凭着自己察言观色的本领，能言善道，舌灿莲花，享尽了一生荣华富贵。

说话，要懂得什么时候说什么话；说了，还要为自己说过的话负责。一个人如果不是真材实料，如果没有真知灼见，从他嘴里吐出来的话也许能一时吸引他人，却不能一世蒙蔽他人。

说话要有尺度，尺度拿捏得好，很普通的一句话，也会平添几许分量，话少又精到，给人感觉深思熟虑。而说话的尺度决定与你谈话的对象、话题和语境等诸多因素的需要。换句话说，要言之有度。

有度的反面则是"失度"，什么叫做"失度"呢？一般说来，对人出言不逊，或当着众人之面揭人短处，或该说的没说，不该说的却都说了，这些都

> 第六章 完美表达：三寸不烂舌，可抵百万师

是"失度"的表现。下面就简要介绍一些在谈话中禁忌的话题,接触这些话题容易导致谈话"失度",产生不良效果。

例如:随意询问健康状况。向初次见面或者还不相熟的人询问健康问题,会让人觉得你很唐突,当然如果是和十分亲密的人交谈,这种情况不在此列。

谈论有争议性的话题。除非很清楚对方立场,否则应避免谈到具有争论性的敏感话题,如宗教、政治、党派等易引起双方抬杠或对立僵持的话题。

淡话涉及他人的隐私。涉及别人隐私的话题不要轻易碰触,这里包括年龄、东西的价钱、薪酬等,容易引起他人反感。

说个人的不幸。不要和同事提起他所遭受的伤害,例如他离婚了或是家人去世等。当然,若是对方主动提起,则要表现出同情并听他诉说,但不要为了满足自己的好奇心而追问不休。

讲一些不同品位的故事。一些有色的笑话,在房间内说可能很有趣,但在大庭广众之下说,效果就不好了,容易引起他人的尴尬和反感。

在人际交往中,谈话要有尺度,认清自己的身份,适当考虑措辞。哪些话该说,哪些话不该说,应该怎样说才能获得更好的交谈效果,都是谈话应注意的。同时还要注意讲话尽量客观,实事求是,不夸大其词,不断章取义。讲话尽量真诚,要有善意,尽量不说刻薄挖苦别人的话,不说刺激伤害别人的话。

有尺度就是要把握火候。把握说话的火候,主要就是把握说话的分寸。说话分寸的把握,我们在上文中已经讲了不少,现在着重讲一下在社交场上,如何在自己的上司面前说话,这是人际关系中一门重要的学问,但你如果能很好地把握好与上司说话的火候,前程与事业上的一些难题,自然会迎刃而解。生活中,你有时在领导面前说错了话,虽不至于掉脑袋,但后果也会很糟糕。

俗话说,伴君如伴虎。上司毕竟不像一般同事。何况一般同事之间也应该注意分寸,说话不能太无所顾忌。与领导相处,就更应该注意,平时说话交谈、汇报情况时，都要多加注意。特别是一些让领导不快的话，就更要小心把握。

例如："不行吗？没关系？"这话是对领导的不尊重，缺少敬意。退一步来讲，也是说话不讲方式方法，说了不该说的话。

"无所谓，都行？"这句话会让领导认为你感情冷漠，不懂礼节。"您不清楚？"这句话就是对熟悉的朋友也会造成很大的伤害，对领导说这样的话，后果更加严重。

"有劳了？"这句话本来应该是上级对下级表示慰问或犒劳时说的，下级如果对上级这样说，后果似乎不太妙。不小心说错了话如何补救呢？在领导面前说错了话，一旦反应过来，要立即就此打住，马上道歉。不要因害怕而回避，应面对事实，尽量避免伤害对方的人格和面子，必要时可以再进行说明，而不必要的辩解只会越描越黑。不经意地说："太晚了？"这句话的意思是嫌领导动作太慢，以至于快要误事了。在领导听来，肯定有"干吗不早点"的责备意味，你看这话能说吗？

"这事不好办？"领导分配工作任务下来，而下级却说"不好办"，这样直接地让领导下不了台，一方面说明自己在推卸责任，另一方面也显得领导没远见，让领导没有面子。

"您真让我感动！"其实，"感动"一词是领导对下级的用法，例如说："你们工作认真负责不怕吃苦，我很感动。"而晚辈对长辈或下级对上级用"感动"一词，就不太恰当了。尊重领导，应该说"佩服"。如："经理，我们都很佩服您的果断。"这样才算比较恰当。

另外，过度客气有时反而会招致误解。和领导说话应该小心谨慎，顾全大体。但顾虑过多则适得其反，容易遭受误解。所以应该善于妥善处理，以平常心去应付，习惯成自然，对这类情况就可以应付自如了。如果想克服胆小怕事的心态，有时越是谨慎小心，反而越容易出错，而一旦被上司误认为没有魄力，自然就得不到重用。

这样做，可以塑造期望的自我

只有说真话，才有感染力

除了生活中真正的危险，你想过人们最怕的事情是什么吗？可能人们最怕的是暴露自己的真实。其实，做真实的自己，说真心实意的话，是你以良好的表现进行面对面沟通的根本。所以你要想象，每个陌生人都是潜在的可能成为朋友的人，而通过你的讲话，通过你与对方情感的沟通，你们的心理距离会变得更近。

1977年，《列表之书》畅销全美。其中一章的标题是"人类的14种恐惧"。其中第一恐惧竟是——"在一群人面前讲话"，而"死亡"只排第六位，这似乎很不理性，但是的确表明了很多人对于当众讲话的巨大恐惧。

在一群人面前讲话真有这么可怕吗？

小布什总统的形象顾问拉斯特伯德，总是很关注人们在公众场合下的形象，有一次看电视的时候，他看到了这样一组镜头：

记者在警察总局采访，镜头显示记者站在摄像机前面讲话。有两个警官坐在他后面。他们在记者背后闲聊，丝毫没有意识到自己也在镜头中，录像带正在转动。他们的表情栩栩如生，举止非常自然。突然，他们意识到自己也在电视画面上。就是这样！他们立刻抹去了脸上的所有表情，戴上了一副伪装的"面具"，直呆呆地凝视前方，脖子僵直，下巴紧绷，根本不知道下面该做什么。

这给他的感觉是：在一瞬间，他们就从真实的人变成了人体模型。他们认为观众不应该把他们看做普普通通的人，而应该把他们看做严肃的警官。他们在装模作样，完全不知道怎样才自然，怎样才是他们自己。不熟悉正式讲话的环境、不自在以及"他们都在看着我，我显得很傻"的想法，这些因素都容易使他们紧张。他们不再自然，而是试图表现得专业一些。可是这使他们成了很糟糕的演员。

人们在被许多人注视的时候，之所以显得不自然，就是因为紧张。人们总以为在公众面前应该拿出个什么架子，像个什么样子。其实越是紧张，表现得反而更不好。很多人都是这样，在私下里或人少的场合下，表现得要更可爱和更有才能，而在人多的场合，就因为拘谨而发挥不出正常的水平了。

洛克菲勒的儿子西恩受邀去哈佛大学为经济管理系的学生演讲，他愉快地接受了邀请。但当他眼前浮现出面对人山人海讲话的情景时，就感到恐惧。父亲向他传授了几项在众人面前镇定自若的秘诀。

晚饭时，洛克菲勒饶有兴趣地对西恩说："听说你受哈佛之邀，为他们的学生做有关你在校期间社会实践的报告。听到这一消息，我打心眼里高兴。不管怎么样，你在接受邀请时，在欣喜万分之余，总爱把这件事挂在口头上，这也是人之常情。不过，我建议你也该回到现实中来，恐怕你还根本没有为此事做任何准备，去完成这一充满名誉的任务吧。"

"可是，父亲，不知为什么，我总是莫名其妙地紧张。"西恩的脸上拂过一丝忧虑。

洛克菲勒拍着西恩的肩膀说："我很早就发现当众演讲有多么艰难。我年轻点时，就像一朵开在墙上的黄色草花，出奇的害羞，在一个社交场合当众讲话对我来说像是受酷刑一般，要面对一大群人发言则比上绞架还痛苦。

"我经常谈起我第一次演说的故事。当时，我紧张得不得了，以至于不得不闭着眼睛讲话。我一直希望如果我不看听众，他们就会悄悄离去。等我讲完了睁开眼睛一看，不幸得很，我发现我如愿以

第六章 完美表达：三寸不烂舌，可抵百万师

这样做，可以塑造期望的自我

偿了——只有一位听众还没有走掉。他长得一副书生模样，愁眉苦脸地坐在那儿。我希望能在这次大难后找到点安慰，于是我问他为什么没有走，他仍旧皱着眉头回答我说：'我是下一个发言人。'

"我自我反省，得出的结论是：紧张是我首先要克服的问题。既然我极度紧张是对听众的'可怕'的人数的反应，我觉得需要找出一种与他们打交道的方法。在不那么害羞后我注意到，一对一交谈时我一点也没问题。因此我推导出，如果不再把听众看成是一群姓名不详的'乌合之众'，我或许会觉得舒服些。我把他们个人化，把一群人看做是友好的个人，他曾经邀请我到他的起居室里闲谈。我还会设想出我这位朋友的精神面貌，在每一例子中把他的长相特殊化。如果听众坐的地方很暗，我就把他搁在中间；如果我能看清我的听众，我会从他们中挑出一个有同情心的面孔来，把这张面孔想象成朋友的面孔。这样我就把对一群人演讲当成面对我的一位老朋友在交谈，这样使我的讲话就变得更亲切和轻松了。这种办法使我不再感觉是在对一群黑压压的人墙讲话，紧张感也就消失了。"

当众讲话，想起来是要多可怕就有多可怕。其实这种可怕往往是我们自己想象出来，自己吓自己的。

你要告诉自己，听众是和你同样的人，他们不是洪水猛兽，你只是在和他们进行思想交流而已。你越不自信，听众越容易怀疑你，也就越容易挑你的毛病。在许多人面前的时候，你要表现得和平时一样笃定，想一想，公众有什么可怕的，你又没得罪他们，他们不会因为你的话把你撕成碎片的。即使别人不赞同你的观点，也没有什么大不了的，因为这个世界上永远都有反对你的人，不可能所有的人都赞同你的观点。

你对陌生人往往比较警戒，比如和一大群刚刚认识的人在一起吃饭，比和熟悉的人在一起吃饭，肯定会更紧张一点。但是等到和这些人熟悉了以后，再和他们在一起聊天，就没有一点紧张了。回想起当初刚认识的时候，心里还在猜测这人是什么样的人？或许你以为他和你有很大不同，但熟悉了以后，就发现人和人的心理有很多相似点，有着共同的需求，也有很多共同语言。其实熟悉了以后，几乎任何人都会让你感到亲切。所以对人多的情况不用感到发憷，人和人熟悉了就好了，所以你要想，陌生人没有什么可怕的，区别只在于你暂时还没有熟悉而已，一旦熟悉了，都可以成为老朋友。

所谓说真话，就是说从自己心底里发出来的话。而实际上，你说出的话，到底有多少是从自己的内心里发出的？又有多少是从别人那里拿来的现成的思想，没经消化就成了自己的？

消化不良会导致胃痛，思想和语言上的消化不良，导致说出来的话不像你自己的话，也就不容易打动人。而只有打动了你自己，才能打动别人，因为人心是相通的。

也许你经常读一读报纸，想获取一些热点消息，以便讲给别人听，这也可以成为宴会上的话题。但是，书籍、报纸、电视、杂志上的信息只是些"硬件"，而不是"软件"。

假设有这样一则消息："房价将稳中有升。"如果对这则消息本身不加任何处理，那它只能算是"硬件"。而所谓"软件"，就是指如何解读、如何筛选、如何利用这些信息了。换言之，就是用自己的方式来解释"房价为何稳中有升？""房价上涨意味着什么？""房价上涨给经济带来什么影响？"只有这样才能称其为"软件"。而在这之前它还只能算是"硬件"。

有的人想，"还是去听听专家和经济学家是如何评论的吧"。如果与单纯的报道相同，那就没什么价值了。现在，一些知名度高的经济学家都有自己独到的见解。如果没有自己独到的见解和想法，只列举些全世界谁都知道的数据，那他们与其他的经济学家就没有什么区别了。如果他能拥有自己独到的"点睛"之语，当然他就会受到人们的欢迎。

新闻报道之所以总是让人产生千篇一律的感觉，就是因为地方或中央政

府发布的消息总如出一辙，电视上报道的消息也大同小异。人们就会在换频道时说："怎么，又是这条新闻？！刚在另一个频道看过。"而这些只是素材的罗列，而不是精心制作的真正报道。因为这种报道中根本就没有自己的分析。

而独到的评论，才更容易吸引人，让人眼前一亮。你要想形成自己对事物的独特见解，首先需要积累足够的信息量。

口才的构成要素其实就是词语。为了有效地掌握词语，应注意要从平时的读书、看电视、新闻杂志的阅读中，将富有感染力的词句和文章吸收到自己的头脑中。适当做一些笔记也不失为一种好方法。

在读书时直来直去地读虽然也可以，但是最好的方法是在读的过程中，从其他角度来加深理解："是这样吗？是真的吗？是不是也可以这样来理解呢？"

多问一些问题，多做一些思考的读书方法，可以训练自己的大脑，还有助于提高归纳总结自己观点的能力。

北宋著名的政治家、文学家欧阳修，曾建议人们在写作构思时要有"三上之精神"，即"马上、厕上、枕上"，并且要具备"三多之法宝"。所谓"马上"，就是指骑在马上时思考问题，在现代社会中，我们可以把它理解为在公共汽车上；"厕上"就是指在厕所里，你也可以把它理解为在浴室里；最后是"枕上"，也就是说躺在床上，就是在睡觉前。"三多"，就是指多读、多写、多思考。不过，这三点却是说起来容易做起来难。

首先，多读就比较难，书价上涨，很多人舍不得花钱来买书了。不过，知识丰富、总能跟得上时代步伐的人，都是那种宁肯少吃一顿饭也要买书的人。

其次，再谈谈多写的问题。对现代的生意人来讲，可以说就是以自己的风格来总结并制作计划书、建议书、记录或名言集之类的东西。当然，也可以编辑古今中外的伟人、名人说过的名言，或者把自己从这些名言中得到的启示，学到的、感悟到的东西加以总结。

为此，你就需要多思考。如果不思考，什么样的语言也变不成自己的东西。所谓把它们变成自己的东西，就是指要把这些言语完全吃进自己的肚子里，然后消化并吸收掉。你彻底理解了别人的话，然后再用自己的话说出来，就是你自己的东西了。

另外，说出"自己的话"还有一个好方法，就是在说的时候，尽量脱离稿件说话。对此洛克菲勒的经验是：

"有时我干脆不用演讲稿也不去背演说词。我会拟出一份大纲并记住我要阐述的要点，一旦我觉得自己走了题时就看看大纲。我就像与某人交谈似的发表我的演说。如果我要求你 15 分钟后到我的办公室里来谈谈你对发展剃须刀事业的想法，我怀疑你会带着一份准备好的稿子来见我。但实际上你应该整理一下思路，保证不漏要点，然后即席地说出来。不要让你的谈话听起来像是从磁带里放出来似的，而应该让人觉得听起来像是经过一番考虑后，有声有色地说出来的，如果你这样做就会给人留下你很了解这个问题的印象。进一步来说，如果你打破了机械演说的桎梏，你会自然地焕发出热情，就会围绕着主题有话可说而不会因为紧张而忘了词。"

总之，尽量自如地说话，凭着当时的感觉说话，就更容易给人一种比较灵活的、说自己话的感觉，这样要比像背书那样的收获更容易打动别人。

学会聆听，才能有效交流

听，是人类社会重要的言语活动。练"口"必先练"耳"，没有"耳才"就谈不上"口才"。因此，要想取得交谈成功，必须有灵敏的耳朵，做一个听话的能手。

聆听是搞好人际关系的需要。人有两只耳朵一张嘴，就是为了少说多听。不重视、不善于倾听就是不重视、不善于交流。交流的一半就是用心倾听对

方的谈话。不管你的口才有多好、你的话有多精彩，也要注意听听别人说些什么，看看别人有些什么反应。俗话说得好："会说的不如会听的。"也就是说，只有会听，才能真正会说；只有会听，才能更好地了解对方，促成有效的交流。尤其是和有真才实学的人交谈，更要多听，还要会听。所谓"听君一席话，胜读十年书"，大概就是这个意思吧。

那么，是不是什么都不说，只一味地去听呢？当然不是。假如一句话都不说，别人即使不认为你是哑巴，也会认为你对谈话一点兴趣都没有，反应冷漠。这样会使对方觉得尴尬、扫兴，不愿再说下去。到底多说好，还是少说好呢？这就要看交谈的内容和需要了。如果你的话有用，对方也感兴趣，当然可以多说；倘若你的话没有什么实质内容和作用，还是少说为佳。即使你对某个话题颇有兴趣和见解，也不要滔滔不绝、没完没了，更不要打断别人的话，因为那样会招致对方厌烦，甚至破坏整个谈话气氛。

听话也有诀窍。当某人讲话时，有的人目光游离、心不在焉，给人一种轻视谈话者的感觉，让对方觉得你对他不满意，不愿再听下去，这样肯定会妨碍正常有效的交流。当然，所谓注意听也不是死盯着讲话者，而是适当地注视和有所表示。

只要将人际关系融洽的人和人际关系僵硬的人作个比较，就会明白，越是善于倾听他人意见的人，人际关系就越理想。就是因为，聆听是褒奖对方谈话的一种方式。注意倾听不仅具有重要的意义，而且还能给我们带来许多好处。

一是可以及时捕捉宝贵的信息，获取重要的知识和见解。在现实生活中，只要留心倾听，就会不断有所收获。即使是看似平常的言论，也往往包含着许多宝贵的信息和智慧的哲理，从而触发自己的思考、产生灵感的火花。

二是可以了解谈话者的意图和个性特征。每个人在谈话时，都会不自觉地显露出自己的个性特征和起初想法，只要细心分辨，就不难把握。比如，有人总爱说："你明不明白，你懂了吗？"这样的人大都自以为是、骄傲自满。

有的人往往说："说实在话，真的是这样，我一点都不骗你。"这样的人总担心别人误解，或是急于博取别人的信赖。而经常爱说"我听别人讲，听说的"的人处世比较圆滑，总要给自己留有余地，怕负责任。对于说话条理不清的人，要想抓住他的真实想法，就更需要听清他的每一句话。为了了解对方的意图、洞察对方的心理，在人际交往中要学会用心聆听。

三是一面倾听对方的谈话，一面观察对方的反应，这样就可以用较为充足的时间思考自己该怎么说。即兴构思、随机反应也是口语的重要特点之一，而多听、会听则给你的细看多想创造了有利条件。

专注认真地倾听别人谈话，向对方表示你的友善和兴趣，这样做的最大价值就是深得人心，能使双方感情相通、休戚与共，增加信任度。

在谈话过程中，你若耐心倾听对方谈话，等于告诉对方："你说的东西很有价值"或"你值得我结交"，等于表示你对对方有兴趣。同时，这也使对方感到他的自尊得到了满足。由此，说者对听者的感情也更进一步了，"他能理解我""他真的成了我的知己"。于是，二人心灵的距离缩短了，只要时机成熟，两个人就可以成为好朋友。

耐心倾听他人的谈话可以赢得信任。那么，应该怎样聆听别人的讲话呢？

第一，专心倾听

与说话人交流目光，让你的眼神和表情表示出你用心、认真的态度。一定要注视对方，但不要自始至终盯着对方。适当地发出"哦"、"嗯"等应答声，表示自己在注意倾听，以激起对方继续讲话的兴趣。即便是你感到不耐烦，也不要急于插话以否定或打断对方的话。你可以等到对方的话告一段落时，再表明自己的看法。

第二，情绪适应

与人交流在一般的情况下，身心要处于放松状态、全神贯注，并随着说

话人情绪的变化而表达同样喜怒哀乐的感情。否则，对方情绪低落，你却面带微笑，他肯定再也说不下去。

第三，积极反馈

当对方讲到要点时，要点头表示赞同。点一点头，实质就是发出一种信号，让对方知道你在赞许他，对方这时会兴致很高地讲下去。有时还可以要求对方把某些要点谈详细一些，或要求补充说明，这样就说明你听得很仔细，同时你还可获取更多的信息。

第四，适时提问或插话

通过一些简短的插话和提问暗示你确实对他的谈话感兴趣，或启发对方引出你感兴趣的话题。

第五，边听边想

听比说快，听者在听话过程中总有时间空着等待。利用这些时间空隙暗自思考，回味对方的说话内容，分析对方的观点和意图，把对方的思想观点同自己的思想观点对照比较，预想好自己将要阐述的观点和将要表达的内容及方式。

听是交流的一半。注意倾听和善于倾听的人，永远是善于沟通、深得人心的人。因此，要培养自己注意倾听和善于倾听的好习惯。

说话要抓住他人兴趣

你在对别人讲话时是否想过，对方凭什么要听你的讲话呢？对方为什么要对你的话感兴趣并继续听下去呢？

能言善道，在人际往来中如鱼得水的人，往往在与对方接触的一瞬间，就能找到双方感兴趣的话题，从而引发起交谈的兴致。一名记者访问肯尼迪时，见面就说："我看您还真像个人文主义者。"一下子便引起了肯尼迪莫大的兴趣，破例与这名记者长谈了将近两个小时。

其实，在人际交往中，能够用来接近对方的话题可说俯拾皆是，关键在于要善于根据特定的情境去发掘，并恰到好处地运用。除了投其所好、寻找对方感兴趣的话题外，与之相类似的还有"借助媒介法"，即以一定的物和事为媒介，作为引发交谈的"因子"。

在克林顿第一届总统任期的早期，卫生保健是一个大问题。总统和第一夫人的一次演说是这样开始的："如果你的母亲在护理室里，也许，你每月要花3 500美元以上才能让你的母亲留在那儿。当你把钱花光以后，你的母亲就会失去护理，这不公平。"或者，"有人将底特律的一个妇女的透析机从她的屋里搬出去了，因为她无法继续支付这笔费用了。这意味着你和我已经向那个妇女宣判了死刑！"

这段话立刻引起了听众的极大兴趣，想听听他的下文如何。人们为什么会对他们的话感兴趣呢？那是因为他们的话讲到了他自己关心的问题。

那么每个人最关心的事是什么呢？每个人最关心的，无非是自己的切身利益。如果你的话和他的切身利益相关，对方就会对你的话感兴趣。听众往往会这么想："你将对我的收入、我的将来以及我的家庭有哪些影响呢？"这是你在讲话之前要回答自己的第一个问题。

克林顿的话拿听众亲近的人打比方，让听众想象这样的事真的可能发生在自己亲近的人身上，就感到切身相关，那怎么可能毫不在乎和不关心呢？他们会立刻引起兴趣，而且非常关注。

这样做，可以塑造期望的自我

讲话前问一问自己："这与他们的生活有什么关系？"如果你的信息涉及他们的家庭、他们的工作、他们的朋友、他们的孩子和孙子的健康、快乐，他们就容易认真听你的话。

纽约有一家面包公司的经理，为了想做一家大旅社的生意，曾在4年中不断地去拜访那家旅社的主人，但他用尽了交际手腕，想尽了一切笼络办法，都没能成功。

后来他忽然想到另外一个方法，那就是先去逗他欢喜。他知道这位旅社主人是美国旅馆同业工会主席，并兼着世界旅馆业同业工会主席，对于会务非常热心。于是在下一次去见他时，他就先畅谈关于同业工会情况。这一下立刻引起旅社主人的极大兴趣，两人眉飞色舞地足足谈了半个钟头，临别时，主人还有些依依不舍，竭力劝他也加入工会。

经过这次谈话以后，面包公司的经理立刻交了好运，因为没过几天，那家旅社就来了一个电话，要他把面包的样品和价目表送过去。连那位面包公司的经理也没有想到，他的一席谈话，竟产生出4年来无数次殷勤拜访都没有达到的效果！因为他的谈话，联系到了对方感兴趣的、喜欢的事情上，让对方感到了快乐，所以就能抓住对方。

有的人，因为善于抓住对方的兴趣，而拥有极好的人缘。这样的人有能力让别人总是感到快乐，因为快乐而愿意和他说话。

你要想讨人欢喜，你的话就先要迎合这人的兴趣。一个人说话如果能够让对方感兴趣，就很容易继续深入交往下去。如果对方觉得你的话和他没什么关系，当然就不爱继续听了。

知己知彼，百战不殆。在和人说话之前，你先要了解对方的兴趣和所关心的东西是什么。谈对方关心的事物，才容易引起对方的兴趣，才容易贴近对方的心，也才能够继续深入交往下去。

因此，首先要告诉观众他们想要的东西，也就是说要想他们所想。

善于运用谈话资料

讲话的时候，如果对方没有跟上你的思路，任你滔滔不绝，口若悬河，说服的效果只能等于零。为了让对方跟上你的思路，并且加深对你的话的印象，你要尽量使听众对你的话保持兴奋。

那么，怎样才能使听众保持兴奋呢？

人是情感的动物，让人兴奋的东西往往是情感，而不是理性的因素。所以，如果总是讲统计数字和抽象的理论，会让人感到枯燥，而逐渐降低兴奋度，减少注意力。但是，如果去讲一些故事、逸事、例证，则能让人在情感上产生一定的共鸣，就容易理解，也容易增强注意力和记忆。

某公司负责人一天召集所有技术人员训话时，忽然提出了一个极古怪的问题："你们是否知道，牛角是长在耳朵的前面还是后面？"

所有的技术人员都傻了眼，交头接耳，没一个人能回答出来。他们只知道，董事长是一位技术精湛的机车技术员，平时很喜欢与技术相关的知识。但即使知道这么一点，他们仍然觉得董事长今天的问话十分唐突。

"林先生！李先生！你们两位不是在农村里长大的吗？怎么也不知道牛角到底长在什么地方？"

"但我们学的专业不是畜牧业。"林、李两人面面相觑。

"哈！哈！我知道你们不会知道。前几天，我和几个朋友一块喝酒，我也向他们提出同样的问题。我的一个朋友说：'唉，等一下，

这样做，可以塑造期望的自我

也许我能回答这个问题'，说完他用手在桌上画来画去。'我知道了，牛角长在耳朵的前面！'你们知道吗？他是一个画家，他只要把牛画出来，凭他沉淀的观察经验，就能判断哪一副耳朵更合乎感觉。"

"各位，技术和这个道理是完全一样的。想象是一回事，用手去制作是另外一回事。我们的设计需要手工无意识地引导，我们的手工需要由心的形象参照。技术就需要动用感觉和理智两个方面才行，这样的技术才有创造性。"

董事长讲的道理是那么的新颖深刻！在以后的几天中，技术员们一直在回味这些话，同时也试着运用到他们的工作中去，愈觉得受益无穷。

洛克菲勒说过："演说不是口头考试。演讲人不是在讲台上证明他懂得高深的数字意义，任何演说的目的都是要影响听众。千万不能说：'去年我们推销了 172 948 件产品。'我现在只会这样说，'我们的销售量超过了 150 万！'如果我们的销量每季度都有增长，我不会说出每次增长的确切百分数。我仅会声明，'去年的销量稳步上升。'准确的数据和日期只是妙的修饰，但最好留在年度报告里说，因为读报告的人可以在有空时仔细推敲这些数据。事业在蓬勃发展的事实才是土豆烧牛肉，才是听众爱吃的一道主菜。"

洛克菲勒可谓深谙听众的心理。听众一般不喜欢听到专业性的内容，那会让他们不容易理解而分心，从而无法跟上你的说话速度。你只要告诉他们事实是怎样，并让他们留下深刻印象。至于具体数据，如果人们需要，会自己去查，可以从书本上了解到。那一般只在写论文和专著时有用。人们只想知道事情的大概，事情的性质即可。

总之，你可以实实在在地表达自己的材料，也可以像讲述逸事趣闻一样表达，而最好的办法是讲故事。可以讲一些逸事、个人趣闻，运用明喻和暗喻等修辞进行生动的口头描述。

林肯就很善于利用故事来暗示或加强自己的观点。他知道故事比单纯的说教更有说服力。他说:"大家夸我会讲故事,我想确实如此。我从长期的经验中了解到,普通民众终日劳碌,用一个容易理解而又幽默风趣的例子,比用别的任何方式更容易影响他们。"

有一次他又说:"我相信我讲故事已经讲出了名,但我感兴趣的不是故事本身,而是其目的或效果。我喜欢用简短的故事说明我的观点,避免别人冗长、乏味的议论和我费力的解释。一个贴切的故事,可以减轻拒绝或批评所造成的尖锐刺激,既达到谈话的目的,又不伤感情。我不是一个专门讲故事的人,但我把它作为一种缓冲剂,避免不必要的冲突和烦恼。"

即使在内阁会议这样严肃的场合,林肯的谈话仍然穿插着故事。在许多重大的问题上,林肯的故事往往具有结束激烈争论的奇效。他宣读《解放宣言》后,财政部长蔡斯提出异议,接着,内阁成员们七嘴八舌地议论起来。林肯挥挥手打断了他们:"先生们,我想起了一个出门人的故事。在回家的路上,他遇到自己农场里的一个雇工,雇工对他说,'主人,小猪都死了,还有,老母猪也死了,我不想一次全告诉你。'"

恰当地运用故事,就会为整个讲话增色,否则,所讲内容就容易成为陈词滥调。大多数人的讲话都沉闷、无趣、华而不实。其实,任何话都不如讲一个相关的故事那样有效,当你用故事的形式讲话时,你的讲话就带有人性、带有个性,观众就会停下来,注意你,并记住你的讲话。

不可否认,在讲话中穿插故事永远不会有错。电视新闻节目也时常留出故事时间或者通过故事看新闻。实践证明,这大大提高了电视台的收视率。

你也许注意到,现在管理故事满天飞,为了阐述抽象的管理道理,很多人开始利用故事这个最好的工具。你不用诉诸枯燥的管理概念和理论,你讲一个故事,再画龙点睛,人家一下子就明白了。而且因为这个故事,而记住

了这个道理。如果你只讲枯燥的理论,恐怕人们就不会记得这么牢了。因为人们一听理论,马上有点要犯困。这个世界信息泛滥,要想让人们在信息的汪洋中提起精神来,你得让你的话更加有滋味,更有刺激性。

很多道理是普遍的,大多数人都知道,如果用这种道理来说服人不会有足够的说服力。因为听者一定也使用过这种道理来说服过别人和自己,所以当你用这种道理来说服他时,他会感到习以为常、无动于衷。但如果你在平常的现象中发现了一个深刻的道理,使他以前处于无知无觉的状态一下子被打开了,他会有一种新奇之感,从而被你的话所吸引。

此外,你还可以举个实例来说服听众,因为人们具有从众心理,如果他听说别人是这样的,那么就容易让他信服。所以人们对例子普遍比较感兴趣,这个方法推销员在推销的时候使用,经常有比较好的效果。

培养言谈的幽默感

林语堂在《论读书,论幽默》中说:"幽默有广义与狭义之分,在西文用法,常包括一切使人发笑的文字,连鄙俗的笑话在内……在狭义上,幽默是与郁剔、讥讽、揶揄区别的。这三四种风调,都含有笑的成分。不过笑本有苦笑、狂笑、淡笑、傻笑各种的不同,又笑之立意态度,也各有不同。有的是酸辣,有的是和缓,有的是鄙薄,有的是同情,有的是片语解颐,有的是基于整个人生观,有思想的寄托。最上乘的幽默,自然是表示'心灵的光辉与智慧的丰富'……各种风调之中,幽默最富于感情。"从学术意义上讲,一种能激发起人类心理某种情感的智慧,某种在对逻辑性进行适当调控后对现实进行某种形式的加工或者破坏。目前,幽默或搞笑已经可以提升到哲学研究的范畴。可以毫不夸张地说,幽默就是一门哲学。

幽默给人以从容不迫的感觉,更是一个人成熟、机智的象征。你不必为自己的言语贫乏而懊恼,掌握下列幽默方法,你也可以成为幽默专家。

第一，要合时宜

不管你肚子里堆积了多少可乐的笑话和俏皮语言，你都不能为了体现你的幽默之处，而不加选择地一个劲儿地倒出来。语言的幽默风趣，一定要根据具体对象、具体情况和具体语境来加以运用，而不能使说出的话不合时宜。否则，不但收不到谈话所应有的效果，反而会招来麻烦，甚至伤害对方的感情、引起事端。

因此，如果你现在有一个笑话，不管它有多么风趣，如果它有可能会触及对方的某些隐痛或缺陷，那么，你还是做一下努力，把它咽到肚子里去，不说出为好。

有些人在做说服别人的工作时，运用幽默过多，常常是笑话接笑话，连篇累牍，就像连珠炮一样。这样一来，谈话内容往往会脱离主题，难以实现说服别人的目的。对方听起来，也会感到云山雾罩，不知道你究竟要说什么，甚至认为你在向他展示幽默才能呢！

第二，造成悬念

当你叙述某件趣事的时候，不要急于显示结果，应当沉住气，要以独具特色的语气和带有戏剧性的情节显示幽默的力量，在最关键的一句话说出之前，应当给听众造成一种悬念。假如你迫不及待地把结果讲出来，或是通过表情与动作的变化显示出来，那就像饺子破了一样，幽默便失去效力，只能让人扫兴。

第三，以声传意

当你说笑话时，每一次停顿、每一种特殊的语调、每一个相应的表情、手势和身体姿态，都应当有助于幽默力量的发挥，使它们成为幽默的标点。重要的词语应加以强调，利用重音和停顿等以声传意的技巧来促进听众的思

考、加深听众的印象。

第四，假装正经

最不受欢迎的幽默，就是在讲笑话之前和之中，或是刚讲时，自己就先大笑起来。自己先笑，只能把幽默给笑没了。最好的方式是让听众笑，自己不笑或微笑。这就是说，采取"一本正经"的表情和"引入圈套"的手法，才是发挥幽默力量的正确途径。

在每次讲话结束的时候，最好能激发全体听众发自内心的笑容。不妨试一试，用风趣的口吻讲个小故事或说一两句俏皮话、双关语或是幽默的祝愿词，这些都是很妙的结尾。总之，你要设法在听众的笑声中说"再见"，让你的听众面带笑容和满意之情离开会场。

任何人在与别人交往时必然会发生一些不必要的尴尬，在此情况下，你若能从容地开个玩笑的话，你与别人之间紧张的气氛就能消失得无影无踪，而且你的同事还会被你的魅力吸引，被你的宽广胸怀感动，进而钦佩你，最后真正接受你。善于幽默的人，大多能把幽默的力量运用得十分自如、真实而自然。所以，当他们开玩笑时，别人不会感到耸人听闻或是哗众取宠，而只是感觉欢乐。

如何提高口才能力

讲话就要有一个中心，中心就是目的，没有中心的讲话是瞎扯。讲话的目的是能够增进你和对方的关系，讲话也能使你在对方的心目中确定你的位置，让对方看到你不是一个糊涂虫、无聊者，而是一个有理智、有观点的人。

如何提高口才能力？有位美国政界要人曾说过："个性和口才的能力比起外语知识和哈佛大学的文凭更为重要。"的确，口才很重要。但你也许会说："我先天不足怕开口，见人就脸红，没口才。"那么，我们告诉你：朋友，这不要紧，路就在脚下。

口才不会与生俱来，也不会从天而降，就像庄稼需要施肥、道路需要整修，口才也要培养。一切美丽的花朵，都植根于沃土之中，离开了泥土，它也就失去了养分；没有了泥土，它就会干枯、凋零。空中没有盛开的鲜花。如果你把口才也看成是百花园中的一朵鲜花，那么它扎根的沃土就是人的思想、知识、能力、毅力，离开了人的这些素质，那么口才也就成了一朵空中的花，一朵永远不会盛开的花。崇高的思想、渊博的知识、远见卓识以及一定的记忆能力、较强的应变能力、持之以恒的毅力，这些都是你培育"口才之花"的"养料"，离开了这些，练口才只能是一句空话。

第一，要有崇高的思想

大家或许都有过这样的体验，当一个言行欠佳的人批评你的时候，你的心里一定很不服气。甚至在心里说：你自己做得也不怎么样，有什么资格说我呢！你会感到这人言行不一。

中国有句老话，叫做"近朱者赤，近墨者黑"。品德、修养恶劣的人带给别人的也只能是卑鄙的灵魂、低级的趣味，而且很难受到大多数人的欢迎。

无论是演讲、谈话、论辩都是一种向听众做宣传的双重活动，你的思想、品德、感情、修养都会在有意与无意中影响着听众的思想、品德、感情、修养。而演讲者、说服者只有具备了高尚的思想修养，他的话才具有说服力。身教胜于言教就是这个道理。

如果一个演讲者、一个论辩员没有高尚的思想修养做后盾，那么他的演讲、论辩是不可能成功的，其结果只能是台上他讲，台下讲他。所以，你要练口才，首先就要培养自己的思想美、心灵美、行为美，培养自己的高尚情操，学会使用正确的方法、立场去分析问题、解决问题，只有这样，你才能用美好的语言去感染听众、说服听众、宣传听众。

第二,要有渊博的知识

要想给别人一杯水,自己要有一桶水。这是常识。你要说给别人听,首先就得自己有。演讲时的几分钟,论辩时的几句话,需要你有丰厚的知识积累。

你不妨准备一个小本子,把每天从报纸、杂志、课文中看到的观点、方法,好的词、句子都记录下来,有时间就拿出来看看,天长日久,就形成了自己的思想,有了自己的见解,也有了自己的词汇库。说起话来也就头头是道,也不觉得没词儿可说了,甚至常常能妙语惊人,这就是积累的结果。

第三,要有远见卓识

远见卓识是演讲者、交谈者、论辩者必须具备的一种素质。你不论是演讲,还是谈话、论辩,面对的都是人,或是广大的听众,或是单个的个人。但不论是人多,还是人少,谁都不愿意去浪费时间听那些老掉了牙的、人人皆知的陈词滥调。如果你总是人云亦云,从没有自己的见解,自己的观点,那么你永远也不会成为一名受人尊敬、受人欢迎的演讲者、谈话者、论辩者。你永远不可能征服你的听众。

要想自己的见识超群,见解独到,就要站得高,看得高,高瞻远瞩,言别人之未言,说别人之难说。但是,你千万记住决不要去追求华而不实的噱头,决不要去哗众取宠。

第四,较强的应变力

著名相声演员马季,有一次到湖北省黄石市演出。在他表演之前,有一位演员错把"黄石市"说成了"黄石县",引起了观众的哄笑。在笑声中,马季登台演出。他张口就说:"今天,我们有幸来到黄石省演出……"这话把哄笑中的观众弄糊涂了。正当大家窃窃私语时,马季解释道:"方才,我们的一位演员把黄石市说成县,降了一级。

208

我在这里当然要说成省，给提上一级，这样一降一提，哈，就平啦！"

几句话，引得全场哄堂大笑，马季机智巧妙地给"圆"了场，使演出得以顺利进行。

马季所以能把场"圆"下来，关键还在于他有较强的应变能力。一个艺术家如此，一个演讲者、谈话者、论辩者也是如此。

你无论是演讲、谈话，还是论辩，都是在与听众进行感情交流，在进行信息传递。这就需要你在演讲、谈话、论辩的过程中随时地注意对方的变化，观察对方的表情，掌握听众的情绪，并要根据听众的反馈及时调整你演讲、谈话、论辩的内容及角度，把听众不愿听而你又打算讲的东西删掉，加进一些听众感兴趣的内容，这没有较强的应变能力是做不到的。

另外，你在与人交际、交流时，常常还会遇到一些意想不到的事情发生。如你正在演讲时却有人起哄，正在交谈时却遭人抢白，你的辩词受到人们的反对，这一切一切都需要有从容镇定的应变力。所以为了使你在窘境中得到解脱，为了练就一副在任何情况下都对答如流的口才，为了在社交场合免受尴尬之苦，为了你临危不乱，请培养应变能力吧。

第五，一定的记忆能力

记忆力是演讲者、谈话者、论辩者的一项重要的素质。你的演讲词、论辩词包括谈话的一些内容都是需要记忆的，通过记忆把演讲、论辩的内容储存在大脑中，登台演讲或进行交谈、论辩时，才能张口即来，滔滔不绝。如果记忆力不强，到了台上，一紧张就会丢三落四，甚至张口结舌。你在积累知识时也需要有较强的记忆力，否则，打开书什么都知道，合上书又什么都忘了，是不行的。

培养记忆力是要下点苦工夫的。所以你一定要抓紧时间，培养和加强自己的记忆力。记忆的方法很多，你可以自己从学习中寻找、总结一些记忆规律，

供自己使用。也可以学习、借鉴他人的成功方法，如形象记忆法、数字记忆法、联想记忆法等。总之，我们只有过目成诵，才能出口成章。

第六，持之以恒的毅力

有一句名言为："书山有路勤为径，学海无涯苦作舟。"西方也有一句格言为："诗人是先天的，演说家是后天的。"确实，要练就一副悬河之口，非下一番苦工夫不可。

古希腊有一位卓越的演讲家德谟斯梯尼，年轻时有发音不清、说话气短、爱耸双肩的毛病。最初他的演讲很不成功，以致被观众哄下了讲台。但德谟斯梯尼没有因失败、嘲笑、打击而气馁。他一方面博览群书、积累知识，一方面又刻苦练习。为了练嗓音，他把小石子含在嘴里朗诵，迎着呼啸的大风讲话；为了克服气短的毛病，他故意一面攀登，一面不停地吟诗；为了克服耸肩，每次练习口才时他都在自己的双肩上方挂两柄剑，剑尖正对双肩，迫使自己随时注意改掉耸肩的不良习惯。他还在家中安装了一面大镜子，经常对着镜子练演讲，以克服自己在演讲中的一些毛病。经过苦练，德谟斯梯尼终于成了世界闻名的大演讲家。

"宝剑锋自磨砺出，梅花香自苦寒来。"这就是德谟斯梯尼成功给人们的启示。只要你持之以恒地勤奋学习，刻苦练习，那么你一定会成功，口才家、雄辩家的桂冠就一定能戴在你的头上。

第七，训练说话能力

一份调查结果显示，缺乏语言训练与受过良好语言训练，具有天壤之别的关系。面对同一件事，没受过语言训练者的表述，有可能是语无伦次的、杂乱无章的，即使说上一大堆话，也只会是废话一堆，若是受过良好语言训练的人，他可能只需很少的语句，就会十分简练、完整且合乎逻辑地抓住主要情节和情节之间的关系，将事件表述出来。两者之间，差别之大，不由得不引起我们对口才训练的重视。

在着手训练自己的讲话能力之前，不妨自己对自己先做个摸底。你不妨问问自己：

是不是见了别人，觉得无话可说？

或只对一部分人才有话说？

是不是很难找到一个使说、听双方都很有兴趣的话题？

能否将自己所谈的意思，用各种不同的方式去表达，以满足不同场合、不同对象的需要？

在遇到别人的反驳时，是否一再重复说过的老话？

能否调动别人与你谈话的兴趣？

能否使谈话顺利而不致中断？

改变话题是否自然、巧妙？

能否根据对方的态度，及时调整自己的态度？

口齿是否清晰，声音是否悦耳？

应当知道在何处结束自己的谈话？

此外，必要的训练还包括诸如概括力、条理化、用语准确生动等基本内容。

你完全有必要根据上述要求来检审一下你自己，看看你具备些什么，又缺乏些什么？缺乏的主要原因是什么？总之，你要自己给自己的讲话能力作个诊断，找出原因，才能对症下药。

第七章 构建人脉：画好人际关系的网络图

对任何一个社会人而言，如果你想在事业上有进一步的发展，你必须懂得编织以及维护你的人际关系。为此，本章针对人际网络中的领导、下属、客户等人脉资源画出了构建蓝图，让你进一步拉近人与人的距离。

尊重别人就是尊重自己

在待人接物时，人们总是提到这样一个词："尊重。"尊重他人是中华民族几千年来的传统美德。尊重他人是一种修养，每个在社会上生存的人，都希望得到尊重和关怀。

从更深的层面来说，尊重不仅体现了个人的修养，让他人对你留下美好的印象，更能让你在未来之路上收到丰盛的果实。如果你期望别人对你忠实，让你们的友谊持久，那么你就要用尊重去温暖对方的心。尊重对方就是经营友谊，使人与人之间彼此信任。

张国涛是一名业务员，任职于强生公司。在他的客户中，有一位是药品杂货店的店主。每次他到这家店里去的时候，总要先跟柜台的营业员寒暄几句，然后才去见店主。

这一天，张国涛又一次来到这家药品杂货店，店主突然告诉他今后不用再来了，他不想再买强生公司的产品，因为强生公司的许多活动都是针对食品市场和廉价商店而设计的，对小药品杂货店没有好处。

店主坚定的态度，让张国涛也无可奈何，只好离开商店。他开着车子在镇上转了很久，总感觉还能挽回这个客户，于是最后决定再回到店里，把情况了解清楚。

再次返回这家药品杂货店时，张国涛没有表现得过于急切，而是照常热情地和柜台上的营业员打过招呼，然后才到里面去见店主。店主见到他很高兴，笑着欢迎他回来。交谈的结果，这个店主居然订了比平常多一倍的货。

看到这种情况，张国涛心里十分惊奇，不明白自己离开店后发生了什么事。这时候，店主指着柜台上一个卖饮料的男孩说："在你离开店铺以后，卖饮料的男孩走过来告诉我，你是到店里来的推销员唯一会同他打招呼的人。他告诉我，如果有什么人值得同其做生意的话，就应该是你。你要明白，我的职员就是我这家店铺的一部分，你尊敬他就等于尊敬我，那么，我又有什么道理不和你合作呢？"

正是因为这件事，张国涛与这家药品杂货店建立了长期的合作伙伴关系。

每每想起此事，张国涛都会说："学会尊敬每一个人，对方就会立刻对你留下好印象，这样我的事业才能做大、做强。"

从这个例子中我们可以看到，尊重他人，这能让对方立刻喜欢自己。哪怕对方的身份、资历比自己低，那也应当表现出尊重的态度。你在尊重别人的同时，也必然会受到他人的尊重，这对自己的形象树立是非常有帮助的。

当然，想要尊重他人，并非一句话这么简单。具体而言，你在面对他人时，要尽可能地做到以下几点：

第一，懂得了解和尊重他人

很多人在面对他人时，总会不经意地流露出自负的情绪。也许在面对某

些问题的时候,头脑灵活的人其解决方法确实比对方高明些,但这不能成为他恃才傲物的筹码。因为,自负本身就是对别人的一种不尊重。

每个人都有着强烈的自尊心,如果总是被他人毫不留情地践踏的话,自然就会远离这种自负的人。试想,恃才傲物的自负者又怎能被别人喜欢?所以,在与他人交流时,首先就要懂得如何去尊重他人,这是千古不变的道理。

一般来说,自负的人都有一个致命的弱点,就是不懂得去接纳他不喜欢的人,这就在无形当中为自己的人脉平添了一道障碍。因此,想要得到他人的好感,就得积累宽广的人脉,要学会尊重和了解对方,洞悉他们的习惯,只有这样,才能为树立自己的良好形象奠定基础。

第二,学会适应并影响对方

在了解到对方的习惯之后,接下来你就应当努力适应并影响对方。有些时候,过于棱角分明、过分地强调原则性,反而不利于他人对自己产生良好的印象。

事实上,在现代社会中,只有圆滑的人才能够游刃有余,受人欢迎。圆滑的人往往会在与他人交往的过程中隐藏自己的棱角,适应对方,让对方感到很舒服。并且还能够给对方一定的影响力,在肯定对方的同时,不失时机地提出自己的意见,这样反而更容易赢得他人的好感,从而逐步建立起深厚的友情。

第三,淋漓尽致地表达你对他人的信任

很多人都看过韩国电视剧《大长今》,其中有这样一个情节片段:

一天早上,御膳厨房的闵尚宫和宫女正在忙着打扫厨房,最高尚宫韩尚宫来到膳食间,对闵尚宫说:"今天是太后娘娘的哥哥,也就是皇上的舅舅典判吕大人的生辰宴会,皇上特别吩咐要赐寿酒以

及食物。我派你去准备生辰筵席。太后娘娘早就已经到了那里了。"

旁边的连生和阿昌早已经迫不及待，可是从没有单独准备过筵席的闵尚宫却有点信心不足。闵尚宫说："可是，我还不能……我害怕……我从来没有一个人负责过筵席呢。"

韩尚宫欣赏地看着她说："以你的资历，带一些内人准备一桌筵席应该绰绰有余。"

"可是我……我怕……"

"因为你做的煎饼特别好吃，所以我才派你过去。不要担心，快去快回吧。"

"不过……"

"没问题，我相信你，你一定可以的。"

听到御膳厨房手艺最好的尚宫说相信自己，闵尚宫既感到兴奋又觉得难以置信。她怀着娘娘对她的莫大信任和对自己手艺的自信，出色地完成了这次任务。

你在与他人交往的过程中，应该充分相信自己，更应该充分相信别人，因为你的信任会给别人强大的力量，有时这种力量可以创造奇迹，这才是对别人的最大尊重。无论是个人还是团体，你都应给予最大的信任，这样才能使之间关系更加紧密，团结协作，缔造出良好的人脉关系，携手创造出惊人的成绩。

第四，不要嘲笑朋友的缺点

每个人身边都会有很多朋友，而能否尊重朋友，同样影响着你的人际交往能力。

朋友身上难免有某些缺点，倘若你一味嘲笑他的缺点，这就等于对他不尊重。朋友的那些缺点，正是他们脆弱的地方，希望得到你的保护。也许他

们就是由于那些缺点曾经受到伤害，期望可以在你这里找到安慰，同时也希望将这种理解与尊重回馈于你。但是，如果你做不到这一点，那么朋友势必会对你感到失望，久而久之也对你产生很多意见，最终分道扬镳。

纵观那些拥有可贵友谊的人，他们永远都不会去打击和嘲笑他的朋友。也许你会认为你们的关系已经十分亲密，不需要对自己的真心话加任何掩饰，但是你需要明白，冷面直言是对朋友的一种伤害，从而丧失了交流应有的本意。事实上，没有人喜欢听让自己出丑的笑话，没有人喜欢与不尊重自己的人做朋友。

低调的人总是讨人喜欢

曾经有人这样论述："自我表现是人类天性中最主要的因素。"的确，人们喜欢表现自己犹如孔雀喜欢炫耀美丽羽毛一般正常，但刻意地自我表现就会使自然变得做作，热忱变得虚伪，到头来，过分表现还不如不表现。在办公室里，原本同事之间就处在一种隐性竞争关系之下，倘若再一味地刻意表现，不但不能赢得同事的好感，反而会遭到大家的排斥和敌意。

三国魏人李康的《运命论》中说："木秀于林，风必摧之；行高于人，众必非之。"在现在这个张扬个性的时代，不管你如何同这句话唱反调，都不能过分表现自己，否则很可能会被同事孤立。尤其是对于新入职的员工来说，更应保持低调。

> 陆先生刚刚来到新单位还不满一个月，由于他处处小心做事，每每笑脸相迎，所以渐渐赢得了同事们的尊重和认同。
> 在一个周末，办公室里的人决定一块儿去聚餐，也邀了陆先生。
> 席间气氛融洽，大家无话不谈。其中有一名同事与陆先生最谈得来，

几乎把单位里的种种人情世故，以及每位同事的性格、缺点都尽诉无遗。陆先生对他心怀感激，加之对单位里的种种利害一无所知，着实很珍惜这样一位"知无不言，言无不尽"的同事。

随着彼此距离的不断缩短再加上喝了点酒，陆先生慢慢放松了自己的防线，于是将一个月来看到的不顺眼，不服气的人和事统统向这位同事倾诉了一遍，甚至还批评了办公室里一两个同事的不是之处，借以发泄心中的闷气。

由于陆先生对这位同事了解甚少，不知这位同事竟是个翻云覆雨之人。第二天，这位同事便将昨天陆先生的一番话添油加醋地"转达"给了其他同事。这一下陆先生可就狼狈了，在办公室里成了人人冷眼相对的目标。

直到这时，陆先生才如梦初醒，悔不该一时激动，忘记了"保持低调"这样一个浅显的道理，让自己一个月来苦心经营的人际关系全都化为泡影。

陆先生因为一时疏忽，忘记了保持低调，导致了同事们立刻对他产生反感，认为他是一个"口蜜腹剑"的人。可见，作为一个职场人员，学会在同事面前低调，不可以炫耀自己的能力，不乱传闲话、说闲话，这才能获得同事们的好感。

有些人会认为：我的确有些不够低调，但是这是源于我的自信！诚然，自信是对自我的认可和肯定，适当摆摆谱儿也能显示自己的重要性。但凡事有度，太过显山露水反而会让人觉得徒有虚名，也不利于职场人际关系的和谐发展。切记："千里马常有而伯乐不常有"，不要因摆谱儿过度而吓跑了伯乐。

保持低调，这是身在职场的人士必须掌握的能力。那么，怎样才能做到保持低调呢？如果你能做到以下这些，那么相信同事一定会对你喜爱有加。

这样做，可以塑造期望的自我

第一，不要刻意显示自身优越性

也许与同事相比，你的身上确实有过人之处，但是，这并不值得你大肆炫耀。因为如果你总是想要展露自身的优越性，这就会让人感到你很狂妄，同事很难接受你的观点与建议。你还会因为由于太爱表现自己，使自己在同事中失去威信。

雪亮是人事局一个人事部门的科员，虽然他精明能干，但在很长一段时间内却没有交到任何朋友。究其原因，便是因为他总要刻意地炫耀自己。

雪亮这个特点是公司所有人都知道的，他每天都在同事面前大肆吹嘘自己在工作中所取得的成就：在一天之内，有多少人请求他帮忙办事；哪个不清楚名字的人昨晚硬要为他送礼，等等，在他看来，这些均是"得意事"。

同事们刚开始时还都以为这是他爱说爱笑的缘故，并不放在心上，可是久而久之，同事们感到非常不满。雪亮整日自鸣得意，殊不知同事们早已对他的骄傲自大和强烈表现欲产生厌恶，并渐渐与他疏远了。从此，雪亮的工作再也无法进一步展开，最后他只得离开了这里。

第二，忌讳交浅言深

有一些初入职场的人会认为，想要在同事心中留下好感，那么就一定要大献殷勤。其实，这样的想法是非常错误的。新人初到一个单位时，最忌交浅言深，否则就会给对方留下诸如"这人怎么这么爱拍马屁"之类的不好印象。

在进入职场后，你对其中某人有一定好感，但你可能缺乏对这个人更深切的本能性的了解，也就不宜过早与对方讲深交、讨好的话，尤其不要轻易为对方拿主意。因为这很可能是出力不讨好。在单位的前辈面前，你更要保持低调，谨慎说话，切忌兴由所至、信口开河，让前辈认为你是个值得栽培的人，这样的话，前辈对你的好感自然大大提升。

第三，不要游离于团队之外

职场就是一个团队，自己则是团队中的一分子。因此还是应该低调一点，搞好与同事的关系，在群体中发挥你的专长。这样既能表示你具有较强的团队意识，又有利于你未来的发展，何乐而不为？

> 技术员张茜独立完成工作的能力很强，经理时常表扬她，而张茜也觉得自己能力强，就竭尽全力独挑大梁。她这样做，一是因为怕别人邀功，二是为了处处显示自己的超群能力，因此总是拒绝别人插手她的事。
>
> 在这种情况下，不少同事看不惯了，一不小心张茜出了点差错，同事们就会说："张茜，这种错误你也会犯？聪明面孔白长了。"
>
> 这样的讥讽之辞常常让张茜很痛苦，她和同事的关系如同橡皮筋一样，过一段时间就绷紧一阵子。最后，张茜实在忍受不了这个压力，只得选择了辞职。

从这个事例不难看出，在职场中，即使你一肚子雄心壮志，也不要独立行事，以至于成为孤家寡人，这对你的未来是非常不利的。

第四，梳妆打扮也要低调

职场人士的服饰不可刻意装扮，否则，不仅会令同事感到压力，甚至还会引起老板的反感，成为大家议论的焦点。而对于职场中的"焦点"，大家通常并没有好听的话。

对于职场女性来说,要清醒地意识到,自己更应该注重服饰适合场景和人群的装扮原则,注意不使自己形象受损,见笑于人。

对于职场男性来讲,虽然不需要像女性那样"描眉画眼",但必要的打扮和修饰还是免不了的。男士要显得有风度、庄重、文雅而有朝气,首先在外形上要使人感觉到清洁而且有品位。在一般情况下,男士的面部不需要化妆,面部的清洁、清爽是关键,具体说就是洁面、护肤、净口、刮胡子、剪鼻毛和耳部清洁。除此之外,其他一些化妆就要尽可能减少。

朋友有难时应该拉一把

一个健全的人,生活中自然少不了朋友。你和朋友从相知到相识,走过了很长的一段路,建立了一份沉甸甸的友谊。而考验你们之间的友谊是否牢固,那就要看你是否愿意在朋友有难时,主动伸出一双温暖的手。

中国有句古话:患难见真情。这句话,点明了友谊的本质:共同患过难的友谊才能更长久。试想,如果朋友遇到困难时,你却想尽办法远离朋友,你可能会得到别人的喜爱吗?所以说,和朋友有难同当,在朋友低谷时拉他一把,这才是你获得真正友谊的办法。

王峰大学毕业后,积极投身商海,创建了一家属于自己的公司。可是就在前不久,因为操作失误,他苦心经营了3年多的小公司破产了,一夜之间,他不仅成了一个一文不名的穷光蛋,而且还欠了一屁股债,被人追得到处跑。

沮丧的王峰走在街上,不知道该去哪里好。突然,他想起了一个曾经的好友郑亚旗。王峰和郑亚旗是发小,从小一起长大,关系当然是没的说。小时候有一次去海边玩,郑亚旗不小心掉进水里,是王峰喊人把他救上来的。可以说在童年时光，王峰和郑亚旗就像影子一样形影不离。

想到这里，王峰买了火车票，简单收拾了一下行李，立即奔赴郑亚旗居住的那个城市。可是下了火车，他又有些犹豫了，多年没见，朋友还是原来的朋友吗？记得郑亚旗结婚的时候，他去参加婚礼，朋友娶了一个娇滴滴的女人，她会不会嫌弃自己呢？

想到这里，王峰觉得还是不打扰朋友好。于是，他只好把口袋里仅有的钱翻出来数了一数，在火车站旁找了一间最便宜的小旅馆住下。王峰心想：哎，这日子该怎么过啊！

就这样又过了几天，王峰身上的钱就快花光了，他也不得不选择再次离开。正当他拎着行李，茫然无措地走在火车站广场时，他看到了郑亚旗从远处飞奔而来。

王峰看到朋友，紧张地说不出话，而郑亚旗则是一脸怒火，带着一身的尘土和倦怠，生气地数落他："你真不够哥们，来省城也不找我！害得我到处找你！要不是你妈偷偷地打电话给我，我还不知道呢！我在这里找了你好几天，今天才把你抓住！"

听着郑亚旗的话，王峰的眼眶不禁有些湿润，他小声地嘟囔着："还不是怕给你添麻烦吗？你看我现在，又脏，又穷，又臭，恐怕连狗都不如了。"

郑亚旗听完，用力在他胸口上擂了一拳："你还是那个倔脾气！朋友就是用来麻烦的，你不麻烦我，我才生气呢！"这一刻，王峰千言万语噎在喉咙里，一句话都说不出来。他以为，全世界都抛弃了自己，却没想到还有一个人深深地记挂着自己，并没有因为落魄而嫌弃自己。

面对这样的一个朋友，自己还有什么好说的呢？于是，王峰收拾起行李，跟着郑亚旗回到了家里。郑亚旗忙活着给他做饭，他的

第七章 构建人脉：画好人际关系的网络图

这样做，可以塑造期望的自我

妻子也收拾出了一间明亮宽敞的屋子，还叮嘱他千万不要客气，就当自己家一样。

看着郑亚旗夫妇，王峰终于忍耐不住，抱头大哭了起来。从这以后，他调整好心态，到银行贷了款，抓住机遇，终于东山再起，不但还清了贷款，还有了安定的生活。几年后，郑亚旗的儿子身患顽疾，王峰二话不说，还没有等郑亚旗说话，就立刻拿出30万为他找最好的医院。因为，郑亚旗的那句话至今都让自己感到动容："朋友就是用来麻烦的！"

王峰和郑亚旗之间的友谊，相信是每个人都羡慕的。他们的行为告诉了人们：真正的朋友应该"有福同享，有难同当"，而不是如墙头草般随风倒，没有一颗坚定的心去对待朋友。当朋友在患难中时，你一定不要犹豫，应该调动起一切能力，帮助朋友走出困境。怀着一颗诚挚的心去对待朋友，珍惜朋友，朋友才会珍惜你，维护这份珍贵的友谊。

当然，为朋友两肋插刀并非经济援助这么简单，你可以做的事情还有很多：

第一，言行温暖朋友的心

当朋友遇到困难时，你暂时又无法提供足够的资金，这个时候，你就应该利用言行温暖朋友的心，哪怕是一句话、一个词、一个字甚至一个简单的手势、一个带有色彩的眼神，就能让对方心领神会。做，也不要多，带一盒饭、洗一件衣服、拍拍对方身上的灰尘、理理对方的头发，就能把甜蜜灌进彼此的心中，让心陶醉、让身体有着用之不竭的活力。当他伤心时，给他鼓励、给他体贴，分减他的悲伤，在你的温暖关怀中，他愈合了心灵的创伤。你在他犯错的时候对他的训骂，反而会让他感到丝丝的甘甜。

李明和孙磊是一对好朋友，他们都酷爱登山。一天，他俩一起去郊外爬山，到达山顶后，他们四处眺望着山下的美丽风景。突然，孙磊不小心一脚踩空，随即要向山崖下跌去。

就在这危急的一刻，李明来不及用手去抓孙磊，便下意识地一口咬住了孙磊的上衣，但同时他也被惯性快速地带向崖边。仓促之间，李明抱住了一棵树，孙磊却悬在空中。李明不能张口呼救，孙磊的生命系于他的牙齿。

半个小时之后，过往的游客发现了他们，而这时的李明，牙齿和嘴唇早被血水染得鲜红。事后，有人问李明怎么会只用牙齿就能咬住一个人而且能坚持那么长时间？

李明回答："当时，我头脑里只有一个念头：我一松口，孙磊肯定会死。"

第二，指出朋友失误原因才是真"哥们儿"

朋友遭遇打击时，我们当然应当极力帮助，但是，你也不要忘了为朋友分析失败的原因。如果是因为朋友自身的缺点造成，那么你应该直言相告，而不能为照顾他的面子讲虚假的哥们儿义气。如果你怕说重了影响你俩的感情，放任好朋友的错误行为继续发展，只会害他越变越坏，最后不可收拾。如果任其发展，那才是不够朋友。所以，建议你严肃地和他说一说，指出他的错误，如果他不听的话，可以找几个哥们儿一起帮他一下。最终，他也一定会明白你才是真正的朋友。

第三，帮助不可超越道德法律底线

帮助朋友是好，可是你也不要忘了，这份帮助不能超越道德和法律的底线。否则，不仅不是帮助朋友，反而是将朋友往火坑里推。等朋友将来翻然悔悟时，甚至还会认为：这一切都是因为你。

这样做，可以塑造期望的自我

周云今年26岁，却因为一件小事把自己送进了监狱。一个月前，周云的朋友高鹏找到自己，说："我老婆从小腿脚不好，上班挤公交总是特别不方便。你帮我留意一下，看有没有钥匙插在车上的电瓶车，有的话就告诉我，这样我老婆上班也就方便多了！"

高鹏的请求，周云没有推辞，干脆地答应了下来。正好就在前一个周五，周云下班后来到公司车棚，准备骑自己的摩托车回家，正要离开时，他看到旁边有一辆黄色电瓶车的钥匙插在车头上，便想起了高鹏的嘱托。于是，周云马上打电话给高鹏，而接到电话的高鹏立即赶到车棚，然后开着电动车离开了。

周云原本以为，这件事就这么结束了，但是他不知道，这一切都被公司的监控录下。没过几日，警察便找上了他，可是他却依旧没有认识到自己的错误："我和高鹏是好朋友，朋友之间怎能不帮忙呢？"

从这个案例你可以看到，帮朋友没错，但是，你必须明白什么事情该做、什么事情不该做。你不能总是一味地"哥们儿义气"，否则伤害的不仅是朋友，还有一个"仗义"的你。

微笑是人际交往的高招

在所有的交际语言中，微笑是最有感染力的，微笑是放之四海而皆准的"人际交往高招"。尤其是在面对陌生人时，一个轻松的微笑，更加能拉近你们的关系，让你们迅速成为朋友。所以，不要再那么古板了，学会使用最具亲和力的表情，将微笑常挂于脸上，让它成为你人际交往的通行证，帮助你成为最受欢迎的人！

第七章 构建人脉：画好人际关系的网络图

和陌生人打交道，这在某些人看来，真的是一件比登天还难的事情。他们时常这样抱怨："你说我该怎么办？我话说得不少，烟递得不少，可是为什么他还对我不理不睬呢？"

诚然，面对陌生人，你表现得足够热情，这能够拉近彼此之间的关系。但是你屡次不成功，很重要的一个原因就是：忘记了微笑。

有人说，微笑是无声的音乐，能够传递美好的情感。的确，在现实生活中，你看到对方露出甜甜的微笑，心里自然会感到舒服，认为对方值得信赖，哪怕你与他只有一面之缘。所以，当你面对陌生人时，同样也应学会微笑，这样，你就能迅速拉近彼此的距离，第一时间融化他的心。

陈姗姗是一名空姐，每天都要在飞机上忙碌。这天，一个名叫陈鹏的乘客因为要吃药，所以就向陈姗姗要了一杯水。陈姗姗告诉他，在飞机进入平稳飞行状态后会立刻把水送过来。

没过一会儿，飞机进入了平稳状态。可是陈鹏等了半个小时，陈姗姗还没有把水送来，于是他再次摁响了服务铃。

铃声的响起，让陈姗姗这才意识到，自己忘记把水拿过去了。于是，她赶紧端着一杯水来到陈鹏面前，微笑着道歉："先生，实在对不起，由于我的疏忽，延误了您吃药的时间，我感到非常抱歉。"

可是，陈鹏没有接受她的解释，并拿定主意要下飞机后投诉她。

为了暂时缓解陈鹏的情绪，陈姗姗只得暂时离开。事后，为弥补自己的过失，陈姗姗每次去客舱给乘客服务时，都会面带微笑地询问陈鹏是否需要水或其他服务。可是，陈鹏依旧是那个样子，对陈姗姗不理不睬。

就在飞机即将降落时，陈鹏要求陈姗姗把意见登记簿给他送过去，陈姗姗知道，他一定要投诉自己，这个月的奖金算是完了。

这样做，可以塑造期望的自我

谁知，等到所有乘客离开后，陈姗姗打开了意见簿，却看到了陈鹏如此写道："在整个过程中，你表现出的真诚的歉意，特别是你的12次微笑，深深打动了我，使我最终决定将投诉信写成表扬信！你的服务质量很高，下次如果有机会，我还将乘坐你们的这趟航班。"

看到这里，陈姗姗激动地笑了。她这才明白，为什么在前期培训时，老师一直强调自己要保持"微笑"。

陈姗姗的微笑，让原本一次意外，反而变成了幸运的事情。由此可见，微笑具有多大的力量！甚至，连专业学者也对微笑做过研究。美国密歇根大学心理学教授麦克尼尔博士曾经发表过这样的看法："面带微笑的人，比起紧绷着脸孔的人，在经营、贩卖以及教育方面，更容易获得效果。微笑比绷紧的脸孔，藏有更丰富的情感。"

所以说，面对陌生人，你必须学会微笑，这样，对方会立刻感受到你的友善，从而对你产生好感。

当然，对于一些长期保持冷淡习惯的人，立刻表现出微笑是不现实的。但是，我们可以通过学习锻炼，让自己拥有微笑的习惯：

第一，早晨面对镜子微笑

这个方面很简单，就是你每天早晨起床之后，面对镜子露出一个微笑。久而久之，你就会习惯微笑，见到别人时就会流露出甜美的笑容。

丁磊在一家证券交易所工作，平常不苟言笑，给人一种深沉而严肃的感觉。所以，尽管他在单位属于老员工，可不管是新同事还是老同事却没有一个能与他谈得来的，好像每一个人对于他都是陌生人。

不仅如此，在生活中，他也是这个样子，因此他总觉得自己孤独而无聊。他的私人生活更是糟糕得一塌糊涂，与太太结婚都10多年了，日子过得枯燥而无味，两人见了面从没有一些亲切的招呼，更谈不上亲密无间的感情，甚至有时候就像两个毫不相干的人一样。每天下班回家，他就是机械地吃饭与休息，这么多年来，从他起床到离开家这段时间内，很难得对自己的太太露出一丝微笑，家里的生活沉闷得让人透不过气来。

一个清晨，丁磊起床刷牙洗脸时，突然从镜子里看到自己绷得紧紧的脸孔，深沉阴森得像古老的木乃伊，心中开始不安。他对自己说："这张如此古板的面孔谁看了愿意接近呢！"

想到这里，他决定改变一下自己的形象。于是，他自言自语道："亲爱的，从今天起你必须要把自己这张深沉得像雷公爷似的脸孔放开，换成一张充满微笑的面孔，从这一刻就要开始。"

就在这个时候，他的妻子叫他吃早饭。听到了妻子的声音，他立刻高兴地回答："我马上来，亲爱的，谢谢你天天费心为我做早餐。"说着便满脸笑容地走了过去。

看到丁磊这个样子，他的妻子不由愣住了，半天没反应过来，惊慌的目光在他脸上搜索了足足两分钟。当然，丈夫的变化妻子自然高兴，她兴奋地说："哦？亲爱的？今天是不是有喜事要降临了？"

丁磊挠了挠头，有点不好意思地说："是的，亲爱的，以后我们天天都要生活在喜气洋洋的日子里。"

丁磊和妻子一起愉快地吃完早饭，然后兴冲冲地去上班了。他走到电梯门口他微笑着对电梯员说："早上好！"走到公司大门时他又微笑着对年轻的门卫说："早，小伙子。"

就这样，丁磊一直带着温暖的笑容，走进了办公室，他已经与好几个人热情地打过招呼了。以后的每一天，他都是热情地对待每一个人，同事们在诧异好奇中慢慢地接受了他，并喜欢上了他。

这样做，可以塑造期望的自我

渐渐地，丁磊发现，自己的生活开始变得丰富多彩起来。因为他发现每个人见到他时，都向他投来微笑。对那些来向他道"苦经"的人，他也以关怀的、诚恳的态度听他们诉苦，而无形中他们所认为苦恼的事变得容易解决了。

为丁磊做助手的，是一个跟着他工作了一年的年轻人。自然，他的变化也被助手看到了眼里。有一次，助手这样对他说："我初来这间办公室时，认为你是一个脾气古怪的人，而最近一段时间来，我的看法已彻底地改变了，你越来越富有人情味了。这让我感到工作很快乐，不再像过去那样总是提心吊胆！"

听完助手的话，丁磊不由哈哈大笑："微笑不仅给你带来了轻松，更给我带来了巨大的财富！我现在才明白，微笑有这么大的作用！"

第二，紧张时给自己一个微笑

人的情绪有时不免会出现低落、紧张，这个时候，你更要提醒自己微笑。当你在人际交往中遇到阻碍时，要给周边环境一个微笑；如果今天你要去见客户，一定要带着微笑走出家门。这样，你不仅能缓解内心的焦虑，更加能收获一份事业、一份人心。

第三，寻找榜样，学习微笑的方法

也许从小到大，你都没有微笑的习惯，无论如何也不知道该怎样微笑，别人看见你的微笑甚至还会更加难受，这个时候，你不妨寻找榜样，从他们的身上学习如何微笑。日常生活中，总有朋友、同事、长者的微笑让你感到亲切、舒服，让你感到喜悦、温暖，让你感到潇洒和自在，他们的微笑一定有你学习、参考的地方，那么，请你放下架子，把他们当成微笑的榜样。

找到共同点才好拉近距离

当说起自己的朋友时，总会这样形容："他和我一样，我们的兴趣差不多，你要是我们，就去×××，我们一定都在那里！"其实，这就是"趣味相投"，只有共同的爱好、兴趣才能让人们走到一起。一个人的心理状态、精神追求、生活爱好等，都或多或少地在他们的表情、服饰、谈吐、举止等方面有所表现，只要你善于观察，就会发现你们的共同点。

所以说，当你想和一个陌生人成为朋友时，那么，你一定要挖掘彼此的共同点，这样才能让对方对你产生好感，迅速拉近两人的距离。

常青是一个编剧，可是他一直都不得志，写的剧本始终没有卖出去。其实所有人都知道，常青的剧本非常不错，只是他总是很难找到属于自己的伯乐，所以现在才显得有些碌碌无为。

这天，常青又因为剧本的事情烦心，于是一个人来到电影院看电影散心。然而，当电影看到精彩之处时却突然停电了。他感到十分难受，因为旁边没有一个熟人可以交谈，他甚至后悔来看这场电影了。

不得已，常青看见了身边一个年纪相仿的男性，于是说道："喂，你好呀，没电真无聊，咱们聊聊天怎么样？"

令常青没想到的是，对方和自己一样，这个时候也有些烦闷。于是，两个人聊了起来，一起聊事业，聊家庭，聊朋友。更令常青想不到的是，这个人也非常喜欢电影，两个人从库布里克聊到中国的第六代导演，最后，电影散场时两人竟然成了非常要好的朋友，甚至还一起去饭馆吃了一顿饭。常青端着酒杯，把自己的郁闷说了出去，而那个人也没有说话，只是默默地听着常青的剧本内容。

第七章 构建人脉：画好人际关系的网络图

这样做，可以塑造期望的自我

第二天，常青又开始了新的忙碌，暂时忘记了昨晚的事情。到了第三天中午，他突然接到了那个人的电话。这个时候，他才知道，原来那个人并非普通影迷这么简单，而是电影圈这中一个小有名气的制片人！那个制片人告诉常青，自己非常欣赏他的剧本，决定向导演推荐一番。一下子，常青欣喜若狂了，他知道，制片人有很大的权力，有了他的帮助，自己的剧本便不再担心烂在手里！

果然，没过一个月，那个制片人已经联系到了导演，然后迅速进入了投拍。影片上映后，社会舆论反响很好，常青借此也成了一名一线编剧，事业越做越大。

当然，常青是个知恩图报的人。之后的每一部剧本，他都会首先拿给那个制片人。就这样，两个人成为了一对最佳拍档，接连创作了一系列脍炙人口的影片。

常青之所以能成功，关键就在于他在电影院中，主动与身边的制片人进行聊天，继而寻找双方的共同点，这样才为自己插上了腾飞的翅膀。所以说，面对陌生人，尽可能地寻找共同话题，这样你们才能形成友谊。

常青在电影院中找到了自己的友谊，这就给了我们这样一个启发：友谊无处不在，关键在于你能否与对方找到共鸣。

第一，旅途中找到友谊

说到哪里最容易碰见陌生人，你一定会毫不犹豫地回答：旅途的火车上！确实，火车上坐满了天南地北的人，绝大多数都是第一次相逢。因此，你不妨把握机遇，找到自己的好朋友。

冯一钟是安徽的一个青年，这天，他独自来到火车站，踏上了去往南京的列车。冯一钟刚刚坐好，突然旁边的乘客问他："你在哪里下车？"

"到南京，你呢？"

"我也是，你到南京什么地方？"

"我到南京山西路一亲戚家有事。你也是本地人吗？"

"不是的，我是从南京来走亲戚的，现在要回南京了。"

就这样，这两个年轻人聊了起来。经过"火力侦察"，双方对县城熟悉、对南京了解、都是走亲戚的共同点就清楚了。两个人发现共同点后谈得很投机，下车后还互邀对方做客。后来，冯一钟在南京找了一份工作，这其中，那个朋友帮了他不少忙。

表面上看，冯一钟和对方的友谊是偶然出现的，但实际上，这其中也是有其必然原因的：两个人年龄相仿、对县城和南京的了解都比较清楚，这样，他们就能找到共同的话题。经过一番攀谈后，两个人自然会产生一种"相见恨晚"的感觉，因此友谊的出现也是必然。所以，在旅途中多多和身边的陌生人聊天、寻找共同点，这能够让你轻松获得一份友谊，让你在未来的路上更加顺利。

第二，通过朋友和陌生人建立友谊

有时候你去朋友家，会遇到陌生人在座，这同样是你建立友谊的最佳时机。因为，作为对于二者都很熟悉的主人，自然会马上出面为双方介绍，说明双方与主人的关系、各自的身份和工作单位，甚至个性特点、爱好等。通过主人的介绍，你会马上发现对方与自己有什么共同之处。随着交谈内容的深入，共同点会越来越多，这个时候，你们的友谊也就会逐渐形成。

闫坤是一个法学院的大学生，这年暑假，他去一个老师家聚餐，这时看到家里还有一个陌生人。经过老师介绍后，闫坤才知道对方

这样做，可以塑造期望的自我

是法院的一个工作人员。吃完饭，两个人聊了起来，他们从令人发指的社会现象，谈到产生的土壤和根源；从民主与法制的作用，谈到对党和国家的期望。

随着交谈的深入，这两个人感觉双方的共同点越来越多，因此成为了一对好朋友。当闫坤大学毕业后，这个朋友积极引荐他到法院工作。闫坤很是感激，可是这个朋友却拍着他的肩膀说："你可别客气！其实让你来法院工作也是为了我自己好！有你这样一个知己，我的工作热情也大多了！"

当然，寻找共同点的方法还有很多，譬如面临的共同的生活环境，共同的工作任务，共同的行路方向，共同的生活习惯等，只要仔细发现，陌生人无话可讲的局面是不难打破的。

郑红大学毕业后被分配到了地质勘探局。这个单位的大部分同事都是男性，中午吃饭时的短暂休息时间，同事们往往会聚集在一起谈天说地，所以，郑红总感觉插不上嘴，起初的一段日子只能在旁边听。

男同事们喜欢谈论的话题无非集中在体育、股票上面。郑红想：要想和这些男同事搞好同事关系，首先得强迫自己去接受他们的一些兴趣和爱好。于是小红每天有意识地关注体育方面的消息和新闻，遇到合适机会甚至还和男同事们一起去看球。就这样没多久，她在单位里再也感受不到孤独了，因为那些男同事干什么都会把自己叫上。甚至，她还在单位里找到了属于自己的白马王子。

别让坏情绪影响人际关系

人际关系中的一个基本定理就是情绪的相互感染，这是影响力的一个重要体现。人们在交往中，彼此传输和捕捉相互的情绪信息，并会聚成心灵世界的潜流，通过这股潜流的涌动来感染影响对方的情绪。

在每一次与人交往的过程中，你都在不断地传递着情感信息，影响着周围的人，同时也在不断接受他人的情感信息。在多数的情况下，这种交流与感染是比较间接与隐秘的，不为大多数人所察觉的，但这种感染作用的确存在，人们都喜欢与热情大方开朗的人接近，从他们身上可以感受到蓬勃向上的生命的力量，难道他们不曾忧郁、悲伤与痛苦吗？当然不是，他们所掌握的不过是懂得如何将情绪在合适的时间和地点投射到他人身上而已。

> 美越战争初期，一队美国士兵在稻田与对方激战。这时，战场上突然出现了六个和尚，他们排成一列走过田埂，毫不理会猛烈的炮火，镇定地一步步穿过稻田。
>
> 当时的指挥官大卫·布西在回忆那段往事时说："这群和尚目不斜视地笔直走过去，奇怪的是竟然没有人向他们射击。他们走过去以后，我突然觉得毫无战斗情绪，至少那一天是如此。其他人一定也有同样的感觉，因为大家不约而同停了下来，就这样休兵一天。"

从心理学角度而言，说服与感染的作用是完全不同的。被说服者一般是处于理性状态的，随时有可能因为客观环境的变化而改变。但被感动的人的依从心理已经直达内心，将依从行为内化为主动行为。

现代心理学指出，在外界作用的刺激下，一个人的情绪和情感的内部状态和外部表现，能影响和感染别人。在一种情绪的影响和感染下，产生相同

第七章 构建人脉：画好人际关系的网络图

或相似的情感反应,叫做情绪共鸣。你阅读文学作品,或者欣赏艺术作品,都有过这样的审美经验:你阅读一部文学作品,到动情的时候,或者怦然心动,或者潸然泪下;当你欣赏一幅艺术名画,比如说,描绘大自然的美景的油画,这个时候你可能瞬间地感到天物我合一,感到你与大自然的一种契合。这正是情绪共鸣的作用。

一次,在上演话剧《白毛女》的过程中,由于剧情感人,演员演技高超,表演得出神入化,大家正看得出神的时候,观众中的一个战士突然举枪对准"黄世仁",幸亏被人及时制止,否则现在可能就没有了著名的表演艺术家、当时"黄世仁"的扮演者陈强老先生了。

那个战士为什么想要向陈强开枪呢?是他们之间有仇,还是有怨?都不是。是"移情"从中起了作用。那么,什么是移情呢?移情也就是感情移入,心理学家斯托特兰德将其解释为:"……由于知觉到另一个人正在体验或要去体验一种情绪而使观察者产生的情绪性的反应。"艺术作品的感染力,大多数都具有情绪共鸣的成分。欣赏者由于对作品的理解,产生相似相同的情绪情感体验,才能理解作者的思想情感,与作者同声相应,同气相求,爱其所爱,憎其所憎。这样,艺术作品才能实现它的价值。

既然一种情绪可以影响传染另一种情绪,同样的道理,心理学家就想到,可以用情绪共鸣来治疗某些心理疾病。人们在生活中有时有好的情绪,有时不得不被坏的情绪所支配。所以当人们心理不健康的时候,心理学家们就想出了利用良好的情绪来感染人们的坏情绪,使人们的情绪恢复到良好的状态。用你自己的好心情给别人带来愉快,而不要让不良的情绪无限蔓延下去。

你要懂得原谅别人。当别人对你不友好时,不一定是真的对你有什么恶意,也许是他遇上了什么不顺心的事,一时转不过弯来,不知不觉就把气撒到了你身上。对这样的人,你也不必过于计较,要尽量宽容为怀,选择有益自己和他人的发泄方式。

情绪是可以改变的,全在于你的信念。成功的人,不但善于控制自己的情绪，而且还为自己准备了一个安全的情绪活塞，以便无法自控时，把它打开。因为它是一种无害的发泄方式。

一个哲人曾经说："你们要当心一个有耐心者的愤怒。太长时间受压迫的情绪，一旦放松的时候，便会酿成最激烈的爆发。"对人际关系中传染情绪的控制能力越高，社交中的影响力就会越大，你能做出的成就也会越大。为此，你要有一个大智大慧的双赢策略。因为在双赢策略中，没有人被打败，大家都是赢家。

说到双赢策略，我们想到博弈论中的一个重要概念：零和游戏。所谓零和游戏，是一项游戏中，游戏者有输有赢，一方所赢正是另一方所输，游戏的总成绩永远为零。零和游戏是博弈的一种模式，也是一种思维模式。习惯于按零游戏和模式考虑问题，就会认为对方的"赢"就是自己的"输"。

双赢策略被用于情绪管理中，强调通过沟通来维持双方的自我价值感，再找出双方都同意的、认为合理的观点。美国著名心理辅导专家大卫·波恩在其著作《感觉很好》中提到，当他在演讲会场碰到有人提问题向他挑战时，他往往运用"反诘问法"来处理。这是一种富有成效的沟通技巧。

一般来说，你碰到有人侮辱你或向你挑衅时，很快会有如下三种反应：第一种反应是悲哀，开始自责，并且觉得自己不够好；第二种反应是愤怒，责备对方，觉得都是对方的错；第三种反应是高兴，有足够的自我认同感，被别人批评时，先从"自我审查"着手。

以上三种反应，相信大家多会选择第三种，这样情绪既不受对方影响也不会自我贬低，还通过"自我审查"过程，得到成长的机会。

在现实生活中，你如果碰到家人、学生、部属或客户质问你，在你的负面情绪快要被惹起来的时候，不妨试试这样：一是马上感谢对方；二是承认他所提到的事很重要；三是强调除了他所说的，还有些其他重要的观点；四是邀请挑衅者分享最后的感受。

很多人在运用这些方法来解决挑衅者的刁难挑战屡试不爽,甚至有的挑衅者在会后向他致歉或感谢他的和善言辞。因此,下次当有人来向你挑衅时,你应该很高兴地"感谢"他,同时观察自己如何更好地运用双赢策略法。这些方法,对于别让坏情绪影响自己的人际关系具有重要意义。

领导喜欢被尊重的感觉

如今,越来越多的企业提倡人性化管理,领导不再总是摆着一副面孔高高在上的感觉。这样的领导为人随和,没事喜欢跟属下开开玩笑,聊聊天,以此来拉近和下属之间的距离。

的确,拥有这样的一个领导,员工在工作过程中当然会感到轻松。但是作为下属,你千万不要认为与这样的领导真的可以无话不说。你要明白,与领导显得亲密是好,但是你不能忘记尊重,因为所有的领导都喜欢被尊重的感觉。得到了你的尊重,领导才会立刻对你产生好感,帮助你在未来的路上扫清障碍。

    吴小莉从小聪明活泼,是个可爱的女孩,大家都叫她"开心果"。大学毕业之后,她到了一家不错的房地产公司工作。

    在这家公司中,吴小莉感到非常快乐,因为她的上司对待下属很亲切,平时常常跟吴小莉和同事们在一起吃饭、聊天、说笑。自然,吴小莉把上司也当成了朋友,不时还和他开上几句玩笑。

    然而就在最近,吴小莉突然发现,上司似乎对自己有意疏远,而且还时不时找个理由批评自己一顿。吴小莉感到很困惑,不知道自己到底做错了什么,于是去向在这家公司效力多年的老员工请教。

    老员工问她:"你平时有没有在言辞上对上司不敬啊?"

    老员工的话,让吴小莉思索起来。她想,平时自己除了爱开玩笑,也没什么其他的毛病，难道是她向上司开玩笑引起的？于是，吴小莉想到了最近的几个玩笑。

前些天，上司穿了身新衣服去上班，同事都说好看、气派，只有吴小莉夸张地喊着："哎呀头儿，穿新衣服了？"上司听了咧嘴一笑。她接着捂着嘴笑道："看起来还不错，可这是去年流行的款式啊！"听到这话，上司的脸一下就拉了下来。

在上个礼拜，同样还有一件类似的事情。上周二，公司成功地跟一个大客户签约，当上司签完字以后，对方连连称赞上司的字好，说："您的签名可真气派！"这时，吴小莉正好走进办公室，听到称赞声后，一阵坏笑："能不气派吗？我们头儿可暗地里练了三个月呢，而且这可是他写得最多的字啊！"

吴小莉这才想起来，当时上司和客户的表情都很尴尬，但是她自己却没放在心上。现在仔细一想，好像问题都出在这里。吴小莉满心后悔，这才明白：原来是自己这种不敬的态度，在当时就已让上司感到了不高兴。可是自己不仅没发现，反而还变本加厉，这样才导致了上司最近给自己"穿小鞋"！

这个案例，给了人们很大的启迪：无论在工作过程中，领导如何放低自己的身份，与员工亲密无间，你也要明白，自己和领导依然存在上下级的关系。所以，无论什么时候，你都要注意自己的言行，表现出应有的尊重，这样才能不至于立即遭到老板的反感。作为下属，平日里与领导说话千万要"悠着点儿"，不要直刺领导的过失，更不要损害领导的权威。在开玩笑的时候，一定要看好场合，要清楚什么话该说，什么话不该说；什么话能说，什么话不能说。只有领导感到受了尊重，他才会对你予以信任，满心欢喜地将工作交付与你。

所以说，在与领导的交流中，你在轻松活泼的同时，也必须有所注意，不要因为一时口舌之快，忘记了尊重领导。尊重领导就应该注意下面这些问题：

第七章 构建人脉：画好人际关系的网络图

第一，说话要注意方式

为了缓解工作上的压力，很多时候，领导都会与下属开几句玩笑，或者在下班之后跟下属结伴去消遣一下。因为领导明白，一年三百六十五天都脸色阴沉，这种方法不利于企业内部的团结，所以，他们也必须偶尔地展示一下自己的亲和力，以此来表示民主，表示随和的倾向，从而拉近自己与下属之间的距离。但是，作为下属的你，千万不要因此而忘了自己的身份，出现不分上下的情况，那会直接引起领导的反感甚至翻脸。例如"我不去，没空！""今天很忙，改天再说！"这样的话万万不可随口即来，否则领导就会感到你对他不尊重，从而对你的印象大打折扣。

如果自己真的有事，那么就应当这样向领导解释："太好了领导，我们大家都想和你一起放松放松呢！只是我今天有一点重要的私事，前几天已经安排好了，所以今天实在有些不方便。不过，其他同事还在，相信大家一定也会玩得很快乐！"然后向领导露出饱含歉意的微笑。相信这样的解释，领导一定会谅解，因为他此刻已经感受到了你的尊重。

第二，不要打探领导的私人秘密

无论你与领导的关系如何融洽，也不要试图去了解领导的个人秘密，因为这就是对领导的一种不尊敬，对工作是没有好处的。也许你会认为，私事可以快速地拉近你和领导之间的距离，但它同时也是一把"双刃剑"，可以帮你，但最终的结果大多是你被它毁掉。

有的员工认为，知道了领导的隐私，领导就会把自己做作心腹，或者偏袒他。殊不知，知道了不该知道的事，自然就对领导构成了一种威胁，领导会认为你对自己太不尊重，反而成了心头大患。当领导感受到这种威胁的压力时，他必然会除之而后快。

第三，虚心接受领导的批评

身在职场，有时不免会受到领导的批评，自己心里自然不会舒服。但是无论怎样，你都应虚心接受批评，哪怕领导出现了失误。要明白，虚心接受领导的批评，这就是一种尊重。只有尊重领导，才能得到领导的喜爱。

李明是一家房地产公司的会计，月末是他最忙的时候。这天，李明正用电脑熟练地编制财务凭证，这时，他听到经理在身后说话："小李，都一个月了，这笔账怎么还没调过来？"

听到经理的批评，李明突然感到了一丝不高兴，于是头也不回地说："调账非常麻烦的，不是说调就能调过来的，再说也没影响现在的业务呀，再往后推一推好吗？"

李明的话，让经理顿时一愣，心中自然有些不高兴，就批评了他几句。众目睽睽之下，李明感觉下不了台，拎着包便冲出了办公室，让经理很是没面子。

原本这件事已经渐渐平息，谁知道，李明又一次地顶撞，让他彻底丢失了这份工作。

这天下午，经理把李明叫进了办公室，对他说："快到年底了，公司账目一定要理清楚了，你要用点心，怎么我最近发现你总是无精打采的呢？是不是有什么事情呀？"

李明听经理这么说，心理明显不高兴，说："没精神怎么了，我又没耽误做账。"

经理很是生气，本来想关心一下他的，没想到成了这个样子。一怒之下，经理将李明辞退，认为这样对领导不尊重的员工，工作能力势必也不会令人放心。

所以说，一个合格的下属，在受到领导的批评时，应该尽可能地保持

谦逊的态度，虚心地接受领导批评，并尽可能地在领导批评完后，诚恳地请求领导给予指导。如果有机会的话，在事后也可以对领导的训示表示感谢，千万不可流露出对领导不敬的态度。这样，领导不仅不会再抱怨你，反而会立刻对你产生好感，认为你是一个可塑之材。

气度最能让下属折服

俗话说："人非圣贤，孰能无过。"身为领导甚至老板的你，当然有批评下属错误的权利，但这并不意味着领导本身就永远不会犯错。所谓"领导"只不过是一个职务罢了，再大的领导也是普通人，是普通人就会犯错，身为领导的你同样不可例外。

但是，面对着自己的错误，有的领导却因为"面子问题"，始终不愿意认错，即便是非常明显的失误也强词夺理。事实上，领导认错并不会有损自己的威信，所要克服的，只不过是自己心里那不必要的矜持罢了。在员工面前公开承认自己的错误是一种敢于负责任的表现，更是一种气度的展现。一个敢于在员工面前公开承认错误的领导不仅不会因为错误而丢失在员工心中的威信，反而会得到下属更进一步的尊敬爱戴。所以说，作为领导，必须拥有高人一等的气度，这样才能立刻俘获下属的心。

纽约《太阳时报》主编丹诺先生在审阅稿件时，常常喜欢把自己格外欣赏的段落用红笔勾出，以提醒排版编校人员"这是主编的意思"。但是有一天，一位年轻校对员偶然读到一段文字，也是被丹诺先生用红笔勾出的。上面大致是说："本报读者雷维特先生送给报社一个很大的红苹果，在那通红美丽的皮上有一排黄色的字，仔细一看，原来是我们主笔的名字。这真是一个人工栽培的奇迹！在一个光滑完整的苹果上，是如何刻上这样整齐有光泽的字呢？我们在惊奇之余，虽经多方猜测，但是，却始终没有搞明白这些神奇的字迹是如何出现在苹果上的。"

年轻的校对员读了这段文字后不禁笑起来。因为他知道这些苹果皮上的字迹是怎么来的。其实只需要趁苹果还未完全成熟的时候，用纸剪成字形贴在苹果上，苹果被纸盖住的部分由于接受不到光照，所以成熟较慢，而没被纸盖住的部分受到了正常的光照，所以发育较快，等苹果发育成熟变红时，将纸揭去，字迹自然就显现在苹果上了。

这位年轻的校对员心想，这段文字如果登了出来，必然会遭到读者和同行们的讥笑，说他们的主编竟会愚笨至此，连这样一点小把戏也看不出来，竟然还说什么"多方猜测，始终不明"之类的话，真是太可笑了。因此，这个年轻的校对员便大着胆子将这段文字删掉了。

第二天一早，主编丹诺先生看过报纸，立刻气呼呼地走来，向他问道："昨天原稿中有一篇我用红笔勾出的关于'奇异苹果'的文章，为什么被你删掉了？这是多么好的素材啊。"

那位校对员诚惶诚恐地把他的理由说明后，丹诺先生立刻十分诚挚和蔼地道歉说："原来如此！对不起，是我错怪你了，我向你道歉。这件事你做得十分正确，以后只要有确切可靠的理由，即使我已用红笔勾出，你仍然可以自行决定是否删掉。"

这位年轻的校对员听了之后大受感动，感叹道："丹诺先生真是一个有度量的人啊，它能够成为大报的主编，果然是有其道理的啊！"

勇于向地位比自己低的人认错不仅是一个领导者应有的素质，更是一种难得的优秀品质。就像丹诺先生，一方面，他十分自信，将自己看好的段落

第七章 构建人脉：画好人际关系的网络图

用红笔勾出,以免编校人员遗漏,另一方面,当年轻的校对员战战兢兢地指出他的错误的时候,他又能够很诚恳地向对方道歉,哪怕对方只是一个年轻识浅的下属。正是因为如此,他才能备受下属的爱戴,《太阳时报》的销售量才能经久不衰。

想要表现出大度的心态,你还应当学会这几点:

第一,主动化解尴尬

有的时候,领导会因为某些私人原因,在批评下属时不免口气生硬,甚至伤害了下属的自尊心。这个时候,你就应当放下架子,主动找到下属道歉,以显示自己的气度。

松下幸之助是伟大的企业家,同时对待下属,他也有着过人的气度。一次,一位下属因经验欠缺而使一笔货款难以收回,松下幸之助勃然大怒,在大会上狠狠地批评了这位下属。

当自己的情绪渐渐平静后,松下幸之助突然觉得,自己刚才的那些行为有些过激,因为那笔货款发放单上自己也签了字,下属只是没把好审核关而已。既然自己也应负一定的责任,那么,就不应该这么严厉地批评下属了。

想到这里,松下幸之助立刻感到坐立不安,于是急忙打电话给那位下属,对他诚恳地道歉。恰巧那天下属乔迁新居,松下幸之助便登门祝贺,还亲自为下属搬家具,忙得满头大汗,这位下属感动得热泪盈眶。从此以后,他再也没犯过错,对公司忠心耿耿,更视松下幸之助为人生榜样。

第二，乐于接受下属的意见

有的人成为领导后，心里不免飘飘然，每当看见下属提出意见时，心理不由产生一种扭曲，认为这是下属在挑战自己。这种心态，显然不是一个成功领导所应有的。作为领导，应该愿意听到许多不同的声音。这些声音并非全是"杂声"，有的甚至是非常好的建议，采纳了，会使自己的组织受益匪浅。

所以，领导作出某项决策或实行某项措施时，如果听到有不同的声音，千万不要火冒三丈予以压制，而是应当认真考虑考虑，看看下属说的有无道理，切不可固执己见。如果你一味打压下属，那么他会认为你是个气度如此小的人，于是毅然决定辞职。久而久之，越来越多的优秀下属都会离你而去。

第三，勇于为下属承担责任

也许在你的部门之中，因为某个下属的失误，导致某项目的"流产"，从而受到总领导的批评甚至责罚，这个时候，你应当挺身而出，主动替下属承担责任。如果你只知道把责任推给下属，甚至还落井下石，那么你就会失去威信，丢了民心。所以说，即使是下属的过失，做领导的也应该站出来承担责任，比如指导不当、没有做到很好的监督等，这更显现出你的高风亮节，表现出你豁达的心态、过人的气度。这一站出来就会把很多矛盾消于无形，不知不觉中你的身后也有了大批的追随者。

与客户进行交流的技巧

无论你是一个小职员还是大老板，当面对客户时，你必须做的一件事就是：交流。这种交流的目的性很强，那就是让客户对自己产生好感，最终促成生意的顺利。做到了这一点，你的任务自然会完成；做不到这一点，你将永远在成功的门外徘徊。所以，与客户多多交流，这才能让你离成功越来越近。

你应当明白：人际关系是主动争取的，而不是被动等待。要想拥有良好的人脉关系，你一定要主动去和客户交流，这样才能达到目的。

冬天到了，为了保证自己的手不被冻坏，杨颖走进了一家百货商店。这个时候，站在门口迎接的售货员于洋看见杨颖过来了，心想："今天心情不好，买什么让她自己去挑选吧。"想到这里，于洋就不愿起身迎接，而是任凭杨颖自己在挑选。杨颖到了化妆品专柜前随手挑选了一个护手霜便离开了商店。整整一个上午过去了，店里冷冷清清的，营业额很不理想，于洋心想："这是怎么回事啊？"

过了几天，杨颖又来这家商店买东西，正赶上于洋和周婷同时当班。于洋依旧是那个样子，不愿主动迎接。但是，周婷却并没有那样，她快速地迎上前去热情地问："请问这位女士，有什么需要帮助的吗？"杨颖说："我想买一个闹钟。""好的，您这边请，我带你去那边，我们店里刚来了一批钟表，样式非常漂亮，我想肯定会有你喜欢的。"

周婷热情地为杨颖带路，在挑选钟表的间隙，她还问杨颖："我见你这几天总是来我们店里买东西，你是那个小区里的新业主吧？"杨颖微笑着说："你还真细心，我是这几天刚搬过来的。""哦，那你刚搬过来，家里一定有很多东西要置办吧？""是的，家里的一些电器都还没买的，真头疼。""那让我来帮助你吧，一会我带你去我们二楼看看，我想肯定有你喜欢的。"

在周婷的指引下，杨颖最后挑选了很多她需要的家用电器，包括洗衣机、收音机、豆浆机等。又过了一个月，老板发现周婷的业绩远远超越于洋，于是晋级周婷为经理，而于洋却被扫地出门。

这个案例中，于洋始终不愿与客户交流，因此失去了工作；但周婷在热情的同时，不断与客户交流着生活中的种种，因此客户自然对她充满好感，她的业绩理所当然比别人高。所以说，积极主动地与客户交流，这对自身形象和工作业绩都是非常有帮助的。

当然，这里所说的交流，并非是指那种盲无目的的"侃侃而谈"，而是抓住客户的心，进行卓有成效的交流：

第一，交流时语言要诚恳

在与客户交流时，你要端正态度，既不可过于随意，也不能过分拘谨，而是应当利用诚恳的语言，这才能达到事半功倍的目的。

松下电器能够成为电器行业的巨头，关键就在于创始人松下幸之助在与客户交流时的态度和语言。当松下电器公司还是一家小型工厂时，松下幸之助和工人因陋就简制造出产品，并且亲自出马推销产品，他用坦诚的态度、朴实的话语忠告每一位客户与他合作。

有时候，松下幸之助会遇到讨价还价的高明之士，这时他就坦白相告自己的产品成本如何，应依照什么价格购买才不至于使工厂亏损。他不卑不亢地陈述事实，既不迷惑对方，也不恳求对方，此情此景使对方不禁为之所动，站到了他的立场上，答应互惠互利、公平成交。

可以说，无论是对于什么样的客户，松下幸之助都会保持这种交流方式：句句有情有理、字字打动人心。因此，客户也愿意与他合作，这促使了松下品牌的做大做强。

第二，坦白自己的某些"缺点"

有一些业务员在和客户交流时，虽然能够做到积极主动，但是说到关键问题却"顾左右而言他"，最后导致了订单的流失。其实，在与客户交流时，你能够坦白自己的某些"缺点"，这反而能让客户对你产生良好的印象。

多年前，某广告公司在一个加长型香烟的广告中，运用了"坦白缺点"

的方法来获取顾客的信任。他们在广告中直接指出了加长型香烟的种种缺点，如容易碰到别人的脸颊、携带不方便等，结果却取得了很好的效果。表面上看，这么做无异于打击自己，然而事实上，它却能够打动客户，因为客户会认为这是一种诚信的标志。每一个客户都是颇有阅历的成年人而不是小孩子，多年的社会经验会告诉他们：这个世界上根本就没有完美无缺的东西。当你告诉了客户产品的缺点之后，他们会认为你比较客观，因此也更加容易相信你所说的优点。

第三，向客户坦白自己的好处

一般来说，有很多客户都会这样询问业务员：这个单子你能有多少收入啊？结果，很多业务员都不愿回答，对自己在交易中将得到的好处讳莫如深，似乎向客户坦白后会损失什么。

其实，你这样的行为，反而会在你与客户交流之间形成屏障。在客户眼中，你这样遮遮掩掩，说不定背后有什么秘密，因此对你的印象大大打折。事实上，即使将这种属于私人性的东西告诉客户，你也什么都不会损失，反而会赢得客户的信任。因为你的公司给你再多的提成也不会对客户本人造成什么影响，而且客户还会因为你的坦白而对你产生信赖感。

第四，用词上的禁忌

诚然，与客户多交流，这利于你形象的树立和工作的进程，但是你同样也要明白，无论交流多么愉快，有一些词还是应当慎重使用。例如：死亡、责任、合同、不好的、有责任的、征兆、卖、失败、尝试、负债、担忧、决定、价格、损失、成交、严格的、费用、伤、困难的、付钱、购买。这些词都可能触动消费者的忌讳，反而将原本友好的气氛打破。

当然，这其中的有些词着实无法回避，但是你可以换另外一种说法，同样起到交流的目的。例如，"我今天就是来卖这项产品的"，不妨换作"我今天是来促销这款产品的",这样语境就会大大改善。

另外一个例子是"费用"这个词。"这个产品的费用是 300 元。"和"这个产品只需要 300 元。"哪种说法更好？显然是后者。因此，在交流时多注意用词，尽量采用变通的词汇，这对销售很有帮助。

多给家人一些关怀和爱

随着时间的流逝，人们都会有这样一种体会：夫妻之间的感情越来越淡了，再没了当年的那份热烈。诚然，几乎每对夫妇都有这样的感受，然而你也应当明白，男女之间感情的历程中路径是不相同的：男人往往是从温馨的春天很快进入炎热的夏季，而炽热的情火在燃烧之后又很快进入成熟的秋天，之后又很快走入萧条的冬天；女人不同，她们更多的时候是在春日里徘徊，进入燃烧的夏季后，她们不是慢慢步入秋日的成熟，而是缓缓地回味春季，继续在温暖的春光中流连忘返。

通常来说，妻子征服丈夫，靠的是她女性特有的温柔，靠的是她有一颗滚烫的爱心。如果已投入自己怀里的男人也会被别人抢走，那不能怪别人，只能怨自己。用一颗爱心将自己的丈夫牢牢拴住。这样的女人才是真正聪明的女人，也是真正爱丈夫的女人。

同样的道理，丈夫对妻子表现出热烈的爱，对妻子表现出关怀，这同样是增进夫妻情感的一剂良药。实际上，每个男人都能做到与妻子保持和谐关系，只要你注意看到她的优点，并适时地表达出来，她会很容易满足的。有人说："你若称赞她穿的旧衣服漂亮，她就不会要流行的新衣服了。如果在妻子的眼睛上吻一下，她就会对你犯的错误视而不见，在她的嘴上吻一下，她就会原谅你的所有。"如果夫妻之间能够互相感受到对方的爱，能够体谅对方，那么相信你们在对方的眼中都是最美的。

这样做，可以塑造期望的自我

张炬是一位编辑，虽然经常在一些报纸刊物上发表文章，但始终没有出名。可是在家庭生活中，他却感觉到了前所未有的温馨和幸福。

有一段时间，连张炬自己都不知道什么原因，沉默寡言的他总是能收到朋友的礼物，他十分得意，年轻漂亮的妻子则显得有些嫉妒。

情人节到了，令张炬做梦也想不到的是，他竟然收到了一束娇艳的玫瑰花，而且，玫瑰还是花店的员工亲自送到的，绝不存在送错的可能。

莫名其妙的张炬，发现花束中还有一张卡片，写满了滚烫的情话。面对妻子充满惊疑的眼睛，张炬无奈地说："我也不知道是怎么回事，我是跳到黄河也洗不清了。"不料妻子却笑了："想不到，我的老公魅力这么大，竟有人暗恋，看来我们家的秀才魅力不减，当初我真的没有挑花眼。"张炬暗暗感激妻子的大度，也暗暗感谢送他鲜花的不知姓名的姑娘，是她使自己又感到了被关爱的温暖。

怪事接二连三，张炬的一位校友，不知道什么原因，突然送给张炬一套名贵的西装，张炬坚决不收，朋友却扔下就走，还说："我也是受人所托，你不要，我怎么给你处理？"倒是妻子想得开，说："不是偷来的，也不是抢来的，白白送来的，不要白不要，你就穿上吧！"

转眼一年过去了，张炬接到了那位朋友的电话："那套西服怎么样啊？"张炬回答说自己根本没有穿过。朋友沉吟了一会儿说："好吧，我告诉你实情吧，那套衣服是嫂子买的，她不让我告诉你，她说你收到一个陌生人的祝福一定会很高兴。衣服虽然很贵重，但嫂子对你的情更可贵，你好有福气啊，娶了这么一位贤惠的老婆，真是羡慕你！"

当张炬明白了这一切后，立刻对妻子感到很愧疚。他回到家，看到妻子正在做饭，于是轻轻地走过去，从后面搂住了妻子的腰，然后感动得热泪盈眶。

张炬和妻子之间甜蜜的幸福，最关键就是"爱的作用"。当张炬明白了妻子的关爱后，立刻感到了妻子的好，所以那份爱自然大大得到了提升。所以说，营造甜美的婚姻，关爱是有力的武器之一。关爱不用浪费太多的精力，一句不经意的关心话都可以激起爱河里的层层涟漪，让夫妻之间的感情回到那个甜蜜浪漫的过去。

也许做到这样的爱，每个人都不会感到困难。可是你还应当明白，"爱"的范围很广，你必须做到以下这几点，才能让"爱"在家庭生活中生根发芽：

第一，要有男子汉的气量

生活不是电视剧，它有很多细节会令我们感到突如其来，因此，生活中也不可能所有大大小小的问题都使双方称心如意、相互配合得天衣无缝，每个人都可能有某些小缺点或某些小习惯惹人厌烦。就像你和妻子之间，势必会因为某些事而产生矛盾。但是，如果你因为妻子的拖地方法不当便怒不可遏，那么这就有些滑稽了。

对于夫妻之间的认知差别，作为丈夫的你，应当表现得大度一些，学会有耐心。耐心是培养良好婚姻关系的基础之一，人和人之间必须要有必要的妥协与让步，在夫妻之间更是如此。如果看不惯对方有些缺点，要想想这些缺点对家庭生活并没有太大影响，而且人无完人，即使要向对方提出，也要等待适当时机，不要夫妻一见面就唠叨不休。不管自己是否习惯，要试着热情地和对方打招呼、谈话，这样做很有好处，夫妻之间是要一辈子相守的。

第二，不要总是唠叨，把话放在明处

现实中，有很多妻子喜欢唠叨，她们认为，这是一种提意见的方法。然而，唠叨和正式提意见是不同的，向配偶正式提意见是使配偶明确地知道自

第七章　构建人脉：画好人际关系的网络图

己的不满，从而引起注意，然后改正；而唠叨则主要是一种情绪宣泄，并不真正解决问题，而且还会破坏已有的家庭氛围。所以，避免唠叨，这是保持"爱"的一个重要方法。

如果因为某些问题自己真的有意见，那么不妨把话放在明处。有的人只是一味地对配偶无原则地迁就，并不把自己的不满明确地告诉对方，而事后再唠叨、抱怨，这样反而会使事情复杂化。

第三，夫妻之间要经常沟通，加强理解

在清晨或在睡觉之前，夫妻坐下来可以交谈一下家庭计划、困难、意见分歧、误会以及其他生活方面的问题，尽管这些事情只是生活琐事，但是一旦交换意见的习惯逐步建立起来，婚后生活中发生的摩擦与紧张状态就会轻易地得到缓和。要明白，沟通和理解是通往爱的桥梁，此路畅通，夫妻感情才能通。

第四，伤感情的话不要轻易说出口

尽管夫妻关系的建立，表明了你们之间再无间隙，但是，你还是应当注意言语，说话方式方法要讲究。丈夫不应该批评妻子易受伤害的方面，例如，是否找了个贤惠妻子，能否料理家务，能否照顾孩子，是不是不如别的女人等；同样，妻子也不应该批评丈夫易受伤害的方面，例如，是否有事业心，工作能力是不是强，是不是个好丈夫、好爸爸等。因为这些话会深深伤害对方的心，使双方的关系出现裂痕。

即使你和配偶之间出现了争吵，你也应当记得：不管自己有多生气，也不要说出伤感情的话，这些话一旦说出去，就如同一把利刀插在了对方的胸口。当对方感到被伤害时，他或她也一定会对你感到失望，对你的好感大大降低。

爱是人生最强的润滑剂，有了爱才温暖，才和谐；有了爱，才有生的希望，才有拼搏和努力的动力。所以在家庭生活中，你一定要积极营造出爱的小世界，

让爱的种子在你和伴侣之间生根发芽，这样，你才能得到幸福的真谛，得到伴侣最真诚、最直接的爱！

邻居也是重要的人脉资源

邻居，是离你很近的人。因为近，所以就不是陌生人；因为近，所以能第一时间帮到你；因为近，所以要成为朋友。如果你从没有关心过你的邻居，从来没有和邻居成为朋友，那么你就像一个坐在金矿上自己却还不知道的人！

现在的人们哪怕自己的朋友再少，身边却少不了邻居。可是，有的因为楼房、防盗窗的缘故，每个人都过着自己的日子，家家户户互不交涉，哪怕门对门都互不相识，所以就造成了"一墙之隔不往来，一墙之隔不理睬"的邻里关系。防盗门把小偷锁在了门外，同时也把自己的热情锁了起来，使身边的邻居成了"最熟悉的陌生人"。

也许在你的心中，总会有这样一种认识：我有亲情就够了，干吗还要有邻里之情？的确，在每个人的心里，亲人永远都排在首位；而对于邻居，人们只当成近距离的陌生人。邻里之间的感情的确不如亲情那么浓烈，那么无私。

可是，你是否明白，在某些情况下，邻里之情远比亲情更实在，当家里遇到了火灾，邻居能帮忙灭火，而远方的人只能默默祈祷；当你遇到了困难，邻居可以及时伸出援助之手，而远方的亲人却爱莫能助。所以说，把邻居当成朋友，他也会拿你当做朋友，认为你是一个值得信赖的人。

付涵一个人在北京打拼，在四环外的一套三居室中居住。这间房子里，还有其他几名租客，可是付涵每天早出晚归地工作，和自己的邻居没一点交往，只知道对面住着一家三口人。

当然，和邻居不打交道的主要原因还是在于付涵，因为她感觉

第七章 构建人脉：画好人际关系的网络图

这样做，可以塑造期望的自我

没必要，虽然很近，但始终是两个不同的家庭，而自己只身在外，有朋友就够了。

一天晚上，付涵刚刚走进院子门，突然听到了一阵哭声，于是好奇地辨认起来。找到哭声的来源后，她认出那是对面那对夫妇的女儿。

出于对孩子的同情，付涵走了过去，看见小女孩一个人站在小区门口，她走过去问道："小朋友，你怎么了啊？"

小女孩哭着说："我跟父母走丢了。"

看着小女孩的伤心，付涵意识到，解急救困是理所当然的，况且自己就住在对面，于是她便把小女孩带了回去。

过了两个小时，小女孩的父母才焦急地回到家里。当小女孩的妈妈看到女儿回来后，两眼泪花地再三对付涵表示感谢。

这件事就这么过去了，付涵也渐渐把此事淡忘。可是她不知道，因为这件事，邻居一家已经立刻对自己留下了好感，甚至还把自己当做了朋友。

周末的晚上，付涵准备做饭，她刚把菜洗好，肚子突然疼了起来，而且越来越疼得厉害，自己连腰也无法挺直了。

就在自己焦急万分时，突然门铃响了，付涵捂着肚子勉强起身来开门，然后便看到对面小女孩的妈妈正微笑着站在门外。小女孩的妈妈看到她额头上的冷汗和苍白的脸，便急忙问她怎么了，她痛苦地说自己吃东西不注意，可能肠胃炎又犯了。

听到付涵的诉说，小女孩的妈妈赶紧把她扶在床上，然后急忙跑去叫医生。医生给她打了一针，又给她服下药后，她的疼痛渐渐减轻了，这时，小女孩的妈妈又端了一碗热腾腾的饺子送出来说："还没吃饭吧，先吃点饺子暖暖肚子，以后可别再乱吃东西了！"

付涵一边吃着饺子，一边看着眼前的热心人，眼泪忍不住地哗哗流了下来，心里感到了阵阵暖意。这个时候，她才明白了那句话：远亲不如近邻。

从这以后，付涵和对门的夫妇成为了要好的朋友，每天她都会帮助小女孩复习功课。同样，她的晚饭自然也由这对夫妇负责，甚至他们还帮付涵找到了一份待遇更好的工作。可以说，这几个毫无血缘关系的人，却成为了一个让人羡慕的家庭。

这个案例很温暖、很真实，让我们真切体会到了把邻居当朋友的好处。所以说，一个人无论生活在哪里，总是离不开邻居，一个人无论多有能力，也总是会遇到一些困难，天有不测风云，那个时候最能发挥作用的是邻居，而不是相隔千里的亲人。为邻居提供方便，这样，对方就能立刻记得你的好，在以后的日子，他也会将心比心，那你当做朋友看待。尤其是对于城市人来说，让邻居立刻喜欢自己，这是非常有必要的事情。

第一，城市人更要把邻居当朋友

社会的发展，让过去的那种四合院成为历史，越来越多的高楼大厦迅速崛起，这使得本是亲密的邻居之间逐渐冷淡了起来。因此，人们总是说现在的大城市越来越没人情味了，邻里之间可能住了好几年了，却互相不认识，每天只能通过门镜扫对门两眼。越来越多的人更怀念以前的大杂院生活，更向往农村的那种邻里串门的浓浓情意。

难道生活在城市之中，人们就不能拥有邻里之情了吗？这种想法当然是错误的。只要在生活中，你肯多出一点努力和细心，便容易将你的邻居纳入你的人脉网络，只要喜欢你的邻居，并愿意同他们成为好朋友，他们多半也会这样待你，你的生活也会得到改观。只要用心和你的邻居相处，就会发现你们之间有许多共同关心的事情。

第七章 构建人脉：画好人际关系的网络图

例如，在日常生活中，见到自己的邻居微笑一下或者礼貌地说句"你好"，久而久之，邻里之间的关系就会变得融洽。当你和邻居成为朋友时，你的事情邻居们自然也会伸出手：自己要出差了，告诉邻居帮忙照看一下家；夜里有家人生病了，求邻居帮忙送医院；有些力气活，自己实在做不了了，请邻居帮忙做一下等，这些都是其他人帮不上的，邻里在很多时候能解决你的燃眉之急。

第二，对待邻居要大度

很多人在说起邻居时，总会这么形容："那个人烦死了！总占我家便宜！"试想，你总是带有这种情绪，怎么可能与邻居成为朋友？

尽管，邻居和你并没有任何亲情，可是你知道，邻居在将来会给你带来很多帮助。所以在与邻居交流时，你应当尽量大度一些，这样，你才能得到一个朋友，得到邻居的佩服。

陈阳和李泽是多年的邻居，他们的性格全然不同：李泽是个心胸开阔的老实人，陈阳遇事则爱斤斤计较，爱占点小便宜。有一天，陈阳心想自己家的院子要是能再大点就好了，于是这天夜里，陈阳见李泽家的灯熄灭了，便偷偷地将自己家的篱笆向李泽家移了一步，以便让自己家的院子更宽敞些。

正当陈阳心里得意之时，没想到这一举动正好让李泽逮个正着，陈阳很是不好意思，便红着脸进了屋。第二天，陈阳推开屋门一看，自己家的院子比以前宽敞了许多，再一看篱笆，他简直羞愧极了，原来，昨天晚上，陈阳走后，李泽又偷偷地往自己家这边挪了一大步，这样一来，使陈阳家的院子更宽敞了。

就是李泽的这一举动，让陈阳欠下了他一辈子的人情，尽管他后来还上了这个人情，但是每当想起这件事，在心里总是感觉愧疚，还是会想方设法地报答李泽。几年后，李泽搬家要离开，陈阳抓住他的手，一遍遍地说："老朋友，有机会一定要再回来看看！这里的门永远为你敞开！"

和邻居和睦共处，表示自己的友好，这对于自己的形象，是多么大的一种提高！所以，邻里之间你来我往，以诚相交，相互关照，和善相处，双方成为朋友，这是一件多么惬意的事情！

寻找人际关系中的机遇和贵人

16世纪英国文学泰斗詹姆斯·博斯韦尔说："我们无法确切地说出友谊是在哪一瞬间形成的。正像往盛器里一滴一滴加水，总有那么一滴使盛器里的水溢出；在一系列表示友情的行为中，总有那么一次终于使我们感动。"这一段话指出人际关系的变化与双方的交换有关。随着交换的继续，关系双方为彼此提供物或活动，从而促使关系性质的变化。这段话中关于人际关系发展的一些观点，还是为当今传播学学者所接受。

机遇和贵人是在适当时候出现的适当的人、事、物的组合体。人们无法控制这种完美的巧合何时出现，唯一能做的就是通过控制自己的人脉来给自己创造更多的可能。

人际网好比一个八脚章鱼，每一个八脚章鱼在每一天每一分里都在不停地集合、交错着，只是人们自己常常不自知、不在意，常常和贵人擦身而过。

中国历史上有这样一个故事：苏秦的弟弟苏代继承了苏秦的事业，活跃在战国后期的政治舞台上。由于他初出茅庐，所以急需当时要人们的推荐、赏识。

苏代为燕国去游说齐国，没有见齐威王之前，先对淳于髡说道：

这样做，可以塑造期望的自我

"有一个卖骏马的人，接连三天早晨守候在市场里，也无人知道他的马是匹骏马。卖马人很着急，于是去见伯乐说：'我有一匹骏马，想要卖掉它，可是接连三天早晨，也没有哪个人来问一下，希望先生您能绕着我的马看一下，离开时回头再瞅一眼，这样我愿意给您一天的费用。'伯乐于是就照着卖马人的话做了，结果一下子马的身价竟然涨了10倍。现在我想把'骏马'送给齐王看，可是没有替我前后周旋的人，先生有意做我的伯乐吗？请让我送给您白璧一双、黄金千镒，以此作为您的辛苦费吧。"淳于髡说："愿意听从您的吩咐。"

于是，淳于髡进宫向齐王作了引荐，齐王接见了苏代，而且很喜欢他。

正如没有伯乐，就没有千里马一样，每一匹千里马都必须借助伯乐的力量，才能纵横千里。在生活中也有伯乐，就是那些能够发现人才、知人善任的长者或上级。事实上，许多成功人士早已发现了这一秘密。

你想过百万富翁共有的特点是什么吗？根据《行销致富》一书作者史坦利的说法，"答案是一本厚厚的名片簿。更重要的是他们广结人际网络的能力，这或许便是他们成功的主因"。根据美国作家柯达的说法："人际网络非一日所成，它是数十年来累积的成果。如果你到了40岁还没有建立起应有的人际关系，麻烦可就大了。"

美国总统克林顿是这方面最好的典范。在他成功的参选过程中，拥有高知名度的朋友们扮演着举足轻重的角色。这些朋友包括他小时候在热泉市的玩伴、年轻时在乔治城大学与耶鲁法学院的同学，及日后当罗德学者时的旧识等。

有研究表明：你和世界上的任何一个人之间只隔着6个人，不管你和对方身处何处，在哪个国家，属哪类人种，是何种肤色。也就是说，你可以和世界上的任何一个人建立起联系,这中间只需要6个人引荐,当然,这6个人必须是合适的。

你也许还听过有关提桶者和挖管道者的故事：提桶者每天兢兢业业,劳累奔波,但是他所得到的却是非常微小的,而那位挖管道者在挖好管道之后,水到渠成,他可以在家里坐享其成。世界上所有成功的人,都是拥有广泛人脉的人。人脉网越宽广的人,他成功的速度就越快。所以,与其做一个提桶者,不如做一位挖管道者。

你的管道越多越好。你的人脉管道上至政界名流,下至平民百姓。你人脉网中的成员要包括在各个行业各个层次当中。而有些人的人脉网非常单一,要么都是同学,要么都是战友,要么都是同事,这时需要有些人的人脉网非常丰富,10个朋友中没有一个人的来源是一样的,一个是同学,一个是同事,还有一个是什么经理,还有一个是路上认识的,还有一个是聚会认识的,还有一个是客户,都不相同。可以肯定,10个朋友来自10个管道的价值就远远超过只有一个路径的。每个管道都有不同的资源,管道多,资源也就多。

第七章 构建人脉：画好人际关系的网络图

第八章 注重合作：打造立足社会的实力派

一个人不可能独立地在社会中生活，人与人之间的合作与竞争是社会生存和发展的动力，也是一个人立足社会的前提。本章阐述的内容，旨在帮助你成为一个合作与竞争的"实力派"。

在合作中把蛋糕做大

任何人都不可能像一座孤岛那样独存，一个人要取得成功，必须学会与别人一道工作，并得到别人的合作。如果你想领导一个企业朝着明确目标前进，你需要一支有效的队伍做后盾。

集体工作意味着协调一致。人与人之间有时会发生冲突，但他们不应该把矛盾延续下去，以致发展到无法共事的地步。

合作应该从自身做起，在这方面最好的建议也许是：保证自己个性的良好平衡，避免走极端；在执行集体工作中争取主动；在与自己共事的工作人员中，寻找积极的而不是消极的品质；对别人表示寄予最大的期望；保持足够的谦逊，在别人的行为理应受到尊敬时，向别人诚挚地致以敬意。

一个人获得成功之前，他必须得到人们的尊敬，否则，他就无法赢得别人的合作。锋利的言辞，冷漠地对待他人的权利和感情，有意无意的怪癖，所有这些，都将使这个人得不到人们的尊敬，至少是很难得到人家的尊敬。

合作不能靠命令来维持。人们在完成合作的任务时，如果仅仅是因为害怕，或者出于经济上的不安全感，那么，这种合作在很多地方是不会令人满意的。

因为，这样做便把合作的精神忽略了，而正是这种心甘情愿的合作态度，对一个人的成败具有重要的影响。

你的工作要得到别人的支持而不是反对，必须唤起别人合作的愿望，使他们直接或间接地看到自己的利益。人们都希望得到的是这样的一种赏识：承认他们正在做的工作是很有价值的，是值得花时间和精力去做的工作。他所做的事情，对他的人生旅程非常重要。

得到最佳合作的关键，是给予人们与他们才能相称的、有意义的工作，并且承认和肯定他们迈出的每一步。这就强调了这一事实：要不断地得到合作，就必须让人们做有意义的事情。

有些人信奉一种哲学。他们认为，财富总是有一定的限度，你有了，我就没有了。这是一种享受财富的哲学而不是一种创造财富的哲学。财富创造固然是为了分享的，但是你的注意力并不在这里，你更关注的是财富的创造。

同样大的一块儿蛋糕，分的人越多，自然每个人分到的就越少。如果斤斤计较这些，你就会相信享受财富的哲学，你就会去争抢食物。但是如果你是在联手制作蛋糕，那么，只要蛋糕能不断地往大处做，你就不会为眼下分到的蛋糕大小而倍感不平了。因为你知道，蛋糕还在不断做大，眼前少一块儿，以后随时可以再弥补过来。而且，只要联合起来，把蛋糕做大了，根本不用发愁能否分到蛋糕。

过去农村闭塞，获取财富极端困难，一生中难得有一桌一椅一床。所以那时农村分家是件很困难的事情。兄弟妯娌间为了一个小罐、一张小凳子，便会恶语相向，乃至大打出手。这是一种典型的分财哲学。

后来人们走出来了，兄弟姊妹都往城里跑，财富积累越来越多。回过头来，发现各自留在家里的亲眷根本犯不着为一些鸡毛蒜皮儿的事生气。相反，嫂子留在家里，属于弟弟的土地不妨代种一下，父母留在家里，小孙子小外孙也不妨照看一下。相互帮助，尽量解除出门在外的人的后顾之忧。反过来，

第八章 注重合作：打造立足社会的实力派

出门人也会感谢老家亲戚的互相体谅和帮助。一种新的哲学也就诞生了，这种哲学就是：你好，我也好，协作起来更好。

遗憾的是，有些人居然信奉这样的哲学：你必须践踏别人，糟蹋别人，利用别人。还有些人，自己拥有的资源不愿意与人分享，反过来，又想利用别人的资源，又不好意思张口。这样的一种心态是一种很大的障碍，绝对不利于个人的成就与发展。

与人携手，把蛋糕做得更大一些。这样的话，你难道还会发愁没有吃的吗？

在激烈的社会竞争中，光靠单打独斗是不行的。豺狼在与天敌作战时，常常采取群体战术。有道是"好汉难敌四手，恶虎还怕群狼"，与自己的同行组成同一阵线，抱成一团打天下，力量自然强大。要联合作战，就不能吃独食。

巧用劣势的强者之道

天生我材必有用。要勇于直面不完善的自我，要相信自己总有能做得很好的事情。有的时候，人的某方面缺陷未必就永远是劣势，只要善加利用，或者扬长避短，将劣势转化成优势，这才是一个强者应该具备的生存之道。

一位挑水夫，有两个水桶，分别吊在扁担的两头，其中一个桶有裂缝，另一个则完好无缺。在每趟长途挑运之后，完好无缺的桶，总是能将满满一桶水从溪边送到主人家中，但是有裂缝的桶到达主人家时，却剩下半桶水。

两年来，挑水夫就这样每天挑一桶半的水到主人家。当然，好桶对自己能够送满整桶水感到很自豪。破桶呢？对于自己的缺陷则非常羞愧，它为只能负起责任的一半感到很难过。饱尝了两年失败的苦楚，破桶终于忍不住，在小溪旁对挑水夫说："我很惭愧，必须

第八章 注重合作：打造立足社会的实力派

向你道歉。""为什么呢？"挑水夫问道："你为什么觉得惭愧？""过去两年，因为水从我这边漏掉，我只能送半桶水到主人家，我的缺陷使你做了全部的工作，却只收到一半的成果。"破桶子说。挑水夫替破桶感到难过，他蛮有爱心地说："我们往主人家走的路上，我要你留意路旁盛开的花朵。"

果真，他们走在山坡上，破桶眼前一亮，看到缤纷的花朵，开满路的一旁，沐浴在温暖的阳光之下，这景象使它开心了很多！但是，走到小路的尽头，它又难受了，因为一半的水又在路上漏掉了！破桶再次向挑水夫道歉。

挑水夫温和地说："你有没有注意到小路两旁，只有你的那一边有花，好桶的那一边却没有开花呢？我明白你有缺陷，因此我善加利用，在你那边的路旁撒了花种，每回我从溪边来，你就替我一路浇了花！两年来，这些美丽的花朵装饰了主人的餐桌。如果你不是这个样子，主人的桌上也没有这么好看的花朵了！"

这个寓言故事给人们的启示是：你只有从自身条件不足和所处的不利环境的局限中解脱出来，才能发挥自己的优势，去做自己想做的事，把自己最弱的部分转化为强项，对任何人都很重要。

有一件市井琐事，引起了美国的先贤富兰克林的深思：有一个投诉的柜台，那里挤满怨气冲天的中年主妇，有些人蛮不讲理，出口粗俗。但接待小姐永远面带笑容，指导她们去相应部门，富兰克林为她的自制而惊讶。原来，她是聋子，她永远听不到辱骂，在她的背后，有个记录员，将抱怨的内容写在纸上，递给聋子一一解答。

富兰克林思考的是自制可以让错误羞愧,而我们在这里可以看到,当你面对困难的时候,如何趋利避害巧用劣势的智慧。与人交往,宽容缺点;与人合作,看中优点;同样,身处逆境时,应该巧用劣势,化劣势为优势,从而走出困境。

任何事都有黑白两面。聪明人摘取显现的优点,高明者发掘潜在的价值,智圣者则化废为宝,低成本高效益。正所谓物尽其用,用其长处。柯达公司有一道工序必须在黑暗中操作,于是选聘一群盲人。拿破仑发布命令,率先让最笨的士兵阅读,他懂了,所有人都能懂了。倘若聘用高级编审,他懂了,老粗们未必懂。

金无足赤,人无完人。每个人都会有自己的劣势和缺陷,有些人面对自己的缺陷,总是想办法遮掩,害怕别人的嘲笑,这样做往往适得其反。打倒自己的,常常是自己,并不是别人。歧视自己的,常常是自己,并不是别人。正确的态度是坦然面对自己的缺陷,不去刻意掩饰,敢于挑战自我,并根据自己的具体情况确立自己的目标,这样才能克服自己的缺陷,才能将劣势转化成优势,创造新的价值。

要有强大的实力和勇气

一个人能否成大业,重要的不在于他现在拥有了什么,而在于将来能做什么,即所具有的潜能、综合素质的发展能力。倘若你具有了强大的拓展能力和自我完善能力,具备了成才的优良素质,即使现在一贫如洗,毫无社会地位可言,仍可保持一种夺人的强大魅力,让接触你的人佩服你,尊敬你。

当一个人的实力还未达到应有的完善的时候,最好不要把自己推到社会的风口浪尖上,须知"高处不胜寒",实力不够一定会导致进退两难的尴尬局面。要保证自己在社会中所处的地位与才能相符合,就要求每时每刻都应有一个清醒的头脑,这对大多数人来说是一件十分困难的事,是一种很高的要求。

有些时候,处在风口浪尖上的人们是身不由己的。这时的要求则表现为两个方面:一是审时度势,当进则进,当退则退,不为社会环境、社会条件和个人物欲、虚荣所左右;二是不断完善自己,以弥补最初造成的虚空和不足。

> 一位搏击高手参加比赛,自负地以为一定可以夺得冠军,却不料在最后的比赛上,遇到一个实力相当的对手。双方皆竭尽全力出招攻击,搏击高手警觉到,自己竟然找不到对方招式中的破绽,而对方的攻击往往能够突破自己的防守。最后,搏击高手没有夺到冠军。他愤愤不平地回去找他的师父,在师父面前,一招一式地将对方和他对打的过程再次演练给师父看,并央求师父帮他找出对方招式中的破绽。
>
> 师父笑而不语,在地上画了一道线,要他在不擦掉这条线的情况下,设法让这条线变短。搏击高手苦思不解,最后还是放弃继续思考,请教师父。师父在原先那条线的旁边,又画了一道更长的线,两者相较之下,原先的那条线看来变得短了许多。
>
> 师父开口道:"夺得冠军的重点,并不在于如何攻击对方的弱点。正如地上的长短线一样,只要你自己变得更强,对方正如原先的那条线一般,也就在无形中变得较弱了。如何使自己更强,才是你需要苦练的。"

这个故事告诉人们,成功不能寄希望于投机取巧,唯一的成功捷径就是让自己变得强大。只有让自己比对手强大,才能不被淘汰,也才能做别人没有做过的事情。做别人没做过的事情,除了需要比别人更敏锐外,更需要一种执著和勇气,否则,你就只有放弃了。

第八章 注重合作:打造立足社会的实力派

这样做，可以塑造期望的自我

实力和勇气永远是战胜一切困难，最终到达成功彼岸和理想境界的保证，对这个观点人们缺少的并非是认识，而是缺少发现并拓展自己的实力，锻炼并强化自己勇气的实践。

检验一个人的品质和成就事业的能力，不在创业之初，甚至不在成就事业之后，真正检验人的，是在开拓事业的过程中，尤其表现于突然遭受较大波折之时。即相距成功之路愈长，遭遇波折愈大，愈能证明一个人综合素质的高低，愈能检验一个人的持久性和毅力。实践证明，每一个具备优良品质，并欲成大业者，没有一个人不是在磨难与痛苦中接受考验而成长起来的。

鲁迅先生曾说，第一个吃螃蟹的人一定是英雄。敢为天下先，需要一种无畏的勇气和决策的智慧。做别人没有做过的事情，你更容易获得成功。拥有了强大的实力和勇气，一个人才能成就一番事业。

放低自己，才能容纳未来

这是一个张扬的年代，很多人不喜欢被束缚，踌躇满志，习惯于以俯视的目光去看这个社会。然而在面对现实的艰难与残酷而屡屡碰壁时，终于感觉到自身的渺小与阅历的匮乏。所以，有些时候放低自己，让视野变小，内心反而变得强大。放低自己不是最终目的，而是为了看得更远。

放低自己并不是放低自己的理想，放低自己的抱负。心当存高远，志当播四方，放低自己是为达到目的而变换的思考方式，是一种从零、从小、从低做起的心态。放低自己，是一种性格，也是一种心境，更是一种人生态度。钱钟书说得好："你受到的对待正与你抛头露面的程度成正比。"低调做人、潜心做事的人不但不会降低他的社会价值和社会地位，反而会得到社会更广泛的承认和人们更普遍的尊重。有一则谚语说得对："口袋里装着麝香的人不会在街上大吵大嚷，因为他身后飘出的香味已经说明了一切。"

放低自己并不容易，站在最高点向下看，心中充满了抱负和理想，但从最高点走到最低点却很难，站在最低点，心里却容不下未来。从另一个角度看，放低自己才能容纳未来。诸葛亮懂得放低自己，虽躬耕于山林，不也同样修得满腹韬略，成就日后蜀国霸业吗？亚伯拉罕·林肯懂得放低自己，虽鞋匠出身，不也成为受人敬仰的美国总统吗？所谓智慧，并不是把自己摆在一个很高的位置让自己飘飘然，而是来到低处以一种谦卑的心态去仰视芸芸众生。

一个失望的年轻人千里迢迢来到法门寺，对住持释圆和尚说："我一心一意要学习丹青，但至今没有找到一个能令我满意的老师。许多人都是徒有虚名，有的画技甚至还不如我。"

释圆听后淡淡一笑说："老僧虽然不懂丹青，但也颇爱收集一些名家精品。既然施主画技不比那些名家逊色，就烦请施主为老僧留下一幅墨宝吧。"

年轻人问："画什么呢？"

释圆说："贫僧最大的嗜好就是爱品茗，尤其喜欢那些造型典雅古朴的茶具。施主可否为我画一个茶杯和一个茶壶呢？"

年轻人听了，说："这还不容易？"于是铺开宣纸，寥寥数笔，就画成了一个倾斜的水壶和一个造型典雅的茶杯。那水壶的壶嘴正徐徐流出一道茶水来，注入那茶杯中去。年轻人问："这幅画您满意吗？"

释圆微微一笑，摇了摇头说道："你画得是不错，只是将茶壶和茶杯的位置放错了，应该是茶杯在上，茶壶在下呀。"

年轻人听了笑道："大师为何如此糊涂，怎么会有茶杯往茶壶里注水的事情？"

释圆听了，说："原来你懂得这个道理啊！你渴望自己的杯子里

这样做，可以塑造期望的自我

注入那些丹青高手的香茗，但你总是将自己的杯子放得比那些茶壶还要高，香茗怎么能注入你的杯子呢？把自己放低，才能得到一脉流水；人只有把自己放低，才能吸纳别人的智慧和经验。"

年轻人豁然开朗，从此虚心学习，终成一位名家。

只有放低自己，把自己当成一个平常人，才会以平常心去看待问题。懂得给自己留有余地，不要把自己生命的杯子倒满流溢，那样活得太累，要留给自己一定的空间，让心灵得到一丝喘息，思考问题也就轻松许多。

放低自己，是个心态问题，也是对自己人生价值的估量问题。通常来说，放低自己就是低调做人，就是不张扬、不炫耀、不卖弄，不随意抬高自己的价值，不像有些人那样不遗余力地"推销"自己。

永远记住："我"是最微不足道的词。不要在生活中高频率地出现这个词，更不要在谈话中无限制地使用。在这个崇尚自信、张扬个性的时代，要做到默默无闻实在不容易。很多人不甘于平庸，总是抱怨社会不公，世界太小，怀才不遇，难得施展。其实，并不是世界太小，而是你把自己看得太大了。当你心里装满了自己，哪还有容纳别人的地方呢？

能够看小自己，放低位置，降低姿态，不但少了别人的中伤和嫉妒，也为自己向更高目标迈进扫清了障碍。这既是一种自知之明，也显示一种豁达大度。不要急于表现你的个性，试着放低自己，容纳以前所不能容纳的事物。当然，放低自己不是最终目的，目的是使你的心得到沉淀，加重人生天平上成功的砝码。

有时候放下执著，学会爱自己，让自己静心下来，站在高一点的位置俯瞰自己，发现自己就在这儿，如此便能从容而柔意地朝着自己微笑。生活中的痛苦是无法避免的，试着放下自己，体会这些痛苦，在这种痛苦中，也许会对生活有新的认识和理解。

人生并不一定完美，但残缺也是一种真实的美。人有得必有失，失去的不一定是损失，也可能是获得。不要在乎眼前的，把目光放得长远一些，必要时放低自己，就能收获更多，走得更远，飞得更高。

西方有一位哲人说过："想要达到最高处，必须从最低处开始。"放低自己，为他人开一朵花。海把自己放低，才能够容纳百川之水，从而成就自己；人把自己放低些，真诚地对待每一个人，宽容地面对每一件事，世界就会变成欢乐的海洋，幸福的港湾。

沉得住气方可成大器

一个人要想成大器，重要的是历经长久的磨炼。只有淡化锋芒，去除骄躁，笃实务远，才能做好工作、汲取真知，最终登上成功的巅峰。简单地说，就是做事情要沉得住气，方可成大器。

沉得住气是指一个人面对困难表现得淡然，面对误解表现得漠然，不会浮躁。而沉不住气的人则少了几分冷静，多了一分浮躁。在生活中，不论得失成败，不论荣辱盛衰，不论喜怒哀乐，都要学会沉得住气。

沉得住气不是盲目放任，不是意气用事，不是急于一时，也不是随心所欲，而是放眼长远利益、目标，从整体或全局上综合得失利弊，在此基础上冷静地应对各种因果关系，以作出有利于立足于长远和全局的趋利避害的理智选择。

生活需要学会沉得住气，生活也必须沉得住气！在现实生活中，真正的强者或者有所作为的人，往往都是那些真正沉得住气的人。沉得住气，考验着一个人的生活态度，也考验着一个人的生活能力，更考验着一个人的生活智慧。

第八章 注重合作：打造立足社会的实力派

这样做，可以塑造期望的自我

清代民族英雄林则徐，为了克制自己的急躁情绪，在书房里挂了一条横幅，写了两个遒劲的大字"制怒"。影片《林则徐》中有这样一个镜头：钦差大臣林则徐审问洋人颠地时获悉，粤海关监督豫坤和洋人内外勾结，破坏禁烟。林则徐听后怒不可遏，想把茶碗摔碎，这时他一抬头，"制怒"二字跃入眼帘，他由此警觉，沉住气，控制住了情绪。第二天，他若无其事，依然热情地接待豫坤，经过巧妙周旋，终于让豫坤乖乖地交出了修建虎门炮台的银两。

林则徐沉住气，善于制怒。怒，一般是短时间的生理反应。而制怒的关键在于克制情绪，延缓时间。如果把事情摆一摆，拖一拖，忍一忍，熬过怒火刚起的最初几分钟，情绪就不会爆炸，这样就会使怒气慢慢平息下来。

在这个快节奏的社会里，只有沉得住气，才能引导命运沿着美好愿望的轨迹不断发生改变，生命之舟才能持久地乘风破浪而扬帆更远；只有沉得住气，才能守得云开见日出、苦尽甘来、柳暗花明或功成名就……反之，如果沉不住气，或心浮气躁，或急功近利，或功亏一篑，或图一时之快，或行一时之乐，往往容易导致各种不良后果。

人生自有其沉浮，每个人都应该学会忍受生活中属于自己的一份悲伤。人生在世，不如意事常八九。天有不测风云，人有旦夕祸福。福也好，祸也好，都要淡然处之。清代名臣曾国藩在给他弟弟曾国荃的信中写过这样一段诗句："左列钟铭右谤书，人间随处有乘除；低头一拜屠羊说，万事浮云过太虚。"

人生，时常需要沉得住气。沉得住气，才能禁得住浮躁，禁得住冲动，禁得住寂寞。沉得住气，就有浮上来的机会。

沉得住气是一种修养的功夫，东晋淝水之战期间，谢安正与朋友下棋，得知侄儿谢玄力克敌人，但他不形于色，依然冷静下棋；沉得住气是一种忍辱的智慧，英烈千秋的张自忠受命与敌人周旋，却被误认为卖国贼，但他沉得住气，最后完成使命，流芳千古；沉得住气是一种锤炼的智慧，诸葛亮以空城计骗过司马懿的数十万大军不战而退，在越是紧急危难的时刻越是冷静沉着，因此为世人称颂。

千里之行，始于足下。每一个人必须抛弃那种"养尊处优"的旧观念，学会扎扎实实沉下去，才有机会浮上来，成大器。沉得低，才能跳得远。沉住气，不失聪明智慧和调皮，还可以保持生命的活力。

耐得住寂寞，受得了孤独

大学者王国维在他的《人间词话》一书中说："古之能成大事业大学问者，必先经过三种之境界：昨夜西风凋碧树，独上高楼，望尽天涯路，此第一境界也。"这是人生寂寞迷茫，独自寻找目标的阶段。又说："衣带渐宽终不悔，为伊消得人憔悴，此第二境界也。"这是人生的孤独追求阶段。再说："众里寻他千百度，蓦然回首，那人却在灯火阑珊处，此第三境界也。"这是人生实现目标的阶段。由此可见，大凡成功者都是孤独而执著的。

耐得住寂寞，是一个人思想灵魂修养的体现，是难能可贵的一种风范。耐得住寂寞是一种心境、一种智慧、一种精神内涵。

不甘寂寞就是心中有梦想，就是想有所作为，大有作为就是奋力拼搏进取的动力，但只有"不甘寂寞"的美好梦想是远远不够的，需要有通向梦想的清晰思路、具体谋划，并依靠自己持续不断的顽强毅力，将自己心中的梦想变成现实，否则，"不甘寂寞"只不过是一种空想而已。

许多人喜欢忙碌，有些人是由于害怕寂寞而使自己故意处在忙碌之中，而有些人是真正地投入到忙碌的工作中。在忙忙碌碌中，人们最容易忘却自我，失落了生活的本来面目，最终丢失了自我。人生需要寂寞，独守一份清静，甘受一份落寞，其实也是一种人生境界。

这样做，可以塑造期望的自我

耐得住寂寞是人生的一种自我超脱，可以利用寂寞做一次短暂的小憩，抖落满身的尘埃，把整个身心沉浸在轻松悠闲的宁静中，给自己一份清纯和潇洒，待到春暖花开了再作新的抉择。人生可以不甘心寂寞，却必须学会忍耐寂寞。如果你想改善人生，请不妨从忍耐和习惯寂寞开始。耐得住寂寞者，始有所成，终有所就。偶尔的寂寞是一剂清醒剂，让你更好地面对喧嚣尘世。

有三个人要被关进监狱三年，监狱长给他们三个一人一个要求：美国人爱抽雪茄，要了三箱雪茄；法国人最浪漫，要一个美丽的女子相伴；犹太人说，他要一部与外界沟通的电话。

三年过后，第一个冲出来的是美国人，他嘴里鼻孔里塞满了雪茄，大声喊道："给我火，给我火！"原来他三年前忘了要打火机。接着出来的是法国人。只见他手里抱着一个小孩子，美丽女子手里牵着一个小孩子，肚子里还怀着第三个。

最后出来的是犹太人，他紧紧握住监狱长的手说："这三年来我每天与外界联系，我的生意不但没有停顿，反而增长了百分之二百！为了表示感谢，我送你一辆劳斯莱斯！"

耐得了寂寞，受得了孤独的犹太人最终实现了他的人生目标。有句名言说得好："如果你想出人头地，就要耐得住寂寞，因为成功的辉煌就隐藏在寂寞的背后。"一切光彩照人的景象背后都隐藏着无尽的寂寞，就如划破夜空的烟花张扬地绽放，如此明艳动人，但昙花一现之后，留下的却是无尽的黑夜。其实，生命中所有的灿烂终究都是要用寂寞去偿还的。

凡是有成就的成功人士，都经历过一个从不甘寂寞到耐得住寂寞的过程，他们不仅享受着目标实现的快乐，而且享受着奋斗过程的快乐。不甘寂寞的人们请牢记，只有在成功路上耐得住寂寞、无怨无悔始终坚持艰苦奋斗的人，才可能到达"不甘寂寞"的境界。

我们不仅要耐得住寂寞,还要学会享受孤独。享受孤独,是一种心灵体验,更是一种人生境界。其实,孤独并不可怕,因为孤独并不是孤单,孤独是一种人生阅历。因此,享受孤独时要做到无欲无求,保持超然世外的恬淡心境,保持一颗淡泊明志,宁静致远的平常心。

主观能动地克服自私心理

一匹马和一头牛正在马厩里吃草,这时,一只狗闯了进来,他十分霸道地让马和牛都走开。马和牛十分温和地对它说:"可是你不吃草呀?"可是狗却蛮横不讲理地说:"我不吃的东西,也不能让你们白吃!"就这样,这条狗占据了盛满稻草的马槽,却赶走了以草为生的牛和马。而它自己呢,却也只能看着这些稻草而不能吃。

这则小寓言想要告诉人们什么呢?生活中常常有这样的情况,有一些东西对于你来讲无关紧要,也毫无用处,而另外一些人却很需要这些东西,即使这样,你还是要占着这些东西不放,根本不考虑别人的需要。这就是自私。

自私的人心里只有自己,觉得这世界上所有的一切都理所当然地应围着他旋转。他们只想着"人人为我",却从来没想过要"我为人人",没想过在别人需要的时候自己能做些什么。自私的人终将孤独,他的世界终将只剩他一人。

自私是一种近似本能的欲望,自私之心是万恶之源。凡自私的人,都有这样的病态社会心理,这些心态逐渐变成了一种流行的畸形心态。自私作为一种病态社会心理,应充分发挥个人的主观能动性予以克服。自私心理的自我调适有如下方法。

这样做，可以塑造期望的自我

第一，深刻内省

深刻内省即用自我观察的陈述方法来研究自身的心理现象。自私常常是一种下意识的心理倾向，要克服自私心理，就要经常对自己的心态与行为进行自我观察。观察事物要有一定的客观标准，即社会公德与社会规范。而要反省自己的过错，就必须加强学习，更新观念，强化社会价值取向，向毫不利己、专门利人的模范学习，对照榜样与楷模找差距，并从自己自私行为的不良后果中看危害，总结改正错误的方法。

第二，多做好事

一个想要改正自私心态的人，不妨多作些利他行为。例如关心和帮助他人，给希望工程捐款，帮他人排忧解难等。私心很重的人，可以从让座、借东西给他人这些小事情做起，多做好事，可在行为中纠正过去那些不正常的心态，从他人的赞许中得到乐趣，使自己的灵魂得到净化。

第三，借助回避性训练法

回避性训练法是心理学上以操作性反射原理为基础，以负强化为手段而进行的一种训练方法。通俗地说，凡下决心改正自私心理的人，只要意识到自私的念头或行为，就可用缚在手腕上的一根橡皮弹环弹击自己，从痛觉中意识到自己不好的方面，促使自己纠正。

摒弃狭隘和封闭的心理

社会交往与合作最忌狭隘和封闭心理。常言道"尺有所短，寸有所长"，做人要相互学习，取长补短，做生意则要优势互补、公平竞争、共同发展。只有克服狭隘和封闭心理，多予人方便，才能予己方便，事业上也才能不惧竞争，获得发展。

你是否也曾有这样的情况：在生活和工作中为一点点挫折或失败而寝食难安；听到别人说你的坏话后很长时间耿耿于怀；难以接受别人对你的批评；只和少数几个人想法一致或只与不超过自己的人交往，不愿接受与自己意见有分歧或比自己强的人，这些都是狭隘的表现。

狭隘其实就是平常所说的心眼小、气量小，没有宽阔的心胸。和他们在一起，一句话说得不顺耳，就惹得他们发脾气，甚至好几天不理你，直到你赔着笑脸向他们道歉想要重归于好，气氛才稍微缓和一些。尽管实际上你并没有犯什么错。

心理狭隘会导致不良情绪反应。心理狭隘之人由于气量小，在生活和人际交往中极易出现矛盾和冲突。这种个性看问题常陷入绝对化和极端化之中，容不下有悖于自己观点的人和事，稍不如意就生气，导致情绪上的冲动性和行为上的莽撞性。有的把攻击对象指向自己，出现自卑、自伤行为；有的把攻击对象指向别人，出现暴躁、敌对情绪，导致争吵、伤人的过激行为。其结果是造成自己的心理痛苦万分，严重地影响身心健康，如食欲不振、失眠、工作无精打采等。

有人把狭隘心理比作青蛙的坐井观天是十分恰当的。这种心理是指把自己的心胸、气量和见识局限在一个狭小的范围里，眼界不能放开，思路不能展开，只凭以往的或传统的心理暗示和经验来观察、分析问题。

一个人为多大的事情而发怒，他的心胸就有多大。让自己的心胸宽阔些，你眼中的世界也更开阔些。要改变狭隘心理，建议从以下方面加以注意：

第一，确定积极的人生目标

要从自己心里摒弃狭隘和封闭的想法，多从他人的角度出发，少考虑自己的利益。要从心理上学会宽容，容得下他人，容得下自己吃亏，这样才能

这样做，可以塑造期望的自我

解决这种狭隘心理和负面情绪。要知道什么对你是真正重要的，什么是无关紧要的。明确了自己的目标，才会对自己的行为有一些制约，把自己所做的每一件事都和自己的目标联系起来，也就免去了一些无用功。

看待人和事物切忌以偏概全，对人对事不要总认为自己始终拥有情绪化的挑剔权利。一旦遇到让自己生气的事，要注意及时发泄，如将自己的心事写成日记，也可找要好的亲朋述说一下自己的感受。将自己的注意力转移到别处，如听听音乐、参加运动、锻炼身体等。

第二，增长见识，丰富经历

狭隘的人大多见识短，经历少。读万卷书，行万里路。闲暇时，到大自然中去感受它的博大。广阔的大海会让你感到自己的渺小，登高望远，可感受"登东山而小鲁，登泰山而小天下"的豪迈气概，从狭窄的个人圈子中走出来，就不会像"井底之蛙"那样鼠目寸光，只看到自己的一时的得失了。其实不少事等你经历过以后，回头再看看、想想，会觉得自己当时情绪化是多么幼稚和可笑。

第三，正确处理人际关系

狭隘心理往往是由于个体与环境间缺乏交流。交流的缺乏，导致心胸的狭隘，而狭隘的心胸，又造成自我封闭，限制交往的开展，如此恶性循环，个性就在狭隘的坐标系统中进一步强化。因此，你应该建立自己的交往圈子，在健康有益的环境中增进彼此的了解，而不能以过于自我的态度对待周围的世界。

如何克服自负的负面影响

有人说，即使你有通天之才，没有别人的合作和帮助也是白搭。在合作中千万不可有自负心理。

自负心理就是盲目自大，过高地估计个人的能力，失去自知之明。人的自我意识主要包括三个方面：自我认知、自我意志和自我情感体验。人评价自己，要靠自我认知，人过高地评价自己，就表现为自负。

形成自负的原因包括过分娇宠的家庭教育，生活的一帆风顺，片面的自我认识，以及情感上的原因。自负的人一般自视过高，认为自己非常了不起，别人都不行，很少关心别人，与他人关系疏远。这种人时时事事都从自己的利益出发，从不顾及别人，不求于人时，对人没有丝毫的热情，似乎人人都应为他服务，结果落得门庭冷落。

自负的人看不起别人，总认为自己比别人强很多，固执己见，唯我独尊。总是将自己的观点强加于人，在明知别人正确时，也不愿意改变自己的态度或接受别人的观点。总爱抬高自己贬低别人，把别人看得一无是处。

自负的人过度防卫，有着明显的嫉妒心。这种人有很强的自尊心，当别人取得一些成绩时，其妒忌之心油然而生，极力去打击别人，排斥别人。当别人失败时，又幸灾乐祸，不向别人提供任何有益的信息。同时，在别人成功时，这种人常用"酸葡萄心理"来维持自己的心理平衡。

如果一个人总觉得自己什么地方都很不错，没有什么地方值得改进完善，那么你永远不会有进步，甚至还会产生更严重的问题。

《三国演义》中的祢衡是一个很有才华的人，但性情高傲自负，总是看不起别人，几乎把当时的名士骂了个遍，唯有孔融和杨修他还能稍稍看得进眼里，也常常称赞他们，但那称赞也自负得可以："大儿孔文举，小儿杨德祖。馀子碌碌，莫足数也。"孔融把他推荐给曹操，他却由于"素相轻疾"而看不起曹操，不肯去拜见曹操，并"数有恣言"，放纵地批评曹操。后来，他担任了曹操的"鼓吏"，不堪侮辱，遂击鼓骂曹，乃至后来终被曹操"借刀杀人"。祢衡的悲剧固然有历史的客观原因存在，然而他的自负和自大又何尝不是原因之一。

这样做，可以塑造期望的自我

在某种意义上讲，人不能没有自负。在适当的范围内，自负可以激发人们的斗志，树立必胜的信心，坚定战胜困难的信念，使你能够勇往直前。但是，自负又必须建立在客观现实的基础上，脱离实际的自负不但不能帮助人们成就事业，反而影响自己的生活、学习、工作和人际交往，严重的还会影响心理健康。"满招损，谦受益"，寥寥六字，言简义丰。一位伟人的解释就是"虚心使人进步，骄傲使人落后"。谦虚的反面自然就是骄傲自大，无论你有多大的成就，多高的水平，只要骄傲自负，狂妄自负，迟早有一天会栽跟头。

那么，怎样才能克服自负带给我们的负面影响呢？

第一，接受批评是根治自负的最佳办法

自负者的致命弱点就是不愿意改变自己的态度或接受他人的观点，接受批评即是针对这一特点提出的方法。它并不是让自负者完全服从于他人，只是要求他们能够接受别人的正确观点，通过接受别人的批评，改变过去固执己见、唯我独尊的形象。

第二，提高自我认识，与人平等相处

要全面地认识自我，既要看到自己的优点和长处，又要看到自己的缺点和不足，不可一叶障目，不见泰山。抓住一点不放，未免失之偏颇。认识自我不能孤立地去评价，应该放在社会中去考察，每个人生活在世上都有自己的独到之处，都有他人所不及的地方，同时又有不如人的地方，与人比较不能总拿自己的长处去比别人的不足，把别人看得一无是处。

自负者视自己为上帝，无论在观念上还是行动上都无理地要求别人服从自己。平等相处就是要求自负者以一个普通社会成员的身份与别人平等交往。

第三，要以发展的眼光看待自负

既要看到自己的过去，又要看到自己的现在和将来，辉煌的过去可能标志着你过去是个英雄，但它并不代表着现在，更不预示着将来。

"虚心竹有低头叶，傲骨梅无仰面花"，每个人都应该用一种虚怀若谷的心态来面对这个世界。

创业要量力而行，不能盲从

聪明的人很少跟在别人后边跑，做生意最忌讳盲从。当市场上某种买卖正"火"的时候，要耐心地观察和等待机会，也许热点很快就消失，也许是刚刚开始，要看准了再行动。

人人都做的生意有时不一定是赚钱的生意，别人不做的生意有时反而赚钱。如果你是一块经商的材料，就按自己的感觉去做，然后把你的全部身心都投入进去，生意肯定能做好。

"旅馆大王"威尔逊的想法与众不同。1951年，他带领全家到华盛顿旅游，开着自己的车子，一路上吃了不少苦头。旅游区的旅馆价高而服务差，旅客们怨声载道。这种非常平常的事却激发了威尔逊的灵感：在这块地皮上建一座旅馆，让所有的旅客有个好心情。于是"假日旅馆"便诞生了。威尔逊的"假日旅馆"风景优美，服务一流。旅馆里还设有游泳池，每个房间里有电视、电话；对于带着爱犬的人，还能提供精美的犬舍；若是旅客生病，旅馆还可以立即招来医生。

威尔逊的经营明显地不同于一般，生意很快发展到世界各国，他本人也成为名副其实的亿万富翁。

市场是一个巨大的海洋，随时都在千变万化，来自市场的信息也因此千差万别。而一些热门信息往往使很多人趋之若鹜，一哄而上，跟着干，照着办。殊不知，一种商品或项目，其市场占有量总有一定限度。如果大家都热衷于

第八章 注重合作：打造立足社会的实力派

做某种生意,市场则会很快饱和。如果能对热门信息冷眼旁观,反其道而行之,说不定就能走到前面。

要想在创业时避免盲从,首先根据当地实际情况,选择合适的创业项目去创业,不能人云亦云,盲从创业。其次要扬长避短,根据自己家庭实际条件结合自身专长,选择投资少见效快的项目,不要好高骛远。要科学地对自己的能力进行评估,看看自己适合干什么、能干什么。同时,要有吃苦的准备,把创业的道路想得困难一些,创业的过程想得复杂一些,充分做好心理准备。三是慎用资金,要量力而行,集中"兵力",不要万箭齐发。四是常观察市场信息,随着市场的需要应变。

盲从的人永远不会出头,跟着别人的脚步,你怎么知道去哪儿?如果你的性格中有盲从的因素,事事盲从别人,那无异于对自己的否定。试着更深入地了解自己,挖掘自己潜藏的能力,你会令你自己吃惊的。

如果你不会自己去思考应该怎样,那就难免会跟盲从别人。平时多读一些书,培养勤于思考的习惯。遇事多想想如果是你你会怎样,练习自己作抉择。

盲从的人在这个社会上已经无法立足。一个成熟的人,应该是相当个性化的。也就是说,他在自己生活的方方面面都形成了自己的特色,有自己独特的方式。这不是说,你时时处处都要表现得和别人不一样,这并不是个性的真正含义。个性应该是一种自然的流露,一种个人风格,不是刻意"做"出来的。只要你不怕显露自己,不怕和别人不同,你的个性会渐渐形成。

懒惰是世界上最大的奢侈

懒惰是世界上最大的奢侈,诱惑的温床,疾病的摇篮,时间的浪费者,幸福的蚕食者,愚蠢的孪生兄弟,德行的坟穴。而勤劳能使你保持身体健康,头脑清醒,内心完美,钱包丰富。

著名管理学大师泰勒说过:"懒惰等于将一个人活埋。"一个人不够聪明或是不够幸运，这并不可怕，可怕的是他尽管有着很好的条件却不去利用，把大好的时光浪费在偷懒上。活着的时候不去创造价值，也就和死人无异了。人生所缺不是才干，而是志向；换言之，不是成功的能力，而是勤劳的意志。一个懒惰者，等于将自己活埋。因为懒惰中存在着永恒的绝望。

有人说，好逸恶劳是人的天性，谁愿意放着舒舒服服的日子不过，偏偏要去受苦受累？可你要知道，只有付出才有收获，如果你吝啬自己的付出，你终将颗粒无收。这不是一个不劳而获的时代，要生存，要生活，要生活得好，就得付出艰辛的劳动。

懒惰的人以为自己过着舒适的生活，实际上，他们是在挥霍自己的生命，总有一天，苦果会砸到他们头上。

在森林里，有一只美丽的百灵鸟。当它飞起来的时候，身体像一条银白的线；翅膀像弯弯的彩虹桥，真是好看呀！美中不足的是它很懒惰。有一天，百灵鸟看见小田鼠推了一车肥大的虫子去市场卖，便走过去问小田鼠："你能不能给我一条虫子吃？"小田鼠说："好啊！不过你要用你的金羽毛和我交换。"于是，百灵鸟就拔下一根又美又长的金羽毛和小田鼠交换虫子吃。

连续几次，百灵鸟都懒得去找食物，所以一直和小田鼠交换虫子。久而久之，百灵鸟身上的羽毛越来越少，飞也飞不动了。今天，百灵鸟拔下自己最后一根羽毛到路边等候小田鼠。小田鼠没来，大花猫却来了。大花猫一口咬住光溜溜的百灵鸟，百灵鸟这时才后悔地说："我不应该偷懒的。"

勤劳是幸运之母，上帝对勤劳给予一切。那么，你就趁今天与懒惰告别。一个人要想有所成，必须有与懒惰划清界限的决心。如果你因为自控能力差，而滑入了惰性的深渊，后果真是不堪设想，就像那只百灵鸟一样。

如果你有伟大的才干,勤勉将会增进它;如果你只有平凡的才能,勤勉也可以补足它。也许你听说过有些聪明的人很懒惰,但你却不会听说伟人很懒惰。

勤有功,懒无益。勤劳是无价之宝。当你工作得乏力的时候,就应该立刻重温"非勤劳即饥寒"的箴言,以免被怠惰的魔鬼诱惑。懒惰使事情困难,勤劳则使事情容易。许多生命因耽于安逸中度过而愁苦。懒惰的人该去观察蚂蚁,看它们是怎样忙碌。一般说来,你做得越多,便越能做。

踢开懒惰这个绊脚石,振奋起来去开创自己的事业,以下几点可以对你有所帮助。

第一,认清你生命的意义

一个没有人生目标的人很容易让自己的时间在指尖如流沙般划过,不留下什么痕迹,也找不到什么东西可以激励自己去克服惰性。要知道人的生命是宝贵的,每一分、每一秒过去都不可能重来,等到年老的时候去追悔,不如现在就做点什么。

第二,今日事要今日毕

懒惰的人大多喜欢拖延。本来说了今天要做的事,往往做不成几件。给自己定一个要求,当天的事一定要当天完成。不一定一天就要做多少事情,但规定了的就一定要做到。也可以适当地规定一些奖励和惩罚措施,帮助自己养成好习惯。

第三,行动重于构想

有些人喜欢做计划,可到了实施的时候就又坚持不了。其实,再完美的计划如果没有行动,也是毫无价值的。如果你有了想法,就立即去做,不要担心构想得不够充分,因为行动会引导你更好地完善你的构想,如果一味地想,会有什么结果呢?